人工智能人才培养系列

TensorFlow 深度学习基础与应用

杨虹 谢显中 周前能 王智鹏 张安文 ◎ 编著

人 民 邮 电 出 版 社
北 京

图书在版编目（CIP）数据

TensorFlow深度学习基础与应用 / 杨虹等编著. -- 北京 : 人民邮电出版社, 2021.9（2022.12重印）
（人工智能人才培养系列）
ISBN 978-7-115-55682-0

Ⅰ. ①T… Ⅱ. ①杨… Ⅲ. ①人工智能－算法 Ⅳ. ①TP18

中国版本图书馆CIP数据核字(2020)第257858号

内容提要

人工智能在由机器学习向深度学习发展的过程中，扩展了科研院校的研究方向，同时也带动了各行各业的产业升级。本书正是在这样的背景下编写的。

本书紧跟人工智能技术发展潮流，知识点由浅入深，算法原理逐个击破，章节安排合理有序，示例新颖且实用。本书内容包括 TensorFlow 在 Windows 操作系统、Linux 操作系统、macOS 下的安装，TensorFlow 静态图、动态图、损失函数、优化器等基础语法，k 均值、k 近邻、朴素贝叶斯、决策树、支持向量机、人工神经网络、线性回归、逻辑回归、决策树回归等机器学习算法，分类、检测、检索、光学字符识别等图像处理技术，中文分词、命名实体识别等自然语言处理技术，TensorFlow 高阶应用等。

本书可以作为高等院校人工智能专业辅助参考用书，也可供对人工智能感兴趣的读者学习使用。

◆ 编　　著　杨　虹　谢显中　周前能　王智鹏　张安文
责任编辑　刘　博
责任印制　王　郁　马振武

◆ 人民邮电出版社出版发行　　北京市丰台区成寿寺路 11 号
邮编　100164　　电子邮件　315@ptpress.com.cn
网址　https://www.ptpress.com.cn
北京七彩京通数码快印有限公司印刷

◆ 开本：787×1092　1/16
印张：12.25　　2021 年 9 月第 1 版
字数：298 千字　　2022 年 12 月北京第 2 次印刷

定价：49.80 元

读者服务热线：(010)81055256　印装质量热线：(010)81055316
反盗版热线：(010)81055315
广告经营许可证：京东市监广登字 20170147 号

前言

2012年，随着Hinton（辛顿）教授的学生Alex（亚历克斯）设计的AlexNet神经网络在ImageNet大赛上以top-5错误率低于15.3%，赢得大赛冠军，深度学习的大幕正式拉开。随着Python语言的普及，基于Python语言的TensorFlow也获得了大量的用户。Python以其简洁的语法间接推动了TensorFlow的飞速发展。

TensorFlow作为谷歌开源的深度学习框架，受到越来越多的研发人员的喜爱。TensorFlow因代码的灵活性、用例的丰富性特点，在深度学习框架领域中占据重要地位。

作为一本TensorFlow入门级读物，本书编写的目的是让读者在理解相关算法知识的基础上，能快速地用代码进行复现，从而加深对机器学习与深度学习相关算法的理解。

本书具有3个鲜明的特点：第一，内容浅显易懂，适合学习TensorFlow的读者快速入门；第二，内容丰富，包含大量机器学习、深度学习经典算法原理的介绍与推导；第三，案例经典，选用大量经典的工程案例，使读者学习之后能有所收获，并能够在工作中进行实践。

读者在使用本书进行学习的过程中能有所收获，是笔者最大的荣幸。

本书由杨虹负责全书的审阅，具体编写情况：杨虹编写第2章、第3章、第12章，谢显中编写第1章、第4章、第5章，周前能编写第8章、第9章、第10章，王智鹏编写第6章、第7章、第11章，张安文编写第13章、第14章、第15章。

书中使用的数据集部分来源于网络，为了加深大家对算法的理解，笔者在一些开源代码的基础上加入了自己的一些理解，在此对开源代码和数据集原作者表示感谢。

由于笔者知识水平有限，书中难免有所纰漏，真诚希望大家提出宝贵意见。

杨虹

2021年7月

目录

第1章 绪论

1.1 机器学习简介

机器学习（Machine Learning）是一种研究计算机怎样模拟或实现人类学习行为的方法。机器通过对大量数据的学习，不断总结数据内部的规则与知识，从而实现对未知数据的推测与判断，达到举一反三的目的。

人工智能可以拆解为人工和智能，即先有人工，才有机器的智能。这里的人工通常指的是人对数据的先验知识的整理。按照数据是否经过人工加工（标签化），机器学习可分为监督学习（数据已标签化）和无监督学习（数据未标签化）。对有标签的数据集，按照标签值为连续值还是离散值，可以将机器学习算法细分为回归算法和分类算法；对无标签的数据集，一般采用聚类算法对其进行处理。

数据或数据集包含属性或特征。数据分类算法主要是对数据的属性或特征进行划分，将不同的属性或特征划分到不同的区域中。对数据属性或特征划分间隔比较明显的集合，我们可采用一些线性分割面对其进行线性划分，但是大部分情况下属性或特征集合并非线性可分。除了可以采用一些非线性算法对属性或特征进行变换，使其在变换后的空间满足线性可分外，我们还可以采用少数服从多数的投票方法对数据进行判断。另外，采用多层权重级联的方式也可以构造出非线性分类的效果。

在统计学中，回归分析指的是确定两种或两种以上变量间相互依赖的定量关系的一种统计分析方法。回归算法就是用来找这种定量关系的算法。当数据特征与标签存在线性关系，或数据特征经某些非线性变换可以与标签呈线性关系时，我们就采用线性方程求解方法对其进行求解。回归算法可简单理解为求解 $\boldsymbol{WX}=\boldsymbol{Y}$ 方程中的 $\boldsymbol{W}$，其中 X 是特征集合，$\boldsymbol{W}$ 是权重矩阵，$\boldsymbol{Y}$ 是连续的标签值矩阵。求取 $\boldsymbol{W}$ 的常规方法包括最小二乘法、广义逆、岭回归算法，这些都可以采用公式进行直接求解。通常情况下，由于样本数量会远大于样本的特征数量，如果采用正规方程求解，计算量会很大，而且模型容易过拟合，因此通常采用梯度下降法对目标函数的权重进行偏导求解，通过循环迭代，最终求解出 $\boldsymbol{W}$。

针对没有标签的数据（只做了数据收集，而没有对数据进行很好的提炼），聚类算法可以很好地对这些数据进行聚群，从而提炼出群体共性的特征。聚类是一个把数据对象集合划分成多个组或簇的过程，使得簇内的对象具有很高的相似性，但与其他簇内的对象很不相似。对于只有样本特征的数据，常见的有基于距离、基于密度、基于分层及基于网格的聚类算法。

1.2　机器学习流程

对有标签的数据集，我们常做分类或者回归分析。常用的分类、回归建模流程如图 1-1 所示。

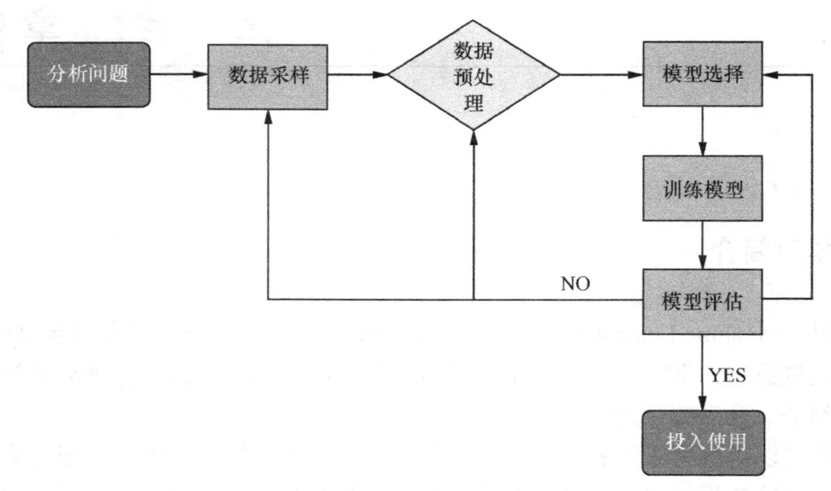

图 1-1　常用的分类、回归建模流程

分析问题阶段主要是分析问题是适用回归分析还是分类分析，然后制订相应的解决方案。

数据采样阶段是在获取数据的基础上，有针对性地选择数据，并将数据按照一定规则进行训练集、验证集以及测试集的划分。集合的划分方式包括留一法（每次只留下一个样本作为测试集，其余样本作为训练集）和 K 折交叉验证法（将样本集合划分为 K 份，每次随机选择一份作为测试集，剩下的 $K-1$ 份作为训练集）等。

数据预处理包括数据转换、空值填充、异常值处理、数据归一化、降维处理等。

模型选择阶段一般依据问题的目标来确定模型。如果是二分类，可优先考虑使用逻辑回归；如果是多分类，可采用支持向量机、神经网络等；如果是回归拟合问题，当样本数量远大于样本的特征数量时，可考虑采用正规方程（如最小二乘法、广义逆等），或者使用梯度下降法对权重矩阵进行迭代求解。如果样本数量与样本的特征数量相差不大。这种情况由于权重矩阵 $\boldsymbol{W}$ 是一个欠定方程（矩阵的行小于列形成的方程称为欠定方程），往往需要添加更多条件对 $\boldsymbol{W}$ 进行限定。通常添加 L_1 范数或 L_2 范数到目标函数上，然后采用梯度下降法求解权重 $\boldsymbol{W}$。

训练模型主要是对超参（超参就是需要人工设置的参数，通常指对模型效果有较大影响而机器无法学习的参数）的调整和模型的优化。

模型评估主要是评价模型的好坏，即模型的泛化能力。模型评估需要一个评估指标。对于回归问题，由于预测值与真实值是连续变量，因此模型的评估指标常采用均方误差（Mean Squared Error，MSE），即预测值与真实值的差值平方和的均值。对于分类问题，预测值和真实值是离散值，常采用准确率、精确率、召回率、F 值来评估模型的效果。

当模型评估效果不好时，就需要调整算法，对数据进行其他预处理（如增加训练数据集）；当评估结果满足预期目标时，就可以上线部署，投入使用。

1.3 深度学习简介

深度学习（Deep Learning）是建立在神经网络基础上的一种非线性的数据建模方法。现有的机器学习算法对数据进行建模时，往往只能建立数据样本与标签的直接关系（不管是线性还是非线性关系）。使用机器学习对数据进行建模时，往往只能建立一层；而神经网络可以建立很多层，每一层由线性或者非线性关系组成，这样经过若干层关系的组合，能够更加深入描述特征与标签之间的关系，因此效果会更好。这种多层关系学习的算法称为深度学习。

深度学习应用的常见领域包括图像处理、自然语言处理等。

常见的图像处理任务包括目标分类、目标检测、目标检索、图像风格化、图片转文字、简笔画转实物等。

目标分类通常指的是提供一张图片，然后识别图片里面含有什么目标，如人、车、猫、狗等。目标检测要比目标分类更进一步，除了要识别图片中含有哪种目标，还要将目标的位置用矩形框或椭圆框标注出来。目标检索主要有基于文本以及基于内容的检索两种方式。其中，基于文本的检索一般是基于图片标签的检索，如图片作者、拍摄时间等；基于内容的检索一般是提取图片本身的内容信息，如图片纹理、颜色、目标等。图像风格化是利用学习到的一些画图的风格，对未知图片进行该种风格的二次创作。例如，通过学习梵高画画的风格，将这种风格应用到自己的图片上，从而产生名画家画图的既视感。图片转文字是指通过学习大量图片与文本标签之间的映射关系，对未知图片进行文字预测输出。简笔画转实物是指用户可以画一些简单的图形生成实物图像，如一个圆形，调用算法生成一个硬币。当然这种技术也可以用在搜索上，从而实现输入简单图形，输出复杂的实物图像。

常见的自然语言处理任务包括中文分词、词性标注、命名实体识别、关系抽取、机器翻译、情感分析、智能问答等。

中文分词是指将中文句子划分为若干个有意义词语的组合。由于中文断句的不同，往往一个句子会有几种不同的分词方式，因此需要解决词义消歧的问题。词性标注主要是对分词后的词语标记词性，如名词、动词、形容词等。命名实体识别主要是对识别的名词进行进一步的划分，如人名、地名、组织机构名、专有名词等。关系抽取主要是对实体类标记其所属关系，如北京与中国的关系：北京是中国的首都（首都是北京与中国之间的关系）。机器翻译主要解决的是不同语言之间的语言转换，即从一种语言到另一种语言的转换。情感分析主要是分析一段话、一篇文章的基调是正面的、负面的还是中性的，常用于用户评价系统中。智能问答类似于一个智能聊天系统，常用于智能客服系统，可减少人工客服的工作量。

第2章 TensorFlow 简介与环境搭建

2.1 TensorFlow 简介

TensorFlow 是谷歌公司推出的一款面向机器学习以及深度学习的开源框架，其中最重要的特性是对神经网络和深度学习的强大支持。其最初是由 Google Brain（谷歌大脑）项目组开发的，用于对机器学习和深度学习网络进行研究以及模型部署。其代码现在已经在 GitHub 上开源，并且还将继续在 GitHub 上进行持续开发、问题收集、问题解决，以及版本更新。获取方法为在 GitHub 官网上搜索 TensorFlow，然后选择 tensorflow/tensorflow 这个仓库。

TensorFlow 由 Tensor 和 Flow 组成。Tensor 是张量，是一个物理学和数学中常用的术语，用于表示多维向量（张量不仅表达了有多少个维度，还表达了每个维度上的方向性）；而 Flow 表示流动的意思，Tensor 和 Flow 合起来是张量流的意思。TensorFlow 的拓扑学解释为：一个个具有多维有向性表达的张量通过在拓扑图中沿着有向边流动，对这些张量进行线性或者非线性变换，从而获得新的张量。

这种使数据在拓扑图上进行流动的方式称为数据流图（Data Flow Graph，DFG）。大家一定要注意数据和流动这两个词汇，这是 TensorFlow 设计的精髓。这里引用 TensorFlow 中文社区官网的语言来解释 TensorFlow 是如何定义数据流图的：数据流图用“节点”（Node）和“边”（Edge）的有向图来描述数学计算。“节点”一般用来表示施加的数学操作，但也可以表示数据输入的起点、数据输出的终点，或者读取/写入持久变量（Persistent Variable）的终点。“边”表示“节点”之间的输入/输出关系。这些数据“边”可以输送“大小可动态调整”的多维数组，即“张量”。张量从图中流过的直观图像是这个工具取名为 TensorFlow 的原因。一旦输入端的所有张量准备好，节点将被分配到各个计算设备完成异步并行运算。

TensorFlow 和拓扑学不同的是 TensorFlow 将赋权重这一步骤也集合到了节点中，而不是在有向边中实现。这种工程化设计是为了方便并行计算和模块化设计。由于深度学习中大部分的设计都是通过神经单元层的堆叠（一层结果直接传到下一层）实现的，因此更容易模块化。

2.2 TensorFlow 的语言支持

TensorFlow 目前对 C 语言和 Python 语言是全支持的，对其他语言部分支持，如表 2-1 所示。Python 版本的 TensorFlow 可以采用 pip 命令进行安装。

表 2-1　TensorFlow 支持的语言以及系统等

支持语言	支持程度	支持系统	支持芯片
Python	完整	Linux/UNIX/Windows/Raspbian	CPU、GPU
C	完整	Linux/UNIX	CPU、GPU
Java	部署模型	Linux/UNIX/ Windows	CPU、GPU
GO	部署模型	Linux/UNIX	CPU、GPU
JavaScript	接近完整	Linux/UNIX/ Windows/Raspbian	CPU、GPU

2.3　TensorFlow 的安装和环境配置

2.3.1　Python 安装

TensorFlow 默认支持 Python，所以这里简单介绍一下 Python 版本的 TensorFlow 的安装和使用。本书所有代码都是基于 Python 语言的 TensorFlow 库进行编写的，所以在安装 TensorFlow 之前，我们需要先安装 Python。

本书推荐的 Python 版本是 Python 3.6。我们可以直接下载官方发布的 Python 源来安装 Python，也可以通过下载 Anaconda 来安装 Python，这里推荐后者。因为 Anaconda 不仅仅是一个开源的 Python 发行版本，而且其在 Python 基础上还增加了包管理工具 conda，以及 180 多个科学包及其依赖包，尤其是 Jupyter 和 IPython，可以非常方便且快速地进行应用程序开发。Anaconda 的 conda 包管理工具集成了虚拟环境，支持二进制可执行文件安装，减少了对操作系统环境本身的依赖，又提供了极大的灵活性和易用性。

由于 Anaconda 附加了很多额外的包，下载的安装文件超过 500MB，安装完成之后需要占用超过 1GB 的硬盘空间，因此建议大家尽可能安装在空间较大的磁盘中。

以下是安装 Python 3.6 以及 Anaconda 的详细流程。

1．在 Windows 操作系统中安装 Python 3.6

我们可以从 Python 的官网下载 Python 3.6，读者需要根据自己的操作系统版本选择 32 位或 64 位的 Windows 安装包。目前最新的 32 位版本为 python-3.6.8.exe，64 位版本为 python-3.6.8-amd64.exe。

当然我们也可以使用 Anaconda 来安装 Python。Anaconda 是一个免费的 Python 科学开发工具库，不仅包含了 Python，还包含了其他 Python 可用的高效科学运算库和工具库，方便用户进行研究和工程开发。另外，Anaconda 自带一个 conda（不同于 pip，conda 可以直接通过二进制的可执行文件安装，减少对系统环境的依赖）包管理工具，可以方便地通过 conda 安装其他 Python 库。在 Anaconda 官网下载 Anaconda 时，由于目前 Anaconda 的默认 Python 版本是 3.7，并不是我们需要的 Python 3.6 版本，我们需要在 archive 中找到支持 Python 3.6 版本的 Anaconda，其 32 位和 64 位的版本都是 5.2.0。在 Windows 操作系统中需要下载.exe 安装文件。

另外一个方法是下载最新的 Anaconda 版本，然后在“命令行”界面中通过 conda 管理器安装。在 Windows 操作系统中调出“命令行”界面的方式有很多种，如在开始菜单的“运行”界面中输入 cmd，或按组合键“Win+R”，调出图 2-1 所示的“运行”界面，在“运行”界面中输入 cmd 后单击“OK”按钮。

在“命令行”界面中输入安装命令：conda install python==3.6。

在 Windows 操作系统中安装好 Python 之后，还需要链接 Python 解释器到计算机中。方法是将所安装的 Python bin 目录放入 Windows 环境变量中（如果安装了 Anaconda 并且选择将 Anaconda 的 Path 加入系统环境变量中，就不需要进行这一步）。具体操作如下。

（1）在 Windows 10 中找到控制面板并打开，进入“控制面板”界面。一般在 Windows 10 操作系统中，可以在“搜索”界面中输入“控制面板”来进入“控制面板”界面，也可以在 Windows 操作系统的任意界面中按“Win+R”组合键，调出图 2-2 所示的“运行”界面，在“运行”界面中输入 control 后单击“确定”按钮。

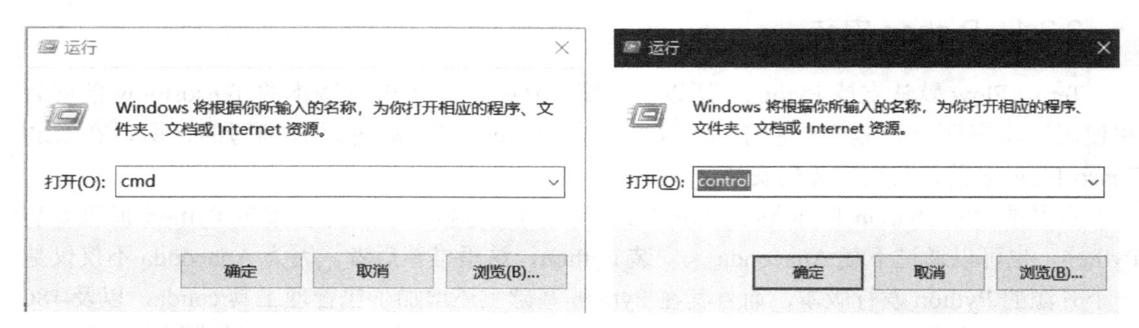

图 2-1　在 Windows 10 中调出“命令行”界面　　图 2-2　在 Windows 10 的“运行”界面中打开控制面板

（2）在控制面板中进入“环境变量”界面。在控制面板中找到“系统和安全”选项，并单击进入；然后，在新的界面中间的选项中找到“系统”选项，并单击进入；再在“系统”界面（见图 2-3）的左侧找到“高级系统设置”选项，并单击进入；最后，在弹出的界面中找到“环境变量”按钮，单击进入“环境变量”界面，如图 2-4 所示。

图 2-3　从 Windows 10 的“控制面板”进入“系统”界面

图 2-4 Windows 10 的“环境变量”界面

（3）在“环境变量”界面中需要进行配置与修改操作。如果只是想让计算机上安装的 Python 给自己使用，就选择用户变量中的 Path 变量（图 2-4 所示的上半部分）；如果想让 Python 给所有 Windows 用户使用，就选择系统变量中的 PATH 变量（图 2-4 所示的下半部分）。单击对应的“新建”“编辑”“删除”按钮可以对计算机的环境变量进行修改。

（4）更新“环境变量”界面中的 Path 变量。在用户变量或者系统变量中选中变量名为 Path 的行，然后单击对应框右下角的“编辑”按钮。在随后弹出的界面中单击“新建”按钮，并且将 bin 目录（安装好的 Anaconda 中 python.exe 所在的目录，如图 2-5 中下半部分所示）填入可编辑框中，并单击“确定”按钮。图 2-5（Anaconda 因为其设计的原因，需要添加很多的环境变量，图 2-5 所示的多个以 Anaconda 开头的目录都需要添加到环境变量中）所示为添加环境变量之后的结果。

安装好 Anaconda 之后我们可以试着使用一下 Python，看其能否正常运行。

（1）在 Windows 操作系统中调出“命令行”界面。

（2）输入 Python 并且按回车键，如果出现图 2-6 所示的界面，就说明 Python 初始化没问题。

图 2-5　在 Windows 10 中配置 Python 环境变量

（3）在图 2-6 所示的界面中继续输入 print("可以"+"使用")，并按回车键。如果结果返回是“可以使用”，则说明 Python 可以良好运行，如图 2-7 所示。

2．在 Linux 操作系统中安装 Python 3.6

在 Linux 操作系统中安装 Python 并不像 Windows 操作系统那么直接方便。我们需要先下载 Python，Linux 操作系统下 Python 的下载方式类似于 Windows 操作系统下，只是所需要的文件为 Python-3.6.2.tar.xz 或者 Python-3.6.2.tgz（两者只需要下载其中一个即可），在 Linux 操作系统中我们可以用 wget 下载安装文件。由于下载的是压缩文件，因此需要先解压再安装。

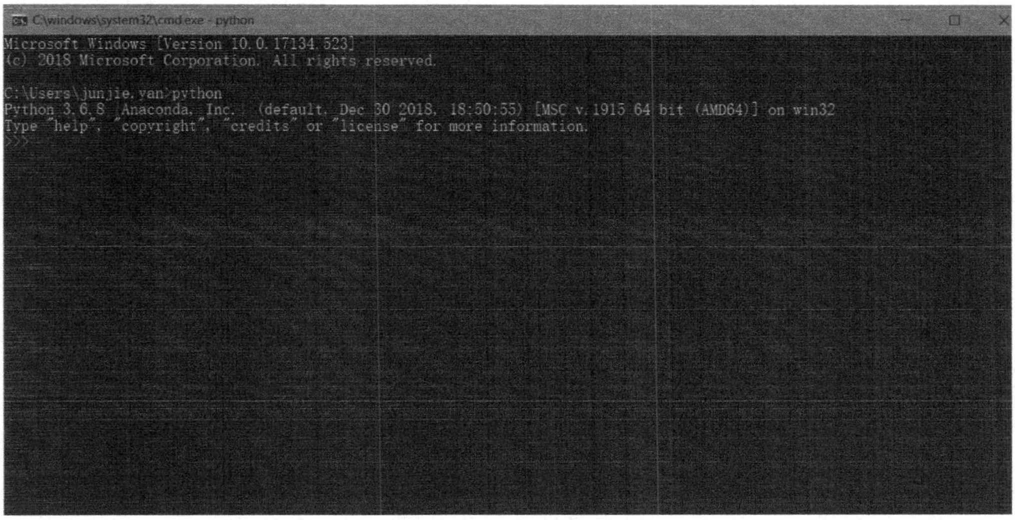

图 2-6　Windows 10 中的“命令行”界面

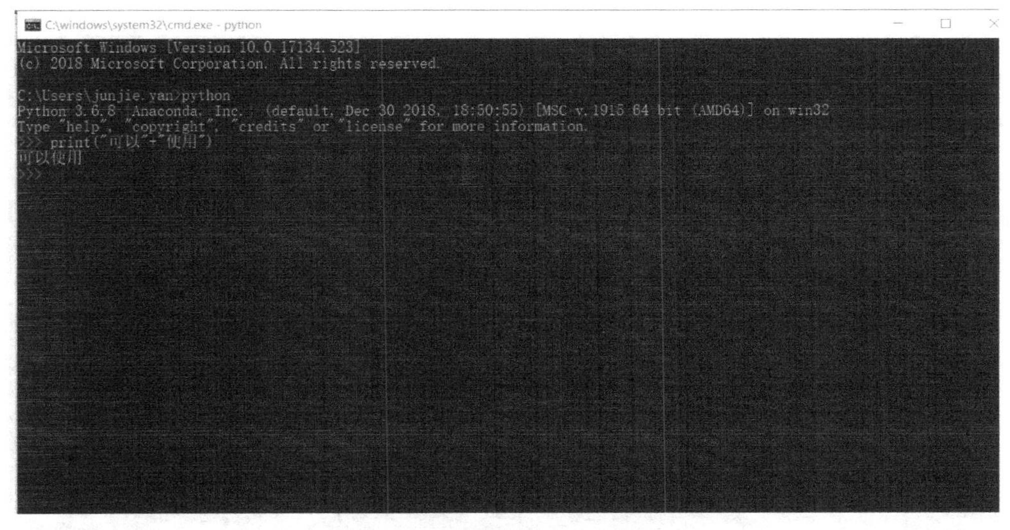

图 2-7　Python 简单命令运行成功

.tgz 文件可以用下面命令进行解压：

```
tar -zxvf Python-3.6.2.tgz
```

.xz 文件可以用下面命令进行解压：

```
xz -d Python-3.6.2.tar.xz
```

安装命令如下：

```
cd Python-3.6.2
```

```
mkdir -p /usr/local/python3
./configure --prefix=/usr/local/python3
sudo make
sudo make install
```

在安装好 Python 之后，类似于 Windows 操作系统的环境变量配置，我们也需要在 Linux 操作系统下配置 Python 的引用路径（告知 Linux 操作系统我们默认使用哪个安装编译好的 Python）。

修改.bashrc 文件来更新 Python 命令的引用路径和库路径。.bashrc 文件在用户的工作目录下，如笔者的工作目录为/home/jerry。

输入如下命令：

```
cd /home/jerry
vi .bashrc
```

在.bashrc 文件中添加如下代码：

```
export PYTHONPATH=$PYTHONPATH:/usr/local/python3/site-packages
```

要安装 Anaconda，需要首先从官网下载 Anaconda3-5.2.0-Linux-x86.sh 文件，然后输入如下安装命令即可：

```
sh Anaconda3-5.2.0-Linux-x86.sh
```

类似于 Windows 操作系统，在 Linux 操作系统中安装 Anaconda 也需要设置自己的 Path。当出现图 2-8 所示的界面询问是否将 Anaconda 的安装目录添加到.bashrc 文件中时，输入 yes 后按回车键，然后将自己指定的安装目录输入，再按回车键，就能将 Anaconda 安装到指定的目录下了。

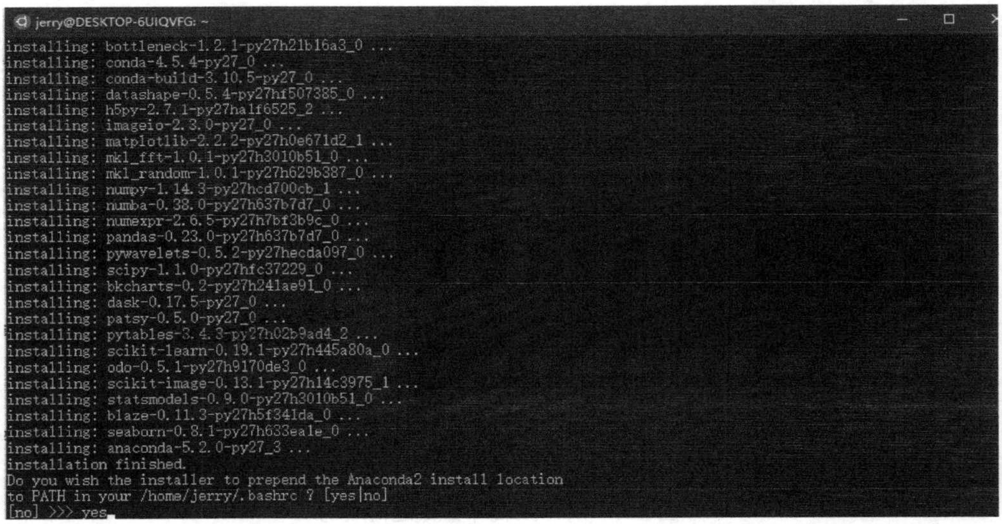

```
jerry@DESKTOP-6UIQVFG: ~
installing: bottleneck-1.2.1-py27h21b16a3_0 ...
installing: conda-4.5.4-py27_0 ...
installing: conda-build-3.10.5-py27_0 ...
installing: datashape-0.5.4-py27hf507385_0 ...
installing: h5py-2.7.1-py27ha1f6525_2 ...
installing: imageio-2.3.0-py27_0 ...
installing: matplotlib-2.2.2-py27h0e671d2_1 ...
installing: mkl_fft-1.0.1-py27h3010b51_0 ...
installing: mkl_random-1.0.1-py27h629b387_0 ...
installing: numpy-1.14.3-py27hcd700cb_1 ...
installing: numba-0.38.0-py27h637b7d7_0 ...
installing: numexpr-2.6.5-py27h7bf3b9c_0 ...
installing: pandas-0.23.0-py27h637b7d7_0 ...
installing: pywavelets-0.5.2-py27hecda097_0 ...
installing: scipy-1.1.0-py27hfc37229_0 ...
installing: bkcharts-0.2-py27h241ae91_0 ...
installing: dask-0.17.5-py27_0 ...
installing: patsy-0.5.0-py27_0 ...
installing: pytables-3.4.3-py27h02b9ad4_2 ...
installing: scikit-learn-0.19.1-py27h445a80a_0 ...
installing: odo-0.5.1-py27h9170de3_0 ...
installing: scikit-image-0.13.1-py27h14c3975_1 ...
installing: statsmodels-0.9.0-py27h3010b51_0 ...
installing: blaze-0.11.3-py27h5f341da_0 ...
installing: seaborn-0.8.1-py27h633ea1e_0 ...
installing: anaconda-5.2.0-py27_3 ...
installation finished.
Do you wish the installer to prepend the Anaconda2 install location
to PATH in your /home/jerry/.bashrc ? [yes|no]
[no] >>> yes
```

图 2-8 在 Linux 操作系统中安装 Anaconda 时配置环境变量

3. 在 macOS 中安装 Python 3.6

在 macOS 中安装 Python 同 Linux 操作系统类似，需要先下载 Python 安装包。在 Python 官网中找到安装包 python-3.6.5-macosx10.6.pkg。下载后运行，然后单击“安装”按钮，按照步骤设置即可。

2.3.2　CUDA 与 CUDNN 安装

在安装 GPU 版本的 TensorFlow 时，需要安装 CUDA 以及 CUDNN。

1．CUDA 安装

CUDA 的安装包在 NVIDIA 的 Developer 网站上可以找到，安装也很简单。在 Windows 操作系统中安装文件是一个.exe 可执行文件，直接运行就可以；在 Linux 操作系统中是一个脚本文件，也可以直接运行。这里主要说一下配置。

在 Windows 操作系统的环境变量（寻找环境变量的方法参照在 Windows 操作系统中安装 Python 的部分）设置中检查 Path 变量是否引用了 bin 目录和 libnvvp，如果没有请加上。这里以 CUDA 9.1 为例，如图 2-9 所示。

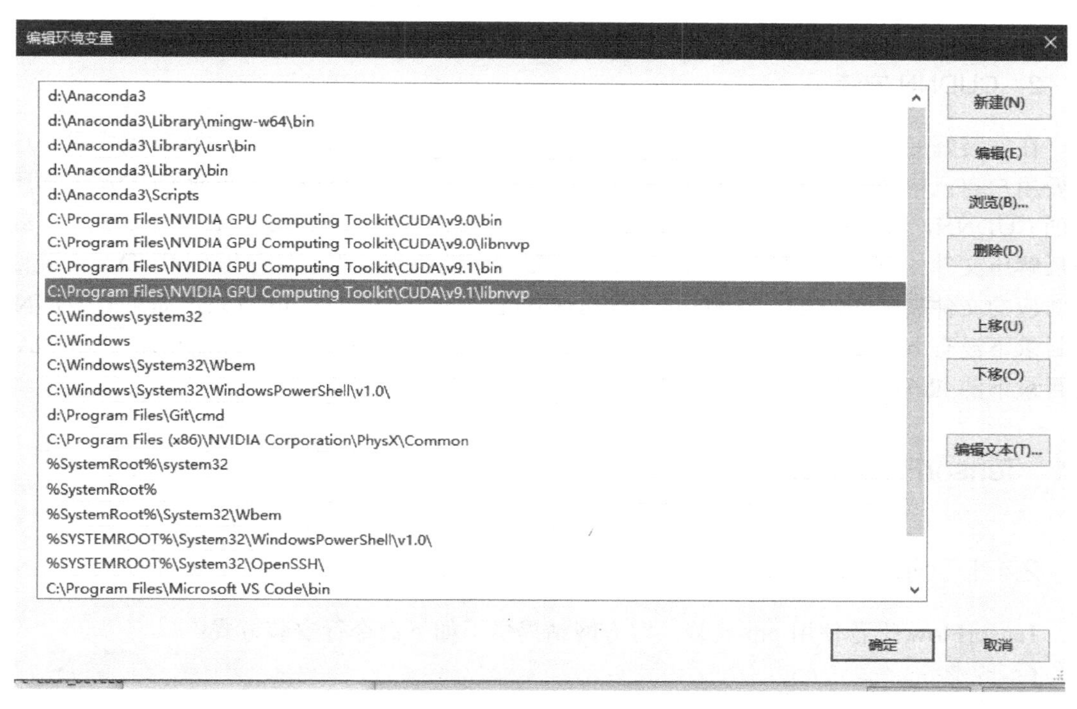

图 2-9　在 Windows 10 中配置 CUDA 环境变量

在 macOS 中，以 CUDA 9.1 为例，显式引用为（可以加到.profile 文件中）：

```
export CUDA_HOME=/usr/local/cuda
export CUDA_DEVELOPER=/Developer/NVIDIA/CUDA-9.2/bin
export DYLD_LIBRARY_PATH="$CUDA_HOME/lib:$CUDA_HOME/extras/CUPTI/lib
export LD_LIBRARY_PATH=$DYLD_LIBRARY_PATH
export PATH=$DYLD_LIBRARY_PATH:$PATH
export flags="--config=cuda --config=opt"
export PATH="$CUDA_DEVELOPER:$PATH"
```

在 Linux 操作系统中，以 CUDA 9.1 为例，显式引用为（可以加到.bashrc 文件中）：

```
CUDA_PATH=/usr/local/cuda-9.1/bin
export PATH=$CUDA_PATH/bin:$PATH
```

```
export LD_LIBRARY_PATH=$CUDA_PATH/lib64:$LD_LIBRARY_PATH
```

安装完成后，不论任何系统，我们都可以通过 nvcc -V 命令来查看 CUDA 是否安装好。以 Windows 操作系统中的 CUDA 9.0 为例，我们可以在控制台中通过输入命令 nvcc -V 查看 CUDA 版本信息，如图 2-10 所示。

```
C:\WINDOWS\system32\cmd.exe
Microsoft Windows [版本 10.0.17763.379]
(c) 2018 Microsoft Corporation。保留所有权利。

C:\Users\jerry>nvcc -V
nvcc: NVIDIA (R) Cuda compiler driver
Copyright (c) 2005-2017 NVIDIA Corporation
Built on Fri_Sep__1_21:08:32_Central_Daylight_Time_2017
Cuda compilation tools, release 9.0, V9.0.176

C:\Users\jerry>
```

图 2-10　在 Windows 10 中查看 CUDA 版本信息

2. CUDNN 安装

在安装好 CUDA 之后，我们在 NVIDIA 的 Developer 网站上找到 CUDNN 的主页（这里需要用户自己申请一个 NVIDIA Developer 的账户），在主页中可以找到相应 CUDA 版本所支持的 CUDNN，选择最新的可匹配 CUDA 及对应其操作系统的 CUDNN 版本并下载。下载完成后解压文件。将目录中的 bin、include、lib 目录下的所有文件复制粘贴到 CUDA 安装目录下对应的文件夹中（CUDA 安装目录下也有同样的 bin、include、lib 目录，如果 CUDNN 解压目录下没有 bin 目录则不用复制，在 Linux 操作系统中将 lib64 目录复制粘贴到 CUDA 安装目录下的 lib64 目录中）。

2.4 TensorFlow 安装

2.4.1 pip 安装

TensorFlow 推荐使用 pip 安装，官方网站提供了如下命令行安装方式：

```
# CPU 版本
pip install tensorflow
# 每日编译的非稳定 CPU 版本
pip install tf-nightly
# 支持 GPU 加速的版本
pip install tensorflow-gpu
# 每日编译的非稳定 GPU 版本
pip install tf-nightly-gpu
```

本书使用的是 TensorFlow 1.12 版本。为了保证版本一致性，在安装 CPU 和 GPU 版本的 TensorFlow 时请使用如下命令：

```
# CPU 版本
pip install tensorflow==1.12
# 支持 GPU 加速的版本
pip install tensorflow-gpu==1.12
```

2.4.2 Docker 安装

TensorFlow 的另一种安装方式是在 Docker 中安装，这里不做过多介绍，详情可见官网。由于 Docker 一般在 TensorFlow 部署时使用，因此有项目落地需求的读者可以在官网上找相关的信息进行学习。

2.5 测试 TensorFlow

在安装好 TensorFlow 之后，我们可以简单地测试一下 TensorFlow 是否安装成功。在任意操作系统下打开“命令行”界面，然后输入 python 进入 Python 命令行环境。输入查看版本号的相关命令，其顺利运行的结果如下：

```
>>> import tensorflow as tf
>>> tf.__version__
'1.12.0'
```

结果中前两行是我们在“命令行”界面中输入的内容，而最后一行则是当前 TensorFlow 的版本号。

第3章 TensorFlow入门

3.1 TensorFlow静态图模式

TensorFlow静态图模式是TensorFlow目前的官方默认模式，也是在Python中支持最全的模式。本书将围绕静态图模式，逐个介绍设计原理和使用方法。TensorFlow代码从功能上可以分为前端和后端。用户一般使用Python进行前端代码编写，然后交由后端（以C++语言编写）去执行。

3.1.1 TensorFlow中的张量类型

张量数据输入TensorFlow中处理后，返回的结果依然是一个张量数据。在TensorFlow中，数据由张量类型来表示和存储，而操作就是将一个张量数据变为另外一个张量数据。

张量有3种常用的类型和一种不太常用的特殊类型。3种常用的张量类型为tf.constant、tf.Variable、tf.placeholder，另外一种不太常用的特殊张量类型为SparseTensor，这里对它们做简单介绍。

1. tf.constant

tf.constant用于告知TensorFlow后端我们需要一个常量参数。它有5个参数，代码如下：

```
    const1 = tf.constant(value, dtype=None, shape=None, name='const1',  verify_sh
ape=False )
```

- value：输入值，在tf.constant中必须声明为有意义的值，且后续使用时不能更改。
- dtype：输入值的数据类型。
- shape：输入值的形状大小，必须声明完整。由于我们初始化的常量const1可以理解为C++语言中的一个索引，因此我们需要在索引里声明所占内存或者GPU的大小。这样才能在不越界的情况下获得完整的数据。此外，这里的shape要和输入数据的shape一致。
- name：张量的名字。由于TensorFlow前后端分离，因此我们只有两种方式根据索引来获得索引指向的内容。一种是通过类似张量const1定义的方式，另一种是在Python脚本中，通过和TensorFlow对话来根据名字获取对应的内容。因此，给TensorFlow中的张量取名字是很有必要的。
- verify_shape：如果为True，会验证输入的value值的形状大小和输入的shape值是否一致（推荐设为 True）。

2．tf.Variable

tf.Variable 用于告知 TensorFlow 后端我们需要一个变量参数。一般来说，变量就是我们所要训练的参数。tf.Variable 的用法非常灵活，我们先从初始化讲起：

```
var1 = tf.Variable(initial_value=None, trainable=True, collections=None,
     validate_shape=True, caching_device=None, name=None,
     variable_def=None, dtype=None, expected_shape=None,
     import_scope=None, constraint=None, use_resource=None)
```

- initial_value：初始变量值。不同于常量，变量是可以训练的，且一般都有一个初始化的值。初始值必须指定形状，除非 validate_shape 设置为 False。initial_value 也可以采用调用形式，在调用时返回初始值，在这种情况下，必须指定 dtype。在初始化该变量时，initial_value 不能为 None。
- trainable：如果为 True，则会将变量添加到图形集合 GraphKeys.TRAINABLE_VARIABLES 中进行更新，此集合为优化器 Optimizer 类的默认变量列表。如果为 False，则变量不会被更新。
- collections：一个图（graph）集合列表的关键字。新变量将添加到这个集合中。默认为 GraphKeys.GLOBAL_VARIABLES，也可自己指定其他的集合列表。
- validate_shape：如果为 False，则允许使用未知形状的值初始化变量；如果为 True，则表示 initial_value 的形状已知。
- dtype：如果设置了类型，则 initial_value 值将转换为指定类型。如果为 None，则保留数据类型，默认为 DT_FLOAT 类型。
- expected_shape：如果设置了该参数，则 initial_value 应具有指定的形状，默认为 None。
- caching_device：可选设备字符串，描述应该缓存变量以供读取的位置，默认为 None。
- name：变量的可选名称，默认为 None。
- variable_def：协议缓冲区。如果不为 None，则使用其内容重新创建变量对象，引用图中已存在的张量作为此变量，图表不会有更改。variable_def 和其他参数是互斥的，即 variable_def 如果不为 None，则其他参数就没用了，默认为 None。
- import_scope：可选字符串，变量的域范围。仅在协议缓冲区初始化时使用（在一个域中，不允许有重名的张量，默认域是 Default），默认为 None。
- constraint：如果不为 None，则是一个映射函数（例如实现正则化和层权重的限制和裁剪）的实例。这个映射函数的输入和输出具有相同的形状，目前在异步分布式学习的场景中使用时并不安全，默认为 None。
- use_resource：如果不设置或设置为 False，则创建常规变量；如果设置为 True，则使用定义好的语义创建实验性 ResourceVariable（更好定义的 Variable 类），默认为 False。在 Eager 模式（动态图模式）下，此参数始终强制为 True，默认为 None。

当我们想获取变量［注意，获取的是 TensorFlow 的张量，如果想要看到 Numpy（Python 中用于存储矩阵的第三方库）结果，需要调用 tensor.eval()］的时候，我们可以使用 tf.get_variable(variable_name)。如果通过 variable_name 在命名集合中找不到某个命名的变量，tf.get_variable 会像 tf.Variable 一样初始化一个变量。

tf.get_variable 的参数列表如下：

```
var = tf.get_variable(name, shape=None, dtype=None, initializer=None,
    regularizer=None,trainable=None, collections=None,
    caching_device=None,partitioner=None,validate_shape=True,
    use_resource=None, custom_getter=None, constraint=None)
```

- name：张量的名字。如果根据名字以及其他参数找不到张量，则根据其他参数新建一个张量。如果 partitioner 不为 None，则返回一个根据 partitioner 得出的部分张量的结果。
- shape：在 name 能找到张量的情况下，向 TensorFlow 后端声明该张量的形状。若为 None（默认值），则在能找到张量的情况下自动选择找到张量的 shape。在新建张量情况下，作用同 tf.Variable 的 expected_shape。
- dtype：作用同 tf.Variable 的 dtype。
- initializer：如果是 None 的话为 glorot_uniform_initializer()，即希尔随机分布（Xavier uniform initializer）。该分布是一种深度学习常用的均匀分布。
- regularizer：如果为 None 则是一个关于张量的正则化函数，其返回结果是一个经过正则化后的新张量。将这个正则化后的新张量加入 tf.GraphKeys.REGULARIZATION_LOSSES 集合中，用来做正则化相关的操作。
- trainable：作用同 tf.Variable 的 trainable。
- collections：如果不为 None，则会根据 name 找到该 collections 下是否存在该 name 的张量。如果找不到的话，作用同 tf.Variable 的 collections。
- caching_device：作用同 tf.Variable 的 caching_device。
- partitioner：如果不为 None，则会根据 partitioner 所提供的切分策略对张量进行切分。
- validate_shape：作用同 tf.Variable 的 validate_shape。
- use_resource：作用同 tf.Variable 的 use_resource。
- custom_getter：一个简单的身份自定义 getter，可以简单地创建与修改变量名称。
- constraint：作用同 tf.Variable 的 constraint。

另外，对于一个变量对象，我们可以通过 tf.assign 来赋值。

```
tf.assign(ref, value, validate_shape=None, use_locking=None, name=None)
```

- ref：一个可被更改的张量，一般为变量。
- value：一个张量数据，必须和 ref 的形状（shape）相同，用来赋给 ref。
- validate_shape：如果为 True，会检查 value 的 shape 和 ref 是否一致；如果为 False，则 ref 将使用 value 的 shape，默认为 True。
- use_locking：如果为 True，则这个赋值操作会加内存锁；否则不能保证这个赋值操作是安全的，默认为 True。
- name：这个赋值操作的名字。

注意，tf.assign 是一个操作符，关于操作符的具体知识后文会详细讲解。在这里我们只需要知道，TensorFlow 里面一共有两种类型需要命名，一种是张量（数据或者特征），另外一种是操作符（对数据进行的动作）。

关于变量的名字，我们可以用 tf.variable_scope 来拓展其名字的寻址范围。这样做的好处在于，一般我们在写网络层代码的时候会写很多层，并且每层都会产生不止一个变量，在不用命名空间时，TensorFlow 的自动命名方式非常难懂，所以我们有必要通过命令空间来拓展名字的寻址范围，这样更利于我们理解以及查找变量。下面是一个例子：

```
with tf.variable_scope("layer1"):
    with tf.variable_scope("weight"):
    v = tf.get_variable('v',[1])
    # assert 表示 v.name 的名字就是 'layer1/weight/v:0'
    assert v.name ==  'layer1/weight/v:0'
```

从代码中我们可以看到：首先变量的命名是可以通过 tf.variable_scope 嵌套来拓展名字的寻址范围的；其次张量的名字最后一般有一个:0，我们可以理解为从这个名字的起始位置开始读数据。

3. tf.placeholder

tf.placeholder 是一种特殊的张量类型，它有个不错的中文名字——占位符。占位符顾名思义，就是为了占位置。在深度学习中，一般需要占位置的只有输入数据。它包括输入数据特征 x，以及对应标签数据 y，它们都来自数据集本身。

tf.placeholder 另一个特殊的地方在于，某些 tf.placeholder 是静态图的起点，是驱动静态图做前向推理的第一源动力（这个会结合后面 Graph 和 Session 的内容详细讲解）。其代码格式如下：

```
input_x = tf.placeholder(dtype, shape=None,name="input_x")
```

- dtype：占位符的数据类型。
- shape：如果为 None，则任意形状（shape）的数据都会被传入，但是不推荐这种用法。为了效率考虑，需要固定一个 shape，一般为 None。通常来说第一位是 BatchSize（表示多少个同类型数据被传入）大小，所以不指定大小是可以的，但是指定大小会提高训练速度和控制内存使用情况。
- name：可以为 None，但是一般推荐设置为张量的名字。

在后文所介绍的 Session.run()、Tensor.eval()或 Operation.run()想要使用 tf.placeholder 数据的时候，会用到 feed_dict 参数。例如 Tensor.eval(feed_dict={input_x : real_data})，这里的 input_x 就是上文例子中的占位符，而 real_data 为真实的数据，其形状要与 input_x 的相同。

4. SparseTensor

稀疏张量（SparseTensor）不同于稠密张量（DenseTensor，即我们通常使用的张量，前面介绍的 3 个张量都是稠密张量）之处在于稀疏张量中大部分值为 0。下面是一个例子：

```
tmp = tf.SparseTensor(indices=[[0, 0], [1, 2]], values=[1, 2],
    dense_shape=[3, 4])
```

上面的例子构造了一个简单的稀疏张量。

- indices：表示非零值的位置。
- values：输入长度和 indices 相等，表示对应的每一个位置的值。
- dense_shape：表示整个稀疏矩阵的大小。

例子构造出的矩阵为：

```
tmp = [[1, 0, 0, 0]
       [0, 0, 2, 0]
       [0, 0, 0, 0]]
```

3.1.2 TensorFlow 的操作符简介

操作符的作用是告知 TensorFlow 后端对本操作符所获得的张量数据进行什么样的操作

（例如两个张量数据相乘、两个张量数据相加等）。在深度学习中，操作符就是网络结构的“骨骼”和“血液”，我们平常所说的深度学习网络，实质上就是操作符以各种不同的顺序把输入的张量数据转变为一个个新的张量数据的过程。大部分操作符可以在 tensorflow.python.framework.ops 中找到，当然很多常用的操作符我们可以直接通过 tf.*的快捷调用方式来获得。

1. 矩阵运算操作符

矩阵运算操作符中最常见的就是加操作符和乘操作符，因为我们用矩阵做线性变换的时候只需要使用矩阵之间的加法操作和乘法操作。减法操作可以通过对矩阵取负数实现，而对矩阵取倒数就可以将除法操作转为乘法操作，所以我们知道这两种运算操作就足够了。需要注意的是，当我们使用加法操作符的时候，必须保证输入的两个张量数据的形状和数据类型是一样的，否则会出错。

加法操作有 3 种实现方式：

```
# x、y 都是 tensor，shape 和 dtype 是一样的
add_tensor = tf.add(x,y, name="add")
add_tensor = tf.math.add(x,y , name="add")
add_tensor = x + y
```

这 3 种方式的效果是一样的，前两种的区别仅仅在于代码逻辑程度，tf.math.add 的代码本身表述逻辑要更优一些。前两种方式相比第三种方式有以下两个好处。

（1）在非常大型的网络结构中，因为 Tensorflow 自己有一套 Python 解释器，$x+y$ 本来是 Python 默认的加法操作，所以 Tensorflow 在后端会默认将它转为 tf.add(x,y)。但是这种转化不是 100%可行的，可能会失败。

（2）前两种方式可以自定义名字，对构造静态图的表述逻辑有一定的帮助。

加操作符只是对两个张量数据进行加法操作，当我们想要对多个张量数据进行操作的时候，加操作符就会显得非常麻烦。这里我们介绍一个专门处理多个张量数据的操作符——连加操作符 tf.add_n，其使用方式如下：

```
# x、 y、 z 都是 tensor，shape 和 dtype 一样
add_all_tensor = tf.add_n([x, y, z], name = "add_all")
add_all_tensor = tf.math.add_n([x, y, z], name = "add_all")
add_all_tensor = x + y + z
```

这 3 种方式都可以实现连加操作。但是在日常应用中，前两种最普遍。因为我们很可能不知道一个张量的 list 有多少个张量，所以我们只需要把整个张量数据所在的列表传入 tf.add_n 即可。

乘操作会略有一些复杂。首先介绍我们最熟悉的行列式乘法：左行乘右列。例子如下所示：

```
# a、b 必须都大于一维，且左边的最后一维等于右边的倒数第二维，除最后两维之外其他维度相等
# 即 (a.shape[-1] == b.shape[-2]) 并且 (a.shape[:-#2]== b.shape[:-2])
matmul_tensor = tf.matmul(a,b, transpose_a=False, name="matmul"
    transpose_b=False,adjoint_a=False,adjoint_b=False,a_is_sparse=False,
    b_is_sparse=False)
matmul_tensor = tf.math.matmul(a,b, transpose_a=False, name="matmul"
    transpose_b=False,adjoint_a=False,adjoint_b=False,a_is_sparse=False,
    b_is_sparse=False)
# 在 Python 3.5 之后，使用@符号做矩阵行列式乘法
matmul_tensor = a @ b
```

Python 自带的操作 x@y 虽然可以实现乘法操作，但是不推荐在 TensorFlow 中使用。另外，我们看到上面实例代码中 tf.matmul 或者 tf.math.matmul 除了包含输入的 a 和 b 这两个张量数据之外，还有其他可选参数，这些可选参数的作用分别如下。

- transpose_a：如果为 True，则在运算之前将 a 转置（行列互换），默认为 False。
- transpose_b：如果为 True，则在运算之前将 b 转置，默认为 False。
- adjoint_a：如果为 True，则在运算之前将 a 转为共轭矩阵再转置，默认为 False。
- adjoint_b：如果为 True，则在运算之前将 b 转为共轭矩阵再转置，默认为 False。
- a_is_sparse：如果为 True，将对 a 做稀疏矩阵处理（只做有值部分运算，以加快运算速度，而不是对整个矩阵做运算），默认为 False。
- b_is_sparse：如果为 True，将对 b 做稀疏矩阵处理，默认为 False。

下面是两个矩阵对应位置的各个元素相乘的例子：

```
# a、b 必须都大于两维，a、b 形状相等
# 即 a.shape == b.shape
mul_tensor = tf.multiply(a,b , name= "mul")
mul_tensor = tf.math.multiply(a, b , name= "mul")
mul_tensor = a * b
```

这里需要注意的是，a*b 是对应位置的各个元素相乘（又称为点乘），而不是行列式乘法。大家在看别人的 TensorFlow 实现的时候一定要注意，否则可能会觉得别人写的模型有问题。这里举个例子来加深大家对点乘的理解，为了方便起见，我们用 Numpy 进行讲解。因为 Numpy 的很多数学操作和 TensorFlow 是一样的，而且 Numpy 格式数据很容易转为 TensorFlow 的张量类型。示例如下：

```
import numpy as np
a = np.asmatrix([[1,2],[3,4]])
b = np.asmatrix([[5,6],[7,8]])
matmul_1 = np.matmul(a,b)
mul_1 = np.multiply(a,b)
"""
    matmul_1 结果:
        [[19, 22],
        [43, 50]]
    mul_1 结果:
        [[ 5, 12],
        [21, 32]]
"""
```

2. 矩阵形状操作

矩阵形状操作这里不过多介绍，大家知道 tf.reshape 和 tf.transpose 即可。tf.reshape 的使用方式如下：

```
reshape_tensor = tf.reshape(tensor, shape, name=None)
```

tf.reshape 操作是把张量转为另外一种形状，数据展开的顺序不变（数据按照第一维到最后一维的顺序展开）。简单例子如下：

```
a = tf.Tensor([[1,2,3],[4,5,6]])
"""
    我们可以看到 a 数据:
```

```
        第一维就是最外面的方括号表示的列表，里面有两个元素
        第二维就是[1,2,3]和[4,5,6]里面有两个元素就是真实的数值
    对一个矩阵来说，最后一维都是用来直接存放真实数值的
    且最后一维列表的长度必须相等，这里都为 3
"""
a.shape == (2,3)
b = tf.reshape(a,(3,2))
"""
    我们可以看到 b 数据改变了数据的维度展示方式，最后一维只有两个数值了，如果我们忽略方
    括号然后从左往右数，还是 1 到 6
    tf.reshape 只改变维度展示方式，不改变 Tensor 数据的展开顺序
"""
b == tf.Tensor([[1,2],[3,4],[5,6]])
```

而 tf.transpose 操作会改变数据的展开顺序。下面是一个例子：

```
a = tf.Tensor([[1,2,3],[4,5,6]]
b = tf.transpose(a,(1,0))
"""
    第一维和第二维互换，即行列转置，如果我们忽略方括号然后从左往右数，就不是 1 到 6 了，
    tf.transpose 会改变 Tensor 数据的展开顺序
"""
b == tf.Tensor([[4,5,6],[1,2,3]])
```

3．激活函数操作

激活函数操作是深度学习设计的一个重点。一般来说，激活函数都是非线性函数。它将一个实数域的矩阵通过某种非线性变换映射到某个固定域中，达到对特征扭曲的效果。

使用非线性操作的原因我们可以理解为：矩阵特征本身是一张平展的纸，做任何线性操作都是一个有角度的折叠或者旋转，而我们想要包裹一个球的话，任何有棱角的折叠或者旋转都不能满足要求；那么我们就要把平纸卷起、褶皱，这样纸对球的接触面就会越来越大，而非线性操作就是这样的卷起和褶皱操作。

常用的激活函数有 sigmoid、tanh 和 ReLU 等。

首先是神经网络激活单元函数 sigmoid，它把一个实数域（x 轴）的数压缩到 0～1 范围内，x 为负数则 y 的取值范围为 0～0.5，x 为正数则 y 的取值范围为 0.5～1，x 为 0 则 y 为 0.5。该函数的 3 种调用方法没有任何区别：

```
sig_tensor = tf.sigmoid(x, name = "sig")
sig_tensor = tf.math.sigmoid(x, name = "sig")
sig_tensor = tf.nn.sigmoid(x, name = "sig")
```

下面是一个矩阵经过 sigmoid 函数变换后的结果：

```
a = tf.Tensor([[-1,1],[-2,0]])
b = tf.sigmoid(a)
"""
    b 的结果是：
        [[0.26894142 0.73105858]
         [0.11920292 0.5        ]]
"""
```

我们在输出层经常会见到 log_sigmoid 激活函数，该函数的作用是对 sigmoid 结果取对数。其调用方法如下：

```
log_sig_tensor = tf.log_sigmoid(x, name = "log_sig")
log_sig_tensor = tf.math.log_sigmoid(x, name = "log_sig")
log_sig_tensor = tf.nn.log_sigmoid(x, name = "log_sig")
```

通过 log_sigmoid 的式(3.1)和图 3-1 所示的曲线可以得知，log_sigmoid 的结果范围为负无穷到 0。再对结果取负可以得到一个 0 到正无穷大的结果。这个结果很方便做 softmax 操作（后面会讲）。

$$log\_sigmoid(x) = \ln\left(\frac{1}{1+\exp(-x)}\right) \tag{3.1}$$

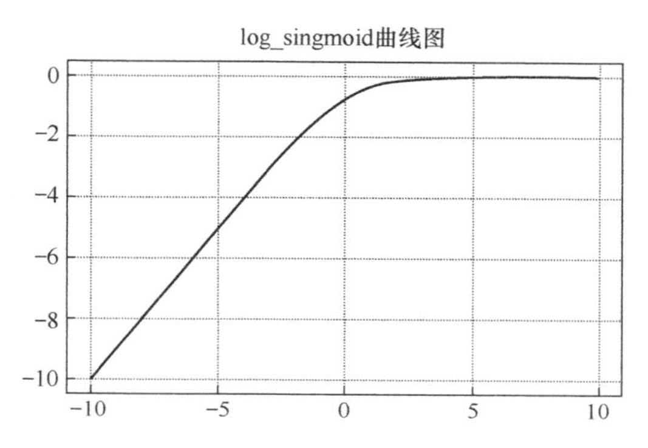

图 3-1 log_sigmoid 函数曲线

```
a = tf.Tensor([[-1,1],[-2,0]])
b = tf.log_sigmoid(a)
"""
    b 的结果是：
        [[-1.31326169 -0.31326169]
         [-2.12692801 -0.69314718]]
"""
```

sigmoid 激活函数是在全连接中比较常见的一类激活函数，另外一类激活函数 tanh 则经常在序列建模中见到。tanh 函数在 TensorFlow 中同样有 3 种调用方法：

```
tanh_tensor = tf.tanh(x, name = "tanh")
tanh_tensor = tf.math.tanh(x, name = "tanh")
tanh_tensor = tf.nn.tanh(x, name = "tanh")
```

tanh 函数是三角函数中的正切函数，其作用是将一个实数域的数映射到−1～1。在序列建模中用到该函数是因为序列有上下文信息，我们需要获得上下文对当前数据，或者当前数据对上下文正向干扰（支持）与负向干扰的数据表达。sigmoid 函数由于其范围为 0～1，因此只能单纯地表示数据更偏向于 0 还是 1。而 tanh 函数可以很好地做到正向干扰（0～1）和负向干扰（−1～0），其使用示例如下：

```
a = tf.Tensor([[-1,1],[-2,0]])
b = tf.tanh(a)
"""
    b 的结果是：
        [[-0.76159416  0.76159416]
        [-0.96402758  0.        ]]
"""
```

不论 sigmoid 还是 tanh 函数，它们对逼近极值的部分反应不敏感（y 值区别不大，sigmoid 函数是对接近 0 和 1 的 y 值不敏感，tanh 函数是对接近−1 和 1 的 y 值不敏感）。这样会导致当我们做激活的时候很容易激活前后区别并不大（改变不大）的值，这样在用梯度下降更新的时候会造成梯度爆炸或者梯度消失。

ReLU（线性整流单元，又称修正线性单元）就是解决这个问题的一种激活函数。

ReLU 函数有以下两个特点。

- 单向抑制：对负信息直接过滤，减少负信息的干扰。
- 线性激活：保证 x 在激活后对 y 值的敏感性。

其在 TensorFlow 中使用的例子如下：

```
a = tf.Tensor([[-1,1],[-2,0]])
b = tf.nn.relu(a, name = "relu")
"""
    b 的结果是：
        [[     0.  1      ]
        [     0.  0.     ]]
"""
```

这里需要注意的是，ReLU 函数只在 tf.nn 中有实现。当然，激活函数推荐使用 tf.nn.*的调用方式，这样更加容易理解。

4．归一化、正则化和 softmax 函数

常规的操作除了矩阵运算和形状操作，以及激活函数操作之外，还有一类操作可以方便运算和保证训练泛化。这类操作一般与数据紧密相关。

首先是归一化（normalization）。归一化是指将数据缩放到 0～1 的范围内，常用的有 l2_normalize，即基于欧式距离的归一化。其公式为：

$$NORM_{l2}(x)=\frac{x}{\sqrt{sum(x^2)}} \tag{3.2}$$

我们可以看到归一化操作是用来做数据缩放的，式（3.2）将实数域数据除以所有数据平方和的开方。归一化还有一个作用是消除量纲，这样就可以消除单位之间的影响，使得归一化后的数据具有可比性。

在 TensorFlow 中进行归一化的代码为：

```
l2_norm = tf.nn.l2_normalize(x, name = "l2_norm")
l2_norm = tf.math.l2_normalize(x, name = "l2_norm")
```

而 regularizition（正则化）则经常用于损失函数中，一般常用的有 l1_regularizition（基于曼哈顿距离）和 l2_regularizition（基于欧氏距离），公式如下

L_1 正则化：

$$J=J_0+\alpha\sum_{\omega}|\omega| \tag{3.3}$$

L_2 正则化：

$$J=J_0+\alpha\sum_{\omega}\omega^2 \tag{3.4}$$

在 TensorFlow 中，一般先构建正则化生成器 regularizer，然后将其用在计算中，其调用方法如下：

```
l1_reg = tf.contrib.layers.l1_regularizer(scale, scope=None)
l2_reg = tf.contrib.layers.l2_regularizer(scale, scope=None)
```

- scale：正则化程度，相当于正则化公式里面的α。如果为 0.0，则正则化效果为 0（即不需要进行正则化），scale 必须大于等于 0。
- scope：作用于哪个命名域中。

正则化加入损失函数中的好处是可以降低模型的复杂度并防止过拟合（实质上可以理解为某种程度上的降维，加入正则化后，权重ω为零的个数越多变相等于最后权重ω不为 0 的个数越少，即权重ω形成的维度空间越少，这样提高了模型拟合的泛化能力以及稳定性）。

最后介绍分类任务中常用的 softmax 函数。大部分网络的输出结果是实数域的数，我们想通过这个实数来获得分类结果是不现实的（无法定性定量分析）。这里介绍的 softmax 函数是一种结果转化方案，softmax 函数把实数域的数据映射到 0～1 内，并且保证各个维度的和为 1，从而将实数域的数据转为某种概率呈现方式，比较概率值即可判断分类结果。softmax 函数的公式为：

$$softmax(x_j \in x) = \frac{e_i^x}{\sum_j e_j^x} \tag{3.5}$$

转为概率呈现方式之后，就可以用损失函数进行比较。softmax 函数在 TensorFlow 中的两种调用方式为：

```
prob_tensor = tf.nn.softmax(logits, axis=None, name="softmax")
prob_tensor = tf.math.softmax(logits, axis=None, name="softmax")
```

- logits：一个实数域的张量，必须为浮点数相关数据类型，如 float32、float64。
- axis：需要进行 softmax 的维度，如果为 None 的话，则选最后一维。默认为 None。
- name：操作符的名字。

下面是 softmax 函数运算的例子。

```
a = tf.Tensor([[-1,1], [-2,1]])
b = tf.nn.softmax(a, axis=-1)
"""
b 的结果是：
    [[ 0.11920292 0.88079708 ]
    [ 0.04742587 0.95257413 ]]
"""
```

3.1.3 TensorFlow 的 Graph 和 Session

在 TensorFlow 的静态图设计中，TensorFlow 前端通过 tf.Graph 来描述图结构，再通过 tf.Session 来构建与 TensorFlow 后端的会话，从而控制数据在图中的流动。

TensorFlow 后端的计算流程完全依赖于 tf.Graph 所提供的操作集合，而 TensorFlow 后端与前端（Python 代码）的交互以及张量数据的传输完全依赖于 tf.Session。

1. 构造静态图

在介绍完张量和操作符之后，我们将进入构造静态图（tf.Graph）的环节。在 TensorFlow

中构造静态图时首先要指定是哪个图，一般大部分任务只有一个静态图，所以不需要指定，但是为了安全起见推荐大家指定。下面是使用默认图的两个例子：

下面两个函数中 x、y 为张量，且 x、y 的 shape 一样，dtype 也一样。

```
def model1(x, y):
    g = tf.Graph()
    with g.as_default():
        a = tf.get_Variable(y,name='weights')
        b = tf.add(a+b)
    return b

def model2(x,y):
    a = tf.get_Variable(y,name='weights')
    b = tf.add(a+b)
    return b
```

上面代码中的 model1 和 model2 函数的效果在大部分情况下一致（如果我们把图的构造都写在这个函数中），通常情况下第一种略显啰唆，不会用。

当我们要写比较复杂的模型时，可能会用第一种方法，在代码中夹杂一些图的命名域来增强可读性和构建成功后的静态图呈现（使用 TensorBoard 画图）效果，例如：

```
def model3(x,y):
    g = tf.Graph()
    with g.as_default():
        with g.name_scope("add") as scope:
            a = tf.get_Variable(y,name='weights', scope=scope)
            b = tf.add(a+b)
    return b
```

model3 函数的效果和前面两个没有区别，只是结果在图中更容易表示。注意，name_scope 是给操作增加上下文信息和层级的。

tf.Graph 中几个比较常用的方法如下。

（1）get_tensor_by_name：可以根据 name 获得张量，如果不存在则返回空；如果 name 为 None 或者不输入 name，则获取当前图下面所有的张量。这个操作在多线程下是可以并发的。

（2）get_operation_by_name：可以根据 name 获得操作符，如果不存在则返回空；如果 name 为 None 或者不输入 name，则获取当前图下面所有的操作符。这个操作在多线程下是可以并发的。

（3）get_operations：获得图中所有的操作，返回值是一个列表。

一般情况下，我们不会过多地使用 tf.Graph 的相关方法，因为大部分任务通过一个静态图就能完成。

下面，我们结合 3 种常用的张量和一些常用的操作符来构建一个简单的静态图：

```
# 这段代码会在介绍会话时继续使用
# 占位符 input_x，一般设计中占位符更偏向数据一侧，与模型函数分离
# 这里的 x 是占位符 input_x 所对应的真实数据，下文会讲
input_x = tf.placeholder(dtype=tf.float32,shape=(2,3), name="x")
def simple_model(x):
    const1=tf.constant([[1,2,3],[4,5,6],[7,8,9]],dtype=tf.float32,
          name="const1")
```

```
        y = tf.matmul(input_x, const1, name="mat1")
        weight1 = tf.get_variable("weight1",shape=(2,3))
        y = tf.add(y, weight1, name = "add1")
        y = tf.nn.softmax(y, name="softmax1")
        return y,weight1
```

我们可以看到上面的模型描述了一个数据流入模型到流出模型的过程，每个操作都是静态图中的一个节点（node）：const1、mat1、add1、softmax1、weight1。从输入 x 到输出 y 的过程，就是所构建的边，图 3-2 所示为数据的流动过程。

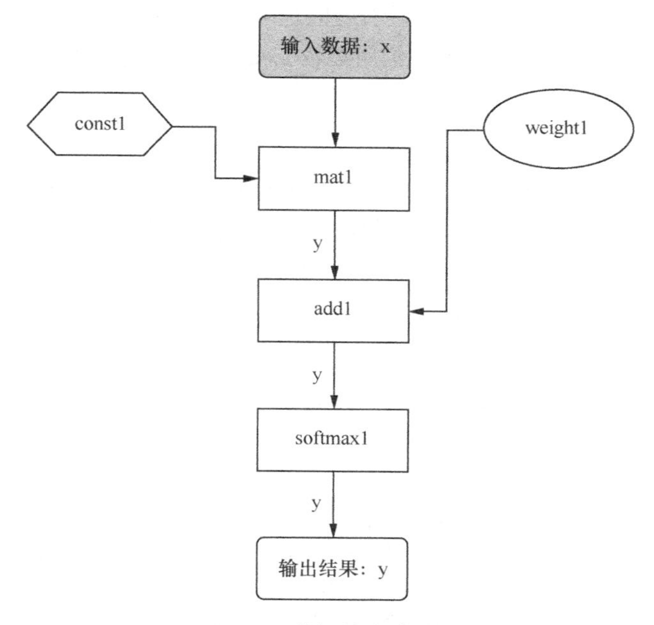

图 3-2 数据的流动过程

虽然我们没有看到 tf.Graph 的相关作用，但是它记录下了整个图的结构。因为在静态图模式下，TensorFlow 后端是在收到所有的代码之后再进行解释的，所以静态图的最大特点是在运行之前已经知道了构造图相关的所有前端代码，以及图的所有构造，这点大家要谨记。

2. 会话与运行 TensorFlow 样例

当我们构建好网络静态图之后，就可以用 tf.Session 来构建 TensorFlow 的前后端会话窗口。通过这个会话窗口，我们可以在 Python 前端代码中告诉 TensorFlow 后端我们想要什么，TensorFlow 后端知道之后，将数据通过会话窗口传给前端。

会话方式有两种，一种是使用 sess=tf.Session()来获得一个默认的会话实例，一般脚本中都会用到；另外一种是使用 sess=tf.InteractiveSession()。这两种方式最大的区别在于从 TensorFlow 后端获取张量的方式不同。

两种会话方式在初始化之后可以通过张量的引用或者操作符的引用来获取张量或操作符。示例如下：

```
a = tf.constant(1)
b = tf.constant(2)
```

```
sess = tf.Session()      # 或者使用 tf.InteractiveSession()
a_tensor,b_tensor = sess.run(a,b)
print(a_tensor)
print(b_tensor)
```

从上面的例子可以看出，sess.run 函数将前端的 Python 代码交由后端 TensorFlow 去执行。张量类型对 Python 来说是信息不完全的，我们没办法在 Python 中不依赖 TensorFlow 的相关方法直接操纵张量。通过 sess.run 函数，我们可以将对应位置的张量或者操作符引用转为我们想要的张量内容或者操作符结果。

另外，sess.run 函数能够直接传入张量引用但是不包括占位符 tf.placeholder。这是因为占位符所占的位置是实际的输入数据，一般我们用参数 feed_dict 来声明占位数据对应的真实数据：

```
input_x = tf.placeholder("x")
real_data = np.arange(2)
sess.run(feed_dict={input_x:real_data})
```

现在我们获得了一个 TensorFlow 的静态图 simple_model。可以发现，一般情况下，我们不需要对操作进行太多的控制，只需要控制边（即张量的流动）就可以获得我们想要的结果。下面我们通过代码让模型真正运作起来获得前向传播的结果：

```
import tensorflow as tf
import numpy as np
# 占位符构建
input_x = tf.placeholder(dtype=tf.float32,shape=(2,3), name="x")
# 静态图构建，返回 weight1 和 y 的 Tensor 引用
def simple_model(x):
    const1 = tf.constant([[1,2,3],[4,5,6],[7,8,9]],
         dtype=tf.float32,name="const1")
    y = tf.matmul(input_x, const1, name="mat1")
    weight1 = tf.get_variable("weight1",shape=(2,3))
    y = tf.add(y, weight1, name = "add1")
    y = tf.nn.softmax(y, name="softmax1")
    return y, weight1
# 调用静态图
result,weight = simple_model(input_x)
# 构建会话并且对各变量进行初始化
sess = tf.Session()
init = tf.global_variables_initializer()
sess.run(init)
# 获取初始化的 weight
random_weight = sess.run(weight)
# 构建真实数据
real_data = np.ones((2,3))
# 数据通过占位符进行流动，并且获得 y 的结果
result_data = sess.run(result, feed_dict={input_x:real_data})
"""一个样例结果为：
    random_weight = array([
         [ 0.6614102 , -0.5960887 ,  0.47194147],
         [-0.22718966, -0.02053249, -0.35549504]], dtype=float32)
    result_data = array([
         [0.00293679, 0.01677381, 0.9802894 ],
         [0.0026278 , 0.06489724, 0.932475  ]], dtype=float32)
```

```
[注意] result_data 受 random_weight 的影响，每次都可能不同
"""
```

这里需要注意的是，当我们在静态图模型中设置变量的时候，只是设置了变量的随机数生成器。只有构建了会话实例 sess，让 sess 通知 TensorFlow 后端对变量进行初始化才会有真正的变量产生。tf.global_variables_initializer 的作用是构建一个所有变量的初始化实例，sess.run 则把这个实例告知 TensorFlow 后端。一般情况下，大家使用 tf.global_variables_initializer 就足够了，可以一次性对所有的变量进行初始化。

3.2 TensorFlow 动态图模式

随着 PyTorch（另一种基于 Python 的深度学习框架）的流行，使用动态图已经成为一种趋势，而 TensorFlow 中也增加了对动态图的支持（Eager Execution）。这可以让我们在 Python 执行器中，直接运行代码，并立即获得操作结果，减少了代码冗余并提高了开发效率。

首先我们需要在 TensorFlow 1.12.0 中打开动态图模式，这是由于 TensorFlow 1.12.0 默认是静态图模式，因此我们需要强制告诉 TensorFlow 我们需要开启动态图模式。打开动态图模式的代码为 tf.enable_eager_execution()。这里需要强调的是，需要在 Python 文件尽量靠前的位置，最好在文件的前两行加入如下代码：

```
import tensorflow as tf
tf.enable_eager_execution()
```

这样我们就开启了动态图模式，动态图模式和静态图模式最大的区别是动态图模式不需要 tf.Session 来做前后端的会话窗口，一切前后端的交互都是自动进行的。下面我们将以两个例子来说明两者有何不同：

```
# 静态图模式例子
import tensorflow as tf
a = tf.constant([1,2,3])
print(a)
# a 的输出: Tensor("Const:0", shape=(3,), dtype=int32)
b = a + 1
print(b)
# b 的输出: Tensor("add:0", shape=(3,), dtype=int32)
with tf.Session() as sess:
    print(sess.run(a))
    print(sess.run(b))
"""
    a 和 b 的结果依次为:
        [1 2 3]
        [2 3 4]
"""
# 动态图模式例子
import tensorflow as tf
tf.enable_eager_execution()
a = tf.constant([1,2,3])
print(a)
# a 的输出: tf.Tensor([1 2 3], shape=(3,), dtype=int32)
b = a + 1
```

```
print(b)
# b 的输出: tf.Tensor([2 3 4], shape=(3,), dtype=int32)
```

我们可以看到，使用动态图模式之后，不需要会话（Session）操作，代码变少了；而且在默认的静态图模式中，直接调用张量是看不到它的内容的，而使用动态图模式之后，我们可以直接调用张量来查看它的内容。

另外当我们将静态图模式的代码改为动态图模式的代码时，由于我们不需要 TensorFlow 前后端会话窗口，因此需要把所有与会话有关的步骤删除。如果 Session.run 里有额外的运行步骤，直接把运行步骤删除即可，改起来其实非常简单。一个简单的静态图模式例子如下：

```
sess.run(tf.global_variables_initializer())
```

转为动态图模式只需要进行如下修改：

```
tf.global_variables_initializer()
```

当然，动态图模式也有劣势，就是在部署的时候占用内存和显存过大，运行速度缓慢。一般动态图模式只做研究使用，当模型没有问题的时候，大家还是尽量转为静态图模式进行训练，而且在部署的时候千万不要用动态图模式来提供服务。

3.3 TensorFlow 损失函数

在我们了解了如何构建模型以及如何与 TensorFlow 后端进行会话之后，现在开始逐步进入实际任务。我们的数据分为两种，一种是特征数据，一种是标签数据。在监督学习中，一般特征数据和标签数据是一对一或者 N 对 M 的关系；而在非监督学习中，我们不需要标签数据，而是需要一些提前设置好的终止条件。

无论哪种情况，我们都需要将模型结果（模型输出的结果特征）与目标数据或者终止条件进行化学反应来获知当前模型的缺陷在哪里，知道了缺陷才能改进。所以深度学习模型设计的 3 个重要工作如下。

（1）根据数据集的数据特征以及任务目标来设计合适的深度学习网络结构。

（2）根据任务描述和深度学习网络结构来选择合适的损失函数。

（3）根据数据集的数据特征、所选择的损失函数以及深度学习网络结构来选择合适的优化器。

下面我们会用一些篇幅来阐述 TensorFlow 做深度学习时常用的一些损失函数。

3.3.1 交叉熵

交叉熵（cross-entropy）来自信息学中与编码相关的概念，常用在与监督学习相关的多分类问题中。为了方便大家理解交叉熵的概念，我们不妨换一种视角来看问题：模型的输出结果等于输入数据的某种编码形式。对于多分类问题，我们可以根据数据的分类数量获得编码长度，将其编码为独热（one hot）向量或者其他向量。那么就不难理解为什么使用交叉熵作为损失函数了，因为交叉熵表述的就是某种特征编码转换到另外一种特征编码（两种编码的编码域和长度相同，即其特征向量长度相同、数值范围相同）而产生的不可逆的信息损失量。交叉熵公式为：

$$H(p,q) = -\Sigma_x p(x)\log_2 q(x) \tag{3.6}$$

其中 $p(x)$ 为输入数据 x 的某种分布，而 $q(x)$ 是目标编码的特征分布。

常用的方式是在获得模型的输出特征之后将其转为 softmax 结果，让模型特征从实数域（或者其他域）转为 0～1 的概率表达，然后和标签结果比对获得代价函数。在 TensorFlow 中，一般采用 softmax 和交叉熵获取概率值，这样的操作一般对应着网络的输出层，代码如下：

```
loss = tf.losses.softmax_cross_entropy(softmax_y,label,weights=1.0)
```

softmax_y 是模型的输出结果，label 是目标标签值，这里 softmax_y.shape == label.shape。一般来说，label[i]是一个独热向量，长度为不同标签数量，0≤softmax_y[i]≤1。例如数据为两个不同标签的 label[0] = 0 或 1，weights 为获得 softmax 与交叉熵之后的结果的赋权。

其实这样写 label 是很麻烦的，经常使用 sparse_softmax_cross_entrop 来简化操作。其唯一不同在于 label 数据样式不同，每个目标数据不再是独热向量，而是一个数字，这样方便我们数据预处理。代码示例如下：

```
loss = tf.losses.sparse_softmax_cross_entropy(softmax_y,label,weights=1.0)
```

当然，我们也可以用 sigmoid 函数对结果进行激活，并认为激活结果为 $p(x)$ 的似然。这种情况虽然很少，但是偶尔也会遇到。

sigmoid_y 是模型的输出结果，label 是目标标签值，这里 sigmoid_y.shape == label.shape，且 label[i] in [0,1]，0≤sigmoid[i]≤1。weights 为获得 softmax 与交叉熵之后的结果的赋权。代码示例如下：

```
loss = tf.losses.sigmoid_cross_entropy(sigmoid_y,label,weights=1.0)
```

再次强调一下，交叉熵一般用在多分类问题上，可以使用它将问题转换为信息学中的编码问题。

3.3.2 均方误差

均方误差（Mean Squared Error，MSE）也是在深度学习模型设计中经常使用的一种损失函数。我们可以将获得的模型结果理解为多维空间中的一个点，而我们的目标结果是另外一个点，采用欧式距离衡量两个点之间的距离，这样我们就知道在这个多维空间中，我们需要最少走多少距离才能到达目的地。其公式如下：

$$MSE(y, y_{\text{label}}) = \frac{\Sigma_i^n (y - y_{\text{label}})^2}{n} \tag{3.7}$$

这里 y 是模型输出结果，y_{label} 是目标真实结果（标签数据），n 为数据维度，y 和 y_{label} 必须具有相同的维度且它们各个维度的取值范围为实数域。在 TensorFlow 中，其调用方式如下：

```
loss = mean_squared_error(labels, predictions, weights=1.0)
# labels 为真实数据，即 y_label
# predictions 为预测数据，即目标输出结果
# weight 是 MSE 操作之后所要乘的权重
```

3.3.3 KL 散度

KL 散度（Kullback-Leibler Divergence）又称相对熵。交叉熵描述的是一种编码到另一种编码的不可逆损失（信息丢失），而相对熵描述的是一种分布到另外一种分布的信息丢失（不

可逆损失），这个概念同样来自信息学。KL 散度理解起来比较复杂，我们先看公式：

$$KL(p \| q) = \sum_x p(x)\log_2\left(\frac{p(x)}{q(x)}\right) \tag{3.8}$$

这里面 p 是一种分布，一般是预测分布；q 是另外一种分布，一般为目标分布。这个公式的含义可以简单理解为对于同样的数据集，我们从预测分布 p 转为真实分布 q 会有多少的不可逆损失。注意，这里 $p \| q$ 的位置不能互换，因为 q 转到 p 与 p 转到 q 是不相等的，即 $KL(p \| q) \neq KL(q \| p)$。这并不是一个对称的散度。因为我们不需要关心目标数据分布如何转为预测分布，需要关心的是预测分布如何更好地转为目标数据分布。另外，它和交叉熵有一点像，因为它实质上描述的是每个数据在分布上的结果比值 $p(x)/q(x)$ 在预测分布 $p(x)$ 上的损失程度。

在 TensorFlow 中并没有 KL 散度的实现，但是我们可以根据公式自己用代码写一个。代码示例如下：

```
# 这里 y 是预测结果，labels 是真实标签结果
def KL_loss(pred, label):
    loss = tf.reduce_sum(pred * tf.log(pred) - pred * tf.log(label))
    return loss
loss = KL_loss(pred=y, label=labels)
```

3.4 TensorFlow 优化器

数据特征经过模型之后所产生的输出结果与我们想要的标签结果之间的差距称为损失，利用这些损失我们可以通过反向传播来对模型权重进行更新（具体更新方式和反向传播的流程请看 5.6.5 小节）。

模型权重常采用优化器进行求解，TensorFlow 中的优化器指的是梯度算法（参见 6.5 节）。这里简单介绍我们应该怎么使用优化器，所有的优化器都在 tf.train 中可以找到。常见的有以下几个。

1. GradientDescentOptimizer

– 实现梯度下降的优化器。

– 用法：

```
tf.train.GradientDescentOptimizer(learning_rate,use_locking=False,
    name="GradientDescent")
```

– 参数介绍如下。

- learning_rate：学习率，用当前损失乘以学习率可以获得需要更新的损失部分。
- use_locking：如果为 True，则优化器不根据损失来更新变量，默认为 False。
- name：优化器名字，默认为"GradientDescent"。

2. AdagradDAOptimizer

– 实现 AdagradDA 的梯度优化方法。

– 用法：

```
tf.train.AdagradDAOptimizer(learning_rate, global_step, initial_gradient_squared_
accumulator_value=0.1, l1_regularization_strength=0.0, l2_regularization_strength=0.0,
```

```
use_locking= False, name="AdagradDA")
```

– 参数介绍如下。

- learning_rate：学习率。
- global_step：本次训练到当前为止，模型中可训练变量的次数。
- initial_gradient_squared_accumulator_value：大于 0 的值，用来做积分的起始值，默认为 0.1。
- l1_regularization_strength：一个浮点数，必须大于等于零，用来做 l1 正则化，默认为 0.0。
- l2_regularization_strength：一个浮点数，必须大于等于零，用来做 l2 正则化，默认为 0.0。
- use_locking：如果为 True，则优化器不根据损失来更新变量，默认为 False。
- name：优化器名字，默认为"AdagradDA"。

3. AdadeltaOptimizer

– 实现 Adadelta 的梯度优化方法。

– 用法：

```
tf.train.AdadeltaOptimizer(learning_rate=0.001, rho=0.95, epsilon=1e-8, use_locking=
False, name="Adadelta")
```

– 参数介绍如下。

- learning_rate：学习率，用当前损失乘以学习率可以获得需要更新的损失部分，默认为 0.001。
- rho：退化值可以是一个张量或者数值，默认为 0.95。
- epsilon：一个很小的值，避免除法中分母为 0 的情况出现，默认为 1e-8。
- use_locking：如果为 True，则优化器不根据损失来更新变量 Variable，默认为 False。
- name：优化器名字，默认为"Adadelta"。

4. AdamOptimizer

– 实现 Adam 的梯度优化方法。

– 用法：

```
tf.train.RMSPropOptimizer( learning_rate=0.001, beta1=0.9, beta2=0.999, epsilon=
1e-8, use_locking=False, name="Adam")
```

– 参数介绍如下。

- learning_rate：学习率，用当前损失乘以学习率可以获得需要更新的损失部分，默认为 0.001。
- beta1：预估的第一时刻指数化退化率，类型为浮点数，默认为 0.9。
- beta2：预估的第二时刻指数化退化率，类型为浮点数，默认为 0.999。
- epsilon：一个很小的值，避免除法中分母为 0 的情况出现，默认为 1e-8。
- use_locking：如果为 True，则优化器不根据损失来更新变量，默认为 False。
- name：优化器名字，默认为"Adam"。

5. RMSPropOptimizer

– 实现 RMSProp 的梯度优化方法。

– 用法：

```
tf.train.RMSPropOptimizer(learning_rate, decay=0.9, momentum=0.0, epsilon= 1e-10, use_locking=False,centered=False, name="RMSProp")
```

– 参数介绍如下。

- learning_rate：学习率，用当前损失乘以学习率可以获得需要更新的损失部分。
- decay：对历史或者未来梯度的一个折扣度，即梯度结果乘以 decay，默认为 0.9。
- momentum：一个很小的值，作为冲量，可以理解为对梯度持续优化的一个催化剂。默认为 0.0，即不存在。
- epsilon：一个很小的值，避免除法中分母为 0 的情况出现，默认为 1e-10。
- use_locking：如果为 True，则优化器不根据损失来更新变量 Variable，默认为 False。
- centered：如果为 True，梯度结果将会根据其方差做标准化。
- name：优化器名字，默认为"RMSProp"。

从分类上来说，优化器都属于操作，我们通过下面代码来展示如何使用它们（这里，优化器采用 GradientDescentOptimizer，损失函数使用 sparse_softmax_cross_entropy）。

```
import tensorflow as t
import numpy as np
# 网络模型构建，与上面例子不同的是取消了 softmax
def simple_model(x):
    const1 = tf.constant([[1,2,3],[4,5,6],[7,8,9]],
        dtype=tf.float32,name="const1")
    y = tf.matmul(input_x, const1, name="mat1")
    weight1 = tf.get_variable("weight1",shape=(2,3))
    y = tf.add(y, weight1, name = "add1")
    return y, weight1
# 声明占位符，增加了 label 的占位符
input_x = tf.placeholder(dtype=tf.float32,shape=(2,3), name="input")
label = tf.placeholder(dtype=tf.int32,shape=(2,), name="label")
# 真实数据， real_label = [0,1]
real_data = np.ones((2,3))
real_label = np.arange(2)
# 这里开始做优化
# 首先获得模型结果 result，以及我们想看的 Tensor: weight
result,weight = simple_model(input_x)
# 损失函数构建，这一步包括了 softmax
loss = tf.losses.sparse_softmax_cross_entropy(labels=label, logits=result)
# 声明学习率，并且选择梯度下降优化器做优化，构建优化器操作符
learn_rate = 0.01
optimizer = tf.train.GradientDescentOptimizer(learn_rate).minimize(result)
# 开始构建会话运行
sess = tf.Session()
# 初始化全局变量
init = tf.global_variables_initializer()
sess.run(init)
# 获得初始化的变量
init_weight = sess.run(weight)
print("init_weight : %s\n" % init_weight)
# 获得模型推理结果
```

```
    result_data = sess.run(result, feed_dict={input_x:real_data})
    print("result_data : %s\n" % result_data)
    # 更新全局变量
    sess.run(optimizer)
    new_weight = sess.run(weight)
    print("new_weight : %s\n" % new_weight)
    """一个输出的例子为：
        init_weight : [[ 0.4533913    0.5029322    0.83601403]
                       [ 0.9119222    0.8282287   -0.8072653 ]]
        result_data : [[12.453391 15.502933 18.836014]
                       [12.911922 15.828229 17.192734]]
        new_weight : [[ 0.44339132   0.4929322    0.82601404]
                      [ 0.9019222    0.8182287   -0.8172653 ]]
    """
```

从上面的结果我们看出，init_weight 和 new_weight 是不同的。这就意味着损失函数和优化器的联合作用与反向传播使得权重 weight 有了更新，而我们训练模型实质上就是根据固定的模型结构和数据集来更新模型中的可训练参数变量的。

3.5 TensorFlow 训练数据输入

我们在前面已经了解了如何构建模型。下面将简单介绍如何方便地从数据集中获取输入数据，使之用于模型训练。目前 TensorFlow 官方推荐使用的最新数据输入 API 是 tf.data。

tf.data 有两个重要的类：tf.data.Dataset 和 tf.data.Iterator。

3.5.1 tf.data.Dataset

tf.data.Dataset 用于在 TensorFlow 后端和输入数据之间建立数据管道，方便数据高效快速地输入。

如果数据在内存中的话，可以使用 tf.data.Dataset.from_tensors 或者 tf.data.Dataset.from_tensor_slices 来获取输入数据。

tf.data.Dataset.from_tensor_slices 会根据第一个维度切分数据（默认第一个维度表示的是 BatchSize），举个例子：

```
    # dataset1[0]的结果和 dataset2 的结果相等
    dataset1 = tf.data.Dataset.from_tensor_slices(
        np.arange(12).reshape((2,2,3)))
    # print(dataset1)为： <TensorDataset shapes: (2, 3), types: tf.int32>
    dataset2 = tf.data.Dataset.from_tensors(np.arange(6).reshape((2,3)))
    # print(dataset2)为：<TensorDataset shapes: (2, 3), types: tf.int32>
```

如果是 TensorFlow 推荐的 TFRecord 格式的文件的话，我们可以直接从文件中读取：

```
    # TFRecordFileName 是 TFRecord 格式文件的路径
    dataset = tf.data.TFRecordDataset(TFRecordFileName)
```

当然，我们的数据并非都是 TFRecord 格式的文件。tf.data.Dataset 还有一种初始化方法——tf.data.Dataset.from_generator，它很好地使用了 Python 的生成器特性。其语法如下：

```
    dataset = tf.data.Dataset.from_generator(generator, output_types, output_shapes
=None, args=None)
```

- generator：生成器函数。
- output_types：生成器每次输出数据的类型。
- output_shapes：生成器每次输出数据的形状。为 None 时不改变生成器输出数据的形状，默认为 None。
- args：生成器函数所需要的输入参数。

下面是一个 generator 的简单例子：

```
def gen_data(x):
    for i in x:
        yield i
    data  = np.arange(12).reshape((2,2,3))
    dataset = tf.data.Dataset.from_generator(gen_data,
        (tf.int32,tf.int32), args=(data,))
    print(dataset)
    return
    """输出为:
<FlatMapDataset shapes: (<unknown>, <unknown>), types: (tf.int32, tf.int32)>
    """
```

1. batch

我们训练数据的时候一般不会每次只放一个数据，而是会一批一批地放入数据，这样可以加快训练速度。同时一批一批地放入训练数据并对损失进行加权平均，这样可以增加模型的泛化能力。批量输入数据是依靠 tf.data.Dataset.bach 来实现的：

```
# 构建了一个有 batch size 的 Dataset，可以成批量地拿数据
batchDataset = tf.data.Dataset.batch(batch_size, drop_remainder=False)
```

另外，我们可以对 Dataset 的数据进行打乱，该操作通过 shuffle 来实现：

```
shuffleDataset = batchDataset.shuffle(buffer_size, seed=None,
    reshuffle_each_iteration=None)
```

- buffer_size：打乱后需要采样多少数据。
- seed：打乱时采用的随机种子。
- reshuffle_each_iteration：是否每次迭代（Iteration）后都要重新拿回数据，默认为 True。

例子如下：

```
shuffleDataset = batchDataset.shuffle(20)
```

在我们构建了 Dataset 之后，我们需要拿出数据，这时就需要迭代器了。我们通过迭代器来获得数据。生成迭代器实例后，就可以用迭代器 get_next 来方便地获取数据了，通常这些输入数据都具有相同的结构。

2. make_one_shot_iterator

tf.data.Dataset 自带了一个简单的迭代器——make_one_shot_iterator （单次迭代器），用于仅对数据进行依次迭代，简单例子如下：

```
dataset = tf.data.Dataset.range(50)
iterator = dataset.make_one_shot_iterator()
    # 构造可迭代实例
next_element = iterator.get_next()
for i in range(50):
```

```
    value = sess.run(next_element)
```

3. make_initializable_iterator

make_initializable_iterator 允许 Dataset 中存在占位符，这样可以在需要输入数据的时候再进行 feed 操作，简单例子如下：

```
x = tf.placeholder(tf.int64, shape=[])
dataset = tf.data.Dataset.range(x)
iterator = dataset.make_initializable_iterator()
next_element = iterator.get_next()
with tf.Session() as sess:
    # 需要取数据的时候才将需要的参数 feed 进去
    sess.run(iterator.initializer, feed_dict={x: 10}
    for i in range(10):
        res = sess.run(next_element)
        assert i == res
```

3.5.2 tf.data.Iterator

tf.data.Iterator 中使用了两个复杂的迭代器：from_structure、from_string_handle。

1. from_structure

使用静态方法 tf.data.Iterator.from_structure(output_types)可以构建可复用的迭代器。

```
dataset = tf.data.Dataset.range(50)
dataset2 = tf.data.Dataset.range(100)
iterator = tf.data.Iterator.from_structure(dataset.output_types,
    output_shapes = dataset.output_shapes)
next_element = iterator.get_next()
iter1 = iterator.make_initializer(dataset)
iter2 = iterator.make_initializer(dataset2)
# 先运行第一个数据集的迭代器
sess.run(iter1)
for i in range(50):
    res1 = sess.run(next_element)
# 再运行第二个数据集的迭代器
sess.run(iter2)
for i in range(100):
    sess.run(next_element)
```

2. from_string_handle

我们可以将 tf.placeholder 与这个静态方法结合起来使用。from_string_handle 的功能与 from_structure 的功能相同，不同之处在于，在迭代器之间切换时不需要从数据集的开头初始化迭代器。这种方法的灵活性更强。以下为具体例子：

```
dataset = tf.data.Dataset.range(50)
dataset2 = tf.data.Dataset.range(100)
handle = tf.placeholder(tf.string, shape=[])
iterator = tf.data.Iterator.from_string_handle(handle,
    dataset.output_types,output_shapes = dataset.output_shapes)
```

```
next_element = iterator.get_next()
iter1 = dataset.make_one_shot_iterator(dataset)
iter2 = dataset2.make_initializable_iterator(dataset2)
handle1 = sess.run(iter1.string_handle())
handle2 = sess.run(iter2.string_handle())
sess.run(iter1)
sess.run(iter2)
while True:
    # 第一个迭代器是make_one_shot_iterator，直接运行
    for i in range(50):
        sess.run(next_element, feed_dict={handle: handle1})
    # 第二个迭代器是make_initializable_iterator ，需要初始化
    sess.run(iter2.initializer)
    for _ in range(100):
         sess.run(next_element, feed_dict={handle: handle2})
    # 不同于from_structure，from_string_handle 的多个迭代器可以同时注册到会话中
    # 更便于用户使用
```

第4章 聚类算法

4.1 聚类算法简介

聚类算法是一种非监督算法，这类算法处理的数据只有特征，而没有标注（经过人工判断整理）结果。

常见的聚类算法有 k 均值（k-means）聚类算法、层次聚类算法、密度聚类算法、网格聚类算法等。

聚类算法一般采用距离来衡量数据样本之间的关系。聚类算法要做的就是“同类相聚，异类相斥”，即同一个类别数据之间的距离相近，不同类别数据之间的距离较远。这里的相近一般指的是数据样本离某一聚类中心近，而离其他聚类中心远。

一般用以衡量数据之间的距离的公式为闵可夫斯基距离（Minkowski Distance），以及基于该距离的简化版本距离。

假设一个集合 $\boldsymbol{X}$，每一个样本有 n 个特征，其中两个样本为 $\boldsymbol{X}_i=\{x_{i1}, x_{i2}, \cdots, x_{in}\}$，$\boldsymbol{X}_j=\{x_{j1}, x_{j2}, \ldots, x_{jn}\}$，则两者之间的闵可夫斯基距离 $D_{\text{Minkowski}}$ 为：

$$D_{\text{Minkowski}}(i,j)=\sqrt[p]{\sum_{k=1}^{n}(x_{ik}-x_{jk})^p} \tag{4.1}$$

当 p=1 时，闵可夫斯基距离可简化为曼哈顿距离（Manhattan Distance）：

$$D_{\text{Manhattan}}(i,j)=\sum_{k=1}^{n}|x_{ik}-x_{jk}| \tag{4.2}$$

当在二维平面上，即样本的特征数 n=2 时，曼哈顿距离其实描述的是街道距离，即从一个街道到另一个街道需要经过的实际行驶距离。

当 p=2 时，闵可夫斯基距离可简化为欧式距离（Euclidean Distance）：

$$D_{\text{Euclidean}}(i,j)=\sum_{k=1}^{n}(x_{ik}-x_{jk})^2 \tag{4.3}$$

当在二维平面上，即样本的特征数 n=2 时，欧式距离其实描述的是直线距离，即从一个点到另一个点的几何直线距离。

当 $p\to\infty$ 时，闵可夫斯基距离可简化为切比雪夫距离 (Chebyshev Distance):

$$D_{\text{Chebyshev}}(i,j)=\max|x_{ik}-x_{jk}| \quad (k=1,2,\cdots,n) \tag{4.4}$$

该公式描述的是如果样本有 n 个特征，每一个特征都会有一个距离，那么这些特征距离中最大的那个距离就是切比雪夫距离，其他的距离可以忽略。

余弦相似度、皮尔逊相关系数用以衡量数据之间的相似性，其计算比闵可夫斯基距离要复杂。

余弦相似度利用两个向量之间的夹角余弦值来衡量两个数据样本之间的相似程度，其公式如下：

$$\cos\theta = \frac{\overrightarrow{\boldsymbol{x}_i} \cdot \overrightarrow{\boldsymbol{x}_j}}{\|\boldsymbol{x}_i\| \cdot \|\boldsymbol{x}_j\|} \tag{4.5}$$

余弦相似度的取值范围为[−1,1]，当取值小于 0 时，表示数据之间负相关；当取值大于 0 时，表示数据之间正相关；当取值为 0 时，两个数据夹角为 90°，数据之间不相关。余弦相似度越大，数据样本之间相似度越高。

皮尔逊相关系数（Pearson Correlation Coefficient）相当于标准化（$\mu=0$，$\sigma=1$）后的离散余弦相似度，其公式如下：

$$\rho(i,j) = \frac{\operatorname{cov}\left(\boldsymbol{x}_i, \boldsymbol{x}_j\right)}{\sigma_{x_i}\sigma_{x_j}} = \frac{\sum_{k=1}^{n}(\boldsymbol{x}_{ik} - \boldsymbol{\mu}_{x_i})\sum_{k=1}^{n}(\boldsymbol{x}_{jk} - \boldsymbol{\mu}_{x_j})}{\sum_{k=1}^{n}(\boldsymbol{x}_{ik} - \boldsymbol{\mu}_{x_i})^2\sum_{k=1}^{n}(\boldsymbol{x}_{jk} - \boldsymbol{\mu}_{x_j})^2} \tag{4.6}$$

相比于离散余弦相似度，由于皮尔逊相关系数对每一个样本的所有特征进行了归一化处理，因此当两个样本中某一个维度缺失，计算两者之间的相似性时，皮尔逊相关系数更稳定，即缺少任何一个维度的特征，其相关系数变化不大。

4.2　*k* 均值聚类算法

k 均值聚类算法是经典的划分簇群（类别）的聚类算法，其中 *k* 指的是划分簇群的数量。这个算法必须事先指定划分簇群的数量，然后使用距离度量公式对数据进行聚类。

4.2.1　算法步骤

k 均值聚类的算法步骤如下。

（1）设定簇群数量 *k*。

（2）在样本空间范围内生成 *k* 个坐标 $C_1,C_2,\cdots,C_k$，每一个坐标表示聚类后样本的中心坐标。

（3）将数据集中的每一个样本与上一步中的 *k* 个聚类中心坐标计算距离，选取距离最小的中心坐标作为该样本的中心坐标，并将该样本赋给该簇群，这样可以得到每一个样本的聚类中心坐标以及簇群。

（4）计算第 3 步聚类出来的簇群中所有样本中心坐标的平均值，作为新的聚类中心坐标 $C_1',C_2',\cdots,C_K'$。

（5）重复步骤（3）和步骤（4），直到满足以下停止条件才终止。

- 迭代次数达到上限，即在循环步骤（3）和（4）的时候，需要设置迭代上限次数。
- 前后两次迭代聚类中心无变化，或者变化很小。

- 前后两次准则函数（见 4.2.2 小节）变化很小。

（6）输出所有样本的聚类中心坐标以及所属的簇群。

4.2.2　准则函数

为了描述最终的聚类效果，我们一般采用平方误差函数作为准则函数，其公式为：

$$\mathrm{Err}=\sum_{i=1}^{k}\sum_{j=1}^{m}\left(x_j-c_i\right)^2 \tag{4.7}$$

其中 x_j 表示数据中的一个样本，总共 m 个样本，c_i 表示第 i 个聚类中心，总共有 k 个聚类中心。

4.2.3　算法改进

在上述聚类过程中，由于初始聚类中心是随机产生的，因此最终的聚类结果可能不稳定，即采用上述算法得到的聚类结果可能前后两次不一致，聚类结果依赖于初始聚类中心。要解决这个问题，一般采用多次聚类，然后选取其中准则函数最小的聚类结果作为最优聚类。

我们使用一组二维随机数来模拟 k 均值聚类过程，其代码如下：

```
import copy
import matplotlib.pyplot as plt
import numpy as np

if __name__=='__main__':
    # 在二维平面上生成 100 个随机样本
    data = np.random.rand(20,2)
    # 1.设定簇群数 k
    k = 4
    # 2.在数据分布区间初始化聚类中心
    center_init = np.random.rand(k,2)
    # 3.设置停止条件
    epison = 1e-10
    # 4.平方误差函数
    err_sum_compare = 0
    # 循环停止条件
    # （1）达到最大循环次数，停止聚类过程
    for iter in range(10):
        # 临时存储聚类中心，用于比较前后两次聚类中心是否变化
        #deepcopy 变量深复制
        center_temp = copy.deepcopy(center_init)
        # 临时存储平方误差函数，用于比较前后两次平方误差函数是否变化
        err_sum_temp = copy.deepcopy(err_sum_compare)
        # 初始化 k 个簇，用来存储聚类的结果
        center_data = {}
        for i in range(k):
            center_data[i] = []
        # 找出每一个样本最近的初始化中心
        for one in data:
            distance = np.sqrt(np.sum(np.square(one - center_init), axis=1))
            # 最近的聚类中心索引值
```

```
        index = np.argmin(distance, axis=0)
        # 往对应的簇里面存放样本
        center_data[index].append(one)
    # 重新计算聚类中心
    for i in range(k):
        # 计算每一个簇所有样本中心坐标的均值作为新的聚类中心
        if center_data[i]!=[]:
            center_i_mean = np.mean(center_data[i],axis=0)
            # 由于初始化位置不好，某些初始化中心没有最近的点，因此这
            # 个地方需要重新随机产生一个坐标
        else:
            center_i_mean = np.random.rand(1,2)
        # 用新的聚类中心替换掉原有的聚类中心
        center_init[i] = center_i_mean
    # 输出新的聚类中心，以及数据划分变化
    plt.figure()
    # 颜色映射表
    color_table = ["r","b","g","y","c","k","m",
        "darkred","gold","olive"]
    mark_table = ['+','o','>','<']
    for i in range(k):
        # 如果某一簇没有数据，就不绘制该簇
        if center_data[i] != []:
        data_temp = np.array(center_data[i])
        # 绘制所有样本
        plt.scatter(data_temp[:, 0], data_temp[:, 1],
            color=color_table[i],marker= mark_table[i])
        # 绘制所有聚类中心
        plt.scatter(center_init[i][0],center_init[i][1],
            color=color_table[i],marker= mark_table[i],s=200)
    plt.title("第"+str(iter+1)+"次聚类结果")
    # 样本聚类后总的平方误差值
    err_sum_compare = 0
    for i in range(k):
        if center_data[i]!=[]:
           err_sum_compare += np.sum(
               np.square(center_data[i] - center_init[i]))
    # 迭代终止条件
    # （2）前后两次聚类中心变化较小
    if np.sum(np.square(center_init - center_temp))<epison:
       break
    # （3）前后两次平方误差函数变化很小
    if abs(err_sum_temp-err_sum_compare) < epison:
       break

    # 显示中间过程中的所有绘制的图像
    plt.show()
    # 输出最终的聚类中心
    print(center_init)
```

我们选取的样本数为 20 个，聚类数量为 4 类，其聚类结果如图 4-1 所示。其中，每一类

聚类结果都用不同形状的图形进行绘制，对应的聚类中心用较大的图形绘制。从图 4-1 可以清晰看出聚类中心的移动过程，以及最终聚类的效果。

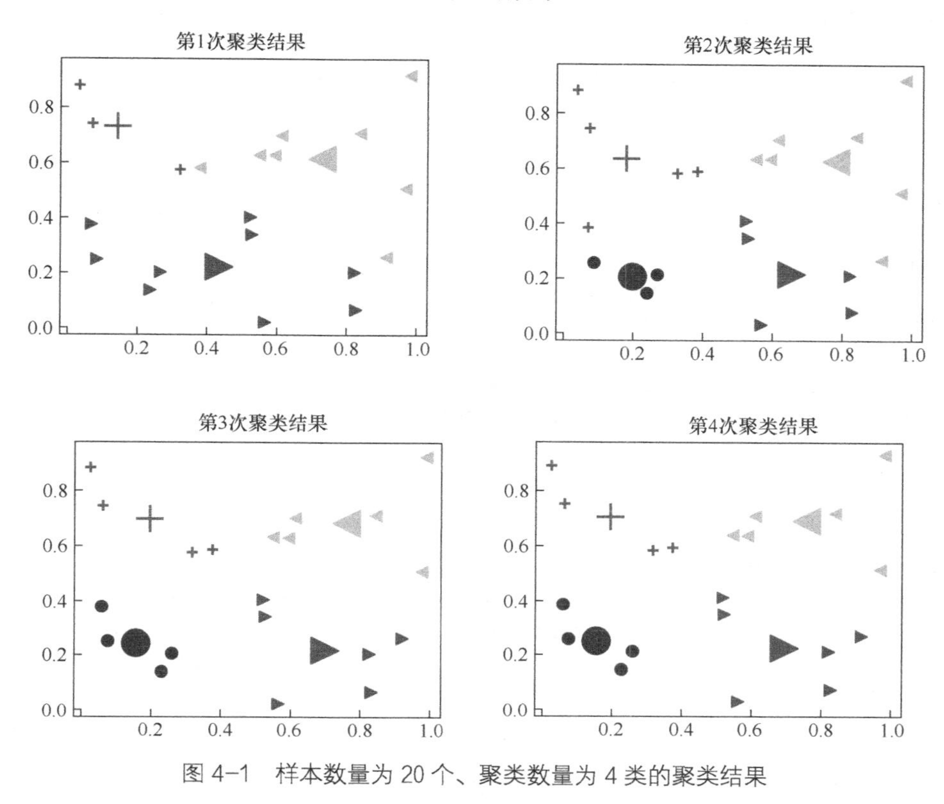

图 4-1　样本数量为 20 个、聚类数量为 4 类的聚类结果

另外我们选取了 1000 个样本，4 个分类，对其进行重新聚类，第 8 次聚类结果如图 4-2 所示。

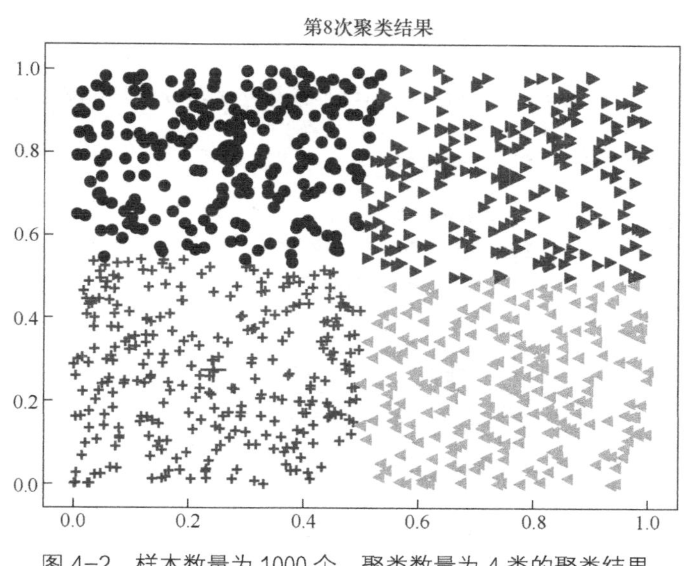

图 4-2　样本数量为 1000 个、聚类数量为 4 类的聚类结果

同样，我们采用 TensorFlow 的 kmeans 算法也可以实现上述过程，其代码如下：

```
import matplotlib.pyplot as plt
import numpy as np
import tensorflow as tf
from tensorflow.contrib.factorization import KMeans

# 设定分类数 k
k = 4
# 迭代次数
iter_nums = 10
# 随机产生数据
data = np.random.rand(1000,2)
X = tf.constant(data,dtype=float)

# 调用 TensorFlow 提供的 Kmeans 方法，该算法使用的是欧氏距离
tf_kmeans = KMeans(inputs=X, num_clusters=k,
    distance_metric='squared_euclidean')
# 构建 kmeans 图
training_graph = tf_kmeans.training_graph()

# 获取 kmeans 图中的各变量
(all_scores, cluster_idx, scores, cluster_centers_initialized,\
    init_op, training_op) = training_graph
cluster_idx = cluster_idx[0]
# 计算平均距离
average = tf.reduce_mean(scores)
# 初始化
init_variables = tf.global_variables_initializer()
with tf.Session() as sess:
    sess.run(init_variables)
    sess.run(init_op)
    # 开始训练
    for iter in range(1, iter_nums+1):
        # 得到平均距离和簇索引
        _, d, idx = sess.run([training_op, average, cluster_idx])
        center_data = {}
        for i in range(k):
            center_data[i] = []
        # 将簇数据放到对应的字典数组中
        for i in range(len(idx)):
            center_data[idx[i]].append(data[i])
        plt.figure()
        # 颜色映射表
        color_table = ["r", "b", "g", "y", "c", "k", "m",
            "darkred", "gold", "olive"]
        for i in range(k):
            # 如果某一簇没有数据，就不绘制该簇
            if center_data[i] != []:
               data_temp = np.array(center_data[i])
               # 绘制所有样本
               plt.scatter(data_temp[:, 0], data_temp[:, 1],
```

```
                color=color_table[i], marker="p")
            _center = np.mean(data_temp,axis=0)
            # 绘制所有聚类中心
            plt.scatter(_center[0], _center[1],
                color=color_table[i], s=200)
            plt.title("第" + str(iter + 1) + "次聚类结果")
    plt.show()
```

因此可知，TensorFlow 提供的 kmeans 算法也能实现相同的聚类效果。

4.3 *k* 中心聚类算法

k 中心（k-medoids）聚类算法是 *k* 均值聚类算法的改进算法，*k* 均值聚类算法采用随机坐标作为初始聚类中心，而 *k* 中心聚类算法以随机样本坐标作为初始聚类中心。

4.3.1 准则函数

k 中心聚类算法采用绝对差值和（Sum of Absolute Difference，SAD）函数作为准则函数，其公式为：

$$\text{Err} = \sum_{i=1}^{k} \sum_{j=1}^{m-k} (o_j - c_i)^2 \tag{4.8}$$

其中 o_j 表示数据中的一个样本，总共 m 个样本，j 从 1 到 $m-k$，c_i 表示第 i 个聚类中心，总共有 k 个聚类中心。c_i、o_j 都来自样本空间。

4.3.2 算法步骤

k 中心聚类算法步骤如下。

（1）设定簇群数量 k。

（2）从样本中随机选取 k 个样本 $O_1,O_2,\cdots,O_k$，以及其对应的坐标 $C_1,C_2,\cdots,C_k$，作为初始聚类中心。

（3）将剩余数据集 $O_{k+1},O_{k+2},\cdots,O_m$ 中的每一个样本与上一步中的 k 个聚类中心坐标计算距离，选取距离最小的中心坐标作为该样本的中心坐标，并将该样本赋给该簇群。这样可以得到每一个样本的聚类中心坐标以及簇群。

（4）对第（3）步聚类出来的簇群$\{O_p,O_{p+1},\cdots,O_q\}$以及对应的聚类中心样本 O_i，依次交换每一个簇群中的样本 O_p 与聚类中心样本 O_i，并计算准则函数，选取其中最小的准则函数对应的样本 O_p，并将该簇群的聚类中心替换为 O_p，这样就得到新的聚类样本 $O_1',O_2',\cdots,O_K'$，以及其对应的坐标 $C_1',C_2',\cdots,C_K'$。

（5）重复步骤（3）、（4），直到满足停止条件才终止。

（6）输出所有样本的聚类中心以及所属的簇群。

4.3.3 算法对比

k 均值聚类算法与 *k* 中心聚类算法有以下区别。

（1）初始聚类中心的选取不同。*k* 均值聚类算法采用随机坐标方法，*k* 中心聚类算法采用随机样本坐标方法。

（2）迭代中心点的选取不同。k 均值聚类算法采用所有点的平均值作为新的聚类中心，k 中心聚类算法采用替换准则函数最小的点作为新的聚类中心点。

（3）k 中心聚类算法的计算量远大于 k 均值聚类算法，因此 k 中心聚类算法只适用于数据量较小的场景。

第5章 分类算法

5.1 分类算法简介

主流的分类算法可以归属为监督算法。通常分类算法处理的数据标签为离散型变量，标签有一个范围并且不同标签的数量是有限的。例如当我们设计一个水果分类器时，虽然水果种类非常多，但是种类是有限的。这里水果的种类就是我们分类的标签数量，而水果的名称（如苹果、香蕉、梨等）就是数据的标签值。

通常分类要做的是根据数据的特征来判断数据所属的类别。还是以水果为例，如现在有一个水果分类器，需要区分苹果、香蕉、梨这 3 种水果，那么如何进行区分呢？已知 3 种水果的特征有颜色（红、黄、黄）、形状（圆形、月牙形、圆形）、质量、表皮等，根据总结的经验，红色圆形的应该是苹果，黄色圆形的应该为梨，黄色月牙形的应该为香蕉。那么机器是如何处理这类问题的呢？

机器对数据类别的判断过程其实是一个分类过程，常见的分类算法有 k 近邻算法、朴素贝叶斯、支持向量机、人工神经网络等。

5.2 k 近邻算法

k 近邻（K-Nearest Neighbor，KNN）算法即最近邻算法，是一个理论成熟、原理简单、易于理解、结果具有可解释性的算法，在机器学习领域被广泛使用。其原理是统计样本周围若干个样本的标签，进行频次投票，票数最多的标签即为该样本的标签。k 近邻算法的 k 指的是选取最近邻样本的个数。

k 近邻算法的示意图如图 5-1 所示。

图 5-1 描述了 3 个样本集合（w_1,w_2,w_3），为了确定未知点 x_u 所属类别，选取了最近的 5 个点，其中 4 个点所属类别为 w_1，1 个点所属类别为 w_3，根据统计投票结果，w_1 类别票数最多，因此判断未知点 x_u 为 w_3 类别。

k 近邻算法适用于类别较多且类别区域之间有重叠的样本。

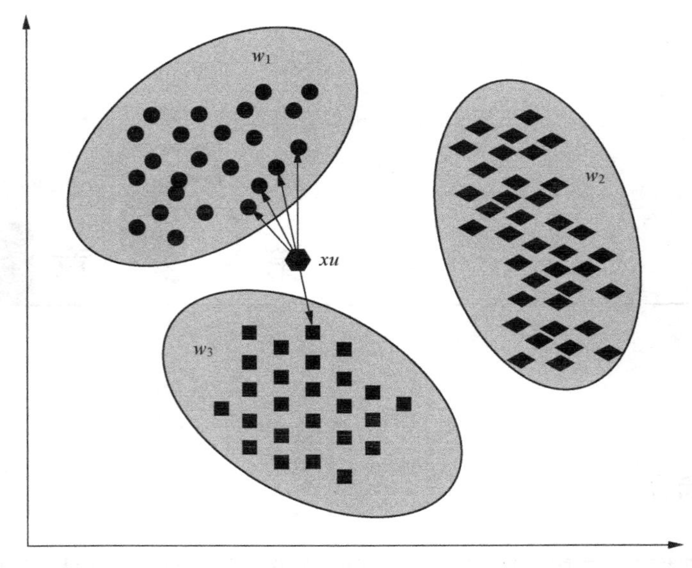

图 5-1　k 近邻算法示意图

5.2.1　算法步骤

k 近邻算法步骤如下。

（1）设定近邻样本的数量 k。

（2）计算未知样本 x_u 与已知样本集合中所有样本之间的距离 $\{D_u\}$。

（3）对所有距离 $\{D_u\}$ 进行升序排列，距离越小排位越靠前。

（4）选取前 k 个最小距离以及对应的样本 $\{D_k\}$。

（5）统计样本 $\{D_k\}$ 所属类别出现的频次。

（6）返回频次最高的类别并输出。

5.2.2　投票算法改进

常规投票算法利用最近几个样本的类别进行投票，而且投票作用相当，即这 k 个投票样本对最终决策的影响是一样的。而经验告诉我们，离未知样本越近的已知样本对最终决策的影响应该越大才对。因此，我们可以采取距离加权的投票算法来进行算法改进，即 k 个投票样本的投票权重与距离未知样本的远近成反比关系，距离越近权重越大，距离越远权重越小。

5.2.3　k 参数选取

由算法的原理可以看出，对于一个未知样本，不同的 k 值，最终聚类结果可能不一致。为了解决这个问题，可以采取穷举法，即选定一个 k 值，计算在该 k 值下所有已知样本与算法预测出来的样本标签是否一致，从而得出样本的准确率，选取样本准确率最高的 k 值作为 k 近邻算法的参数。

一般情况下，可选取已知样本数量的开方作为模型的参数 k，例如样本有 400 个，那么 k 可以取值为 $\sqrt{400}=20$。

5.2.4 模型评价

由于 *k* 近邻算法并不输出模型到磁盘，也没有训练过程，每次预测数据样本时需要加载所有已知样本到内存中，因此当已知样本数量非常大时，模型非常消耗内存。此外，由于需要计算未知样本与所有已知样本的距离，因此计算量非常大，模型结果输出的效率也会受样本数量的影响。我们可以利用 *kd* 树解决这个问题，详细内容可参看相关文献。当多个已知类别样本的数量不均衡时，即有的类别样本数量非常多，有的类别样本数量非常少，模型的预测结果常常偏向于数量较多的类别样本。因此对于非均衡样本，采用 *k* 近邻算法效果并不好。

以下是 *k* 近邻算法的一个 Python 代码示例：

```
import numpy as np
import random
import matplotlib.pyplot as plt
from collections import Counter

if __name__=='__main__':
    num = 10
    # 创建两类数据作为训练数据
    list1 = np.array([(2+random.random(),2+random.random(),1)\
        for _num in range(0,num)])
    list2 = np.array([(3+random.random(),3+random.random(),2) \
        for _num in range(0,num)])
    # 分别用不同颜色绘制
    plt.figure()
    plt.scatter(list1[:,0], list1[:,1], marker='p',c="r")
    plt.scatter(list2[:,0], list2[:,1], marker='o',c="b")
    # 自定义一个待识别的样本
    sample = np.array([3,3])
    # 将所有样本合并到一起
    list = np.concatenate((list1,list2))
    # 存储待识别样本与所有训练数据的差值以及样本标签
    distance_classfy = np.zeros([2*num,2])
    # 第一列存储距离数据
    distance_classfy[:,0] = np.sum(np.square(sample-list[:,0:2]),axis=1)
    # 第二列存储标签数据
    distance_classfy[:,1] = list[:,2]
    # 按照第一列对数据进行排序
    distance_classfy = distance_classfy[distance_classfy[:,0].argsort()]

    # 确定投票人数，只有最小的 k 个距离投票有效
    k = 5
    # 利用 Counter 统计每一个类别出现的次数
    data = Counter(distance_classfy[0:k,1])
    # 只有 1 和 2 分类，因此出现次数较多的类别即为结果
    if data[1] > data[2]:
        plt.scatter(sample[0],sample[1], marker='p',c="r",s=100)
    else:
        plt.scatter(sample[0],sample[1], marker='o',c="b",s=100)
    plt.title("k 近邻算法未知数据判断结果示意图, k=%d"%(k))
```

```
    plt.show()
```

图 5-2 所示为中间未知样本最后判断属于下方五边形类别，这里我们将未知样本的结果放大并绘制在图中。

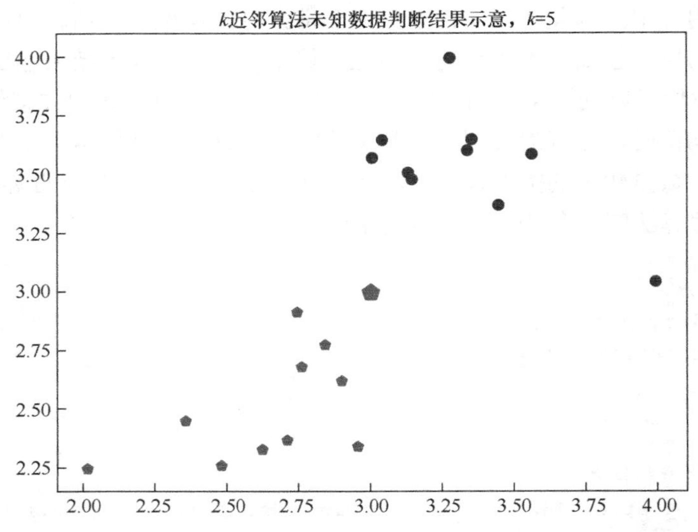

图 5-2　k=5 时，k 近邻算法未知数据（中间大五角星）判断结果

我们也可以用 TensorFlow 实现这个结果判断，代码如下：

```
import numpy as np
import random
0import matplotlib.pyplot as plt
from collections import Counter
import tensorflow as tf

if __name__=='__main__':
    num = 10
    # 创建两类数据作为训练数据
    list1 = np.array([(2+random.random(),2+random.random(),1) \
        for _num in range(0,num)])
    list2 = np.array([(3+random.random(),3+random.random(),2) \
        for _num in range(0,num)])
    # 分别用不同颜色绘制
    plt.figure()
    plt.scatter(list1[:,0], list1[:,1], marker='p',c="r")
    plt.scatter(list2[:,0], list2[:,1], marker='o',c="b")
    # 自定义一个待识别的样本
    sample = np.array([3,3])
    # 将所有样本合并到一起
    list = np.concatenate((list1,list2))

    # 确定投票人数，只有最小的 k 个距离投票有效
    k = 5
    # 生成训练样本、测试样本的 tensor
    X_train = tf.constant(list[:,0:2],dtype=float)
```

```
    Y_train = tf.constant(np.matrix(list[:,2]).T)
    sample_test = tf.constant(sample,dtype=float)

    # 计算测试样本与训练样本的距离
    distance = tf.reduce_sum(tf.square(
        tf.add(sample_test,tf.negative(X_train))), reduction_indices=1)
    # 对计算的距离排序，并取前 k 个排序结果
    distance_sort = tf.nn.top_k(tf.negative(distance),k=k)
    # 初始化
    init_variables = tf.global_variables_initializer()
    with tf.Session() as sess:
        # 执行初始化
        sess.run(init_variables)
        # 执行距离计算
        sess.run(distance)
        # 执行排序计算，并返回前 k 个最小距离对应的距离值以及位置
        _values, _index = sess.run(distance_sort)
        # 用索引位置筛选出训练数据的标签值
        _y_values = tf.gather(Y_train,_index)
        # 执行这个筛选
        data = sess.run(_y_values)
        # 统计每个类别出现次数
        data = Counter(data[:, 0])
        # 只有 1 和 2 分类，因此出现次数较多的类别即为结果
        if data[1] > data[2]:
            plt.scatter(sample[0],sample[1], marker='p',c="r",s=100)
        else:
            plt.scatter(sample[0],sample[1], marker='o',c="b",s=100)
        plt.title("k 近邻算法未知数据判断结果示意图, k=%d"%(k))
        plt.show()
```

5.3 朴素贝叶斯

已知条件概率公式为：

$$P(X \mid Y)=\frac{P(XY)}{P(Y)} \tag{5.1}$$

其描述的是样本标签为 Y，且观察的数据特征为 X 时的概率，这个概率可以事先通过对大量数据进行观察统计得到。

贝叶斯公式为：

$$P(Y \mid X)=\frac{P(X \mid Y)P(Y)}{P(X)} \tag{5.2}$$

这里 X 表示特征，Y 表示类别。贝叶斯分类描述的是在观察特征为 X 时，属于类别标签 Y 的后验概率，因此式（5.2）也称为后验概率公式。

朴素贝叶斯（Naive Bayes，NB）是贝叶斯的简化版本，指的是样本的特征属性之间相互独立。朴素贝叶斯的公式如下：

$$P(Y|X)=\frac{P(X\mid Y)P(Y)}{P(X)}=\frac{P(x_1x_2\cdots x_n\mid Y)P(Y)}{P(X)} \tag{5.3}$$

式（5.3）中 $P(X)$、$P(Y)$为先验概率，计算 X 的概率时不需考虑因素 Y 的影响，计算 Y 的概率时不需考虑因素 X 的影响。由于 $P(X)$先验概率已知，且在概率计算过程中为常量，因此可以忽略，则式（5.3）等价于：

$$P(Y=y_i|X)\approx P(x_1x_2\cdots x_n\mid y_i)P(y_i) \tag{5.4}$$

由于 X_j 之间相互独立，因此式（5.4）可进一步简化为：

$$\begin{aligned}P(Y=y_i|X)&\approx P(x_1|y_i)P(x_2|y_i)\cdots P(x_n|y_i)P(y_i)\\&=P(y_i)\prod_{j=1}^{n}P(x_j|y_i)\end{aligned} \tag{5.5}$$

通过概率计算，找出式（5.5）最大的后验概率以及对应的 y_i 值，y_i 值即为我们所求类别。

朴素贝叶斯常用于文本分类，例如垃圾邮件分类、情感分析等。

5.3.1 算法步骤

朴素贝叶斯的算法步骤如下。

假设 X 有 n 个特征，为$\{x_1,x_2,\cdots,x_n\}$，类别 Y 有 m 个。

模型训练步骤如下。

（1）计算训练样本中每一个类别出现的概率 $P(y_i)$ 值，即 $P(y_i=1),\cdots,P(y_i=m)$，这些概率可以通过每类数据的占比来表示。

（2）计算在每一个类别 y_i 下，每一个特征 x_i 的条件概率 $P(x_k\mid y_i)$，即：

$$\begin{gathered}P(x_1\mid y_1),P(x_2\mid y_1),\cdots,P(x_n\mid y_1)\\P(x_1\mid y_2),P(x_2\mid y_2),\cdots,P(x_n\mid y_2)\\\cdots\\P(x_1\mid y_m),P(x_2\mid y_m),\cdots,P(x_n\mid y_m)\end{gathered} \tag{5.6}$$

（3）存储 $P(y_i)$ 和 $P(x_k\mid y_i)$，这两个公式存储的概率值即为最终的模型参数。

模型预测步骤如下。

（1）对于一个未知样本 $x=\{x_1,x_2,\cdots,x_n\}$，将模型训练中得到的 $P(y_i)$ 和 $P(x_k\mid y_i)$ 带入 $P(y_k\mid x)$，分别计算后验概率 $P(y_1\mid x),\cdots,P(y_m\mid x)$。

（2）选取后验概率中最大的类别进行输出，即 $P(y_{\text{result}}\mid x)=\max\{P(y_1\mid x),\cdots,P(y_m\mid x)\}$，最终 y_{result} 即为分类结果。

5.3.2 概率处理

观察后验概率公式可以发现其由多个概率进行连乘得到，而概率范围为(0,1)，多次连乘后结果将越来越小。一般情况下，对后验概率取对数 ln 不失为一个好的办法。另外，由于 $P(x_k\mid y_i)$ 中并不是每一个分类 y_i 都会有特征 x_k，因此在计算概率时，为了避免概率值 0 的影响，通常将所有特征 x_k 的频次加 1。

5.3.3　连续值概率计算

注意，上面讨论的都是特征 $\boldsymbol{X}$ 为离散值的情况，即取值个数为有限个（例如文本处理中，特征为所有单词），概率往往用特征出现的频数与总数的比值进行替换。但是在某些场景下，特征并非为有限个离散值，而是连续变量。对于这种情况，我们一般假设样本特征的数值服从高斯分布，即特征数值大部分出现在均值附近，其出现的概率最大。由于高斯分布覆盖的面积之和为 1，因此利用高斯函数我们可以计算出每一个特征数值的概率值。假设一批样本的第 k 个特征 x_k 在类别标签为 c 时的所有样本特征的均值为 μ、方差为 σ，则可以利用下面的高斯分布公式将特征数值转换为概率值：

$$P\left(x_{ik} \mid y=c\right)=\frac{1}{\sqrt{2\pi}\sigma}\mathrm{e}^{-\frac{\left(x_{ik}-\mu\right)^2}{2\sigma^2}} \tag{5.7}$$

x_{ik} 表示第 i 行、第 k 个特征的数值，$y=c$ 表示当前类别为 c，式（5.7）其实是求一个条件概率值，类似于 $P\left(x_k \mid y_i\right)$。但是对于连续型特征变量，模型训练时并不是存储 $P\left(x_k \mid y_i\right)$，而是存储每一个类别下每一个特征计算出来的均值 μ 和方差 σ。模型需要的另外一个概率参数 $P\left(y_i\right)$ 可以通过统计每一类样本出现的概率值得到。这样就得到连续型特征模型需要的模型参数。我们获取的数据特征可能既有离散型的，又有连续型的，那么就需要混用上面概率的计算算法，即对离散特征我们直接用频数与总数的比值计算概率值，对连续型特征我们只需要存储均值和方差。

在模型预测阶段，对连续型特征，我们可以利用之前存储的特征均值和方差，以及高斯公式（5.7），计算该特征的条件概率；然后结合先验概率 $P\left(y_i\right)$，计算 $P\left(y_1 \mid x\right),\cdots,P\left(y_m \mid x\right)$ 中最大的后验概率，并输出对应的 y_i 作为模型的预测输出结果。

我们以鸢尾花数据集（Iris 数据集，主要包含了 Setosa、Versicolour、Virginica 这 3 个品种，数据集来源于 sklearn）为例，该数据集包含有 150 个样本，每个分类有 50 个样本，分别采集花萼长度、花萼宽度、花瓣长度、花瓣宽度 4 种属性，数据集可以从 sklearn 包中导出。

我们用 Python 实现鸢尾花数据的建模与预测过程，代码如下：

```
import numpy as np
from sklearn.datasets import load_iris

def get_data():
    classfy_dict = {}
    # 存储属性的均值，即高斯方程中的均值 u
    property_dict_mean = {}
    # 存储属性的方差，即高斯方程中的方差 sigma
    property_dict_std = {}
    #读取数据，并按照分类标签将数据分成若干类（Iris 数据集有 3 类数据）
    iris = load_iris()
    X = iris.data
    Y = iris.target
    # 不重复的标签值
```

```
    lables = np.unique(iris.target)
    # 将数据分成 3 类分别进行处理
    data_iris = {}
    # 所有样本总数
    data_iris["all"] = len(X)
    for lable in lables:
        data_iris[lable] = X[np.where(Y==lable)]
    for key, value in data_iris.items():
        if key != 'all':
            #  1.计算 p(yi)
            classfy_len = len(value)
            classfy_dict[key] = (classfy_len + 1.0) / (
                data_iris["all"] + 1.0)
            #  2.计算 p(x|yi), 由于样本特征为连续变量, 因此可以用样本均值和方差替代
            #   模型的条件概率可以用高斯公式进行求解
            mean = list(np.mean(np.array(value), axis=0))
            std = list(np.std(np.array(value), axis=0))
            property_dict_mean[key] = mean
            property_dict_std[key] = std
    return classfy_dict, property_dict_mean, property_dict_std

# 高斯函数, 计算模型的条件概率
def gauss_property(x, mean, std):
    return np.exp(-(x - mean) ** 2 / (2.0 * std ** 2)) / (
        std * np.sqrt(2 * np.pi))

    # 测试样本函数
    def test_data(datas, classfy_dict, property_dict_mean, property_dict_std):
        result_array = []
        #  3.计算 p(yi|x)
        for key, prob in classfy_dict.items():
            log_sum = 0
            classfy = key
            classfy_pro = prob
            means = property_dict_mean.get(classfy)
            stds = property_dict_std.get(classfy)
            #  4.min(p(yi|x)) 找出所有后验概率中最小概率对应的标签, 即为预测结果
            # 由于概率连乘会越来越小, 一般对概率取对数, 将连乘改为求和, 由于取对数后求和为
            # 负数, 一般在求和结果前加一个负号, 这样求概率最大值变为了求负对数和的最小值
            for num, data in enumerate(datas):
                data_pro = gauss_property(data, means[num], stds[num])
                log_sum += np.log(data_pro + 0.000001)
            log_sum += classfy_pro
            result_array.append([-log_sum, classfy])
        # 升序排序, 取最小的结果对应的分类结果输出
        result = sorted(result_array)
        return result[0][1]

    if __name__ == '__main__':
        #  5.拿训练数据训练模型
```

```
classfy_dict, property_dict_mean, property_dict_std = get_data()
#  datas = [5.7,2.8,4.5,1.3]  #分类结果为 1
#  datas = [6.7,3.0,5.2,2.3]  #分类结果为 2
datas = [5.6,3.4,1.5,0.3]  #分类结果为 0
print(test_data(datas, classfy_dict, property_dict_mean,
    property_dict_std))
```

模型预测的输出结果为：0。

5.4 决策树

决策树是一种树，由根节点、叶子节点、兄弟节点构成。

决策树是一种模拟人类决策过程的方法。最常见的一个例子，一个人去银行贷款。银行有自己的一套放款判断流程。首先会看你是否有房产或者车子等抵押物，如果有则直接放款（当然前提是你的贷款金额不超过房产或者车子等的预估价值）；如果没有，会继续判断你的年龄。如果达到一定年龄（如 50 岁），会拒绝放款；如果小于一定年龄（如 50 岁），会接着判断你的收入。如果你的收入较好（如月收入 2 万元），会直接放款；如果你的收入一般，但是工作稳定也会直接放款；其他情况则会拒绝放款。

在银行决策的过程中，我们发现银行关心的是：首先是否有房产等抵押物，其次是年龄是否合适，再次是收入好不好，最后是工作是否稳定。

决策树也是一样，需要把最关心的条件放在根节点，次关心的条件放在下一层节点，再次一些的条件放在更下一层节点。在决策树的构造过程中，我们的条件可以是一个二值变量，例如“好”和“坏”，“是”和“否”；也可以是一个离散值，例如收入为“5050”“6100”“7500”等。条件除“=”外，还有“>”和“<”。

为了从关心的所有特征中找出决策过程，我们需要对特征进行鉴别和排序，将最好的决策条件放在最上面（根节点处）。那么如何找出最好的决策条件，从而最好地对样本进行分类呢？这就要用到下文介绍的分裂函数。

5.4.1 分裂函数

为了能对样本进行最佳分类，我们可以观察样本的所有维度的特征。一个简单的道理，如果某一维度的特征跟样本的标签一一对应，例如所有有抵押物的样本对应着放款，所有没有抵押物的样本对应着不放款，那么这个维度的特征“是否有抵押物”就是一个非常好的能够有效区分两类标签的特征。我们常称这样的特征是一个非常纯的特征，这个纯指的是通过这个分裂条件（“是否有抵押物”）将样本分到两个集合里面，每个集合里面数据的标签只有一种，例如其中一个集合全是“放款”，另一个集合全是“不放款”。但是并非所有维度的特征都能跟样本的标签一一对应，因此我们需要从这些特征中找出纯度最大的那个特征作为我们的分裂特征。

常见的用以描述样本特征纯度的方法有信息增益（Information Gain）、信息增益率（Information Gain Ratio）、基尼指数（Gini Index）等，分别对应着 ID3、C4.5、CART 分类算法所使用的分裂函数。

要了解信息增益，我们需要先了解信息熵，其公式如下：

$$E(X) = -\sum_{i=1}^{n} p_i \log_2 p_i \tag{5.8}$$

其中，k 为样本标签数量，p_i 表示标签为 i 的样本占全部样本的比例。$E(X)$ 用于值描述特征的纯度，熵值越小，纯度越高。

（1）信息增益公式为：

$$\begin{aligned} InfoGain(Y,X) &= E(Y) - E(Y|X) \\ &= E(Y) - \sum_{i=1}^{k} p(X = x_i) E(Y \mid X = x_i) \end{aligned} \tag{5.9}$$

Y 为样本标签集合，$E(Y)$表示只计算标签列的信息增益。$P(X = x_i)$ 表示当前特征列的特征为 x_i 时的概率，总共有 k 种特征值。$E(Y \mid X = x_i)$ 表示特征 x_i 划分的样本集合中标签的信息熵。信息增益越高，纯度越高，分类效果越好。

使用信息增益作为决策条件来构造决策树的算法称为 ID3 分类算法。

（2）信息增益率公式为：

$$InfoRate(Y,X) = \frac{InfoGain(Y,X)}{E(Y)} \tag{5.10}$$

$E(Y)$为信息熵，信息增益率越大，纯度越高，分类效果越好。

使用信息增益率作为决策条件来构造决策树的算法称为 C4.5 分类算法。

（3）基尼指数公式为：

$$Gini(Y) = 1 - \sum_{i=1}^{k} p(Y = k)^2 \tag{5.11}$$

对于某一个特征列 X，其基尼指数公式为：

$$Gini(Y,X) = 1 - \sum_{i=1}^{h} p(X = x_i) Gini(Y \mid X = x_i) \tag{5.12}$$

式中 $p(X = x_i)$ 表示当前特征列的特征为 x_i 时的概率，$Gini(Y \mid X = x_i)$ 表示特征 x_i 划分的样本集合中标签的基尼指数。基尼指数越小，纯度越高，分类效果越好。

使用基尼指数作为决策条件来构造决策树的算法称为分类回归树（Classification And Regression Tree，CART）分类算法。

5.4.2 特征为连续特征

我们发现上面各种算法计算 $P(Y)$时所有的特征都是离散特征。但是实际情况中我们的特征可能是连续特征，例如特征是面积、房价等，那么 $P(Y)$显然并不好计算。这种情况下，我们一般按照下面方法处理。

例如我们有一列特征为[2,4,5,4,2,6,3,5]，处理流程如下。

（1）先对所有特征去重并排序，得到[2,3,4,5,6]。

（2）依次取两两排序后特征的中间值作为数据切分点[(2+3)/2, (3+4)/2, (4+5)/2, (5+6)/2]=[2.5，3.5，4.5，5.5]。

（3）选取 2.5 作为切分点，将该数据集划分为大于 2.5 和小于等于 2.5 的两个集合，计算 $P(Y|X>2.5)$和 $P(Y|X \leqslant 2.5)$的概率值。选用不同的分裂算法，例如 ID3，计算在分裂条件为 $P(Y|X>2.5)$和 $P(Y|X \leqslant 2.5)$时的信息增益，然后再计算分裂条件为 $P(Y|X>3.5)$和 $P(Y|X \leqslant 3.5)$时

的信息增益，计算分裂条件为 $P(Y|X>4.5)$和 $P(Y|X\leqslant 4.5)$时的信息增益，计算分裂条件为 $P(Y|X>5.5)$和 $P(Y|X\leqslant 5.5)$时的信息增益。选取信息增益最大的 X 分裂条件，将数据集合分裂成两部分，分别挂到树的左右节点上。

这样就完成了一个特征的分裂过程。在划分后的左右节点上继续执行这个过程，直到决策树建立完成。

5.4.3 决策树终止条件

当我们在构造决策树的过程中，有许多条件可以终止决策树，或者终止某个节点的继续分裂。例如，决策树达到设定的深度，决策树经过多次分裂后样本集合只剩下一类（样本足够纯），样本数量非常少（或者没有样本），或者特征已经全部划分完毕等。

5.5 支持向量机

机器学习中，为了便于问题分析与原理、算法的讲解，我们常简化问题，即采用二维特征或者二分类的样本来做算法、原理的描述，并比对不同算法的性能。

考虑如下二分类问题，样本分布在 x_1、x_2 轴形成的二维平面上，为了对这两类数据进行训练得到模型参数，k 近邻算法采用加载所有训练样本，并在预测时做大量的作差排序计算，当数据量非常大时，效率非常低；当采用朴素贝叶斯算法时，由于特征 X 为连续变量，因此并不好求解条件概率，对于图 5-3 所示的情形，该算法并不适用；当采用决策树时，它会将特征划分为多个集合，得到多个划分条件，并将决策树划分为阶梯形状，效果并不好；当采用后文描述的逻辑回归进行二分类时，会得到一条较好的直线，效果会比上面几种算法好；当采用支持向量机（Support Vector Machine，SVM）来进行分类时，我们不但可以用一条直线对这两类数据进行划分，还可以采用更加平滑的曲线来划分数据，如图 5-3 所示。

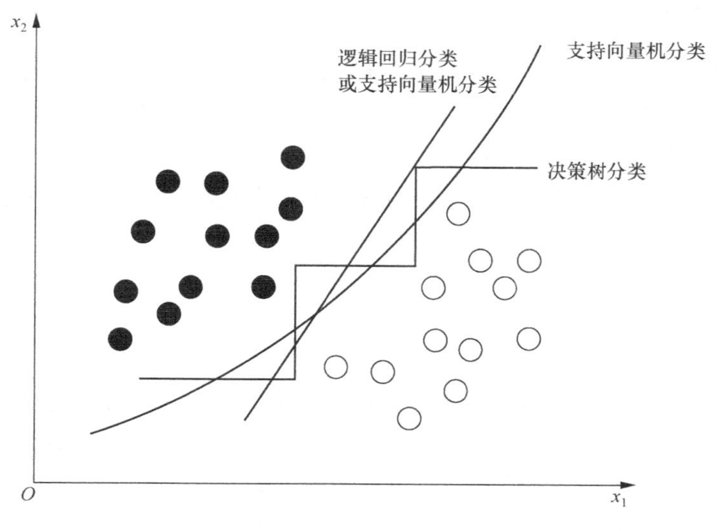

图 5-3 不同算法的分界面

我们考虑图 5-3 所示的二分类问题，图中有 3 条分类线将数据分成了两类，那么哪条分类线，即算法模型的泛化能力（指的是对于未知数据能够很好地进行分类）更好呢？直观上感觉支持向量机分类的分界线的分割效果更好，那么有没有什么理论依据呢？支持向量机的理论是分界线（或者分界面）能够最大化两类数据的间隔。

一般情况下，我们称通过一条直线就能很好地进行区分的数据样本为线性可分样本，如图 5-4 所示，对应的支持向量机为线性可分支持向量机。如果样本近似线性可分，即在分界面上有有限个样本被分界面分类错误，我们称这样的支持向量机为近似线性可分支持向量机。如果样本很明显不能用直线进行区分，或者用直线进行区分时错分样本非常多，模型的损失函数非常大，那么就需要使用非线性支持向量机。

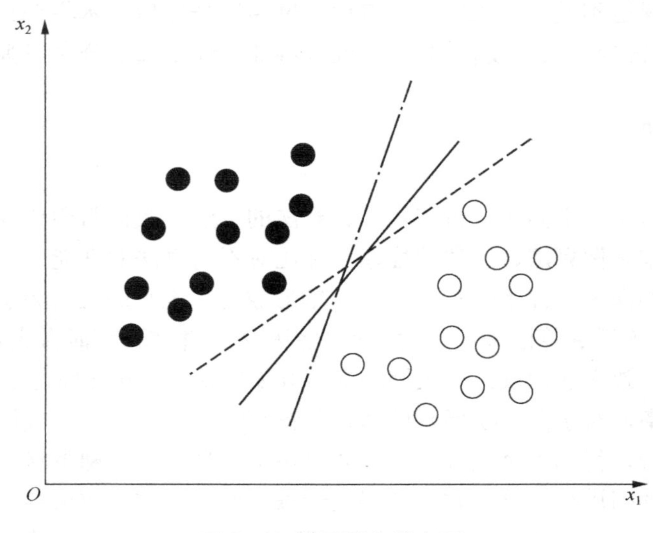

图 5-4 模型泛化能力图

5.5.1 线性可分支持向量机

支持向量机的原理是利用有限个点来最大化两类数据之间的间隔，而这有限个点称为支持向量。这有限个支持向量之间的最大距离就是样本数据之间的间隔距离，由这些支持向量计算出来的直线就是最终的样本分界面。

为了求出这些支持向量，我们先定义最终的分界面直线，其表达式满足：

$$w_1x_1 + w_2x_2 + b = 0 \tag{5.13}$$

简写为：

$$\boldsymbol{w}^{\mathrm{T}}\boldsymbol{x} + \boldsymbol{b} = \boldsymbol{0} \tag{5.14}$$

即如果有样本落在这条直线上，那么它的特征 x_1、x_2 必满足上述公式。但由于样本数据线性可分，即不存在这样的点落在分界线上，因此我们做出两条平行于分界线的直线，且令落在两条直线上的点利用式（5.14）计算出来的结果为分类结果（为了便于计算，我们假设两个分类结果为 1 和−1），那么这两条直线表达式（图 5-6 所示的虚线）为：

$$\boldsymbol{w}^{\mathrm{T}}\boldsymbol{x} + \boldsymbol{b} = 1 \tag{5.15}$$

$$\boldsymbol{w}^{\mathrm{T}}\boldsymbol{x} + \boldsymbol{b} = -1 \tag{5.16}$$

对于标签 y_i，有：

$$\boldsymbol{w}^{\mathrm{T}}x_i+\boldsymbol{b}\geqslant 1, y_{\mathrm{i}}=1 \tag{5.17}$$

$$\boldsymbol{w}^{\mathrm{T}}x_i+\boldsymbol{b}\leqslant -1, y_{\mathrm{i}}=-1 \tag{5.18}$$

统一上面两式得到：

$$y_i(\boldsymbol{w}^{\mathrm{T}}x_i+b)\geqslant 1 \tag{5.19}$$

图 5-5 所示的 B 点满足 $\boldsymbol{w}^{\mathrm{T}}\boldsymbol{x}+b=1$，而 C、D 点满足 $\boldsymbol{w}^{\mathrm{T}}\boldsymbol{x}+b=-1$，即在两条虚线上，存在点 B、C、D，满足 $\boldsymbol{w}^{\mathrm{T}}\boldsymbol{x}+b\in(-1,1)$；而对于虚线外的点，例如 A 点，其 $\boldsymbol{w}^{\mathrm{T}}\boldsymbol{x}+b>1$。因此对于线性可分样本，所有的正例样本满足 $\boldsymbol{w}^{\mathrm{T}}\boldsymbol{x}+b\geqslant 1$，所有的负例样本满足 $\boldsymbol{w}^{\mathrm{T}}\boldsymbol{x}+b\leqslant -1$。如果解出了满足式（5.19）的 $\boldsymbol{w}$ 和 b 值，那么当我们将未知样本的特征 $\boldsymbol{x}$ 和 $\boldsymbol{w}$ 与 b 进行计算时，如果输出大于等于 1，那么预测标签为正。反之，预测标签为负。

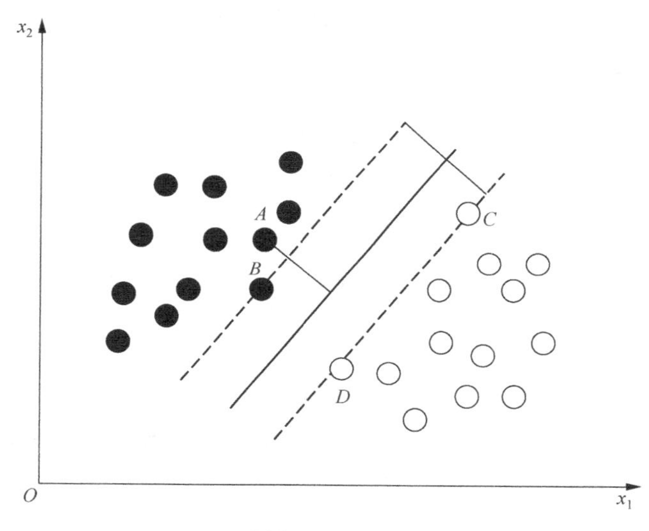

图 5-5　线性可分支持向量机图解

我们知道，点到直线的距离公式为：

$$d=\frac{|\boldsymbol{w}^{\mathrm{T}}x+b|}{\|w\|} \tag{5.20}$$

对于落在两条虚线上的点 B、C、D，其虚线的距离计算公式为：

$$d=\frac{|1|}{\|w\|}+\frac{|-1|}{\|w\|}=\frac{2}{\|w\|} \tag{5.21}$$

我们的目标函数为：

$$\max d=\max\frac{2}{\|w\|} \tag{5.22}$$

即最大化间隔时，只与权重 w（在直线里面，我们称为法向量）有关，这个问题的对偶问题为：

$$\min r = \min \frac{1}{2} \| w \|^2 \tag{5.23}$$

那么最终我们的目标函数为：

$$\begin{cases} \min \frac{1}{2} \| w \|^2 \\ y_i(\boldsymbol{w}^{\mathrm{T}} x_i + b) \geqslant 1 \end{cases} \tag{5.24}$$

这是一个最优化问题，一般采用拉格朗日乘数法进行求解，每条约束添加一个正数 α_i，将原问题转为求函数的极大极小值：

$$L = \max_{\alpha} \{ \min_{w,b} \frac{1}{2} \| w \|^2 + \sum_{i=1}^{n} \alpha_i [1 - y_i(\boldsymbol{w}^{\mathrm{T}} x_i + b)] \} \tag{5.25}$$

对式(5.25)内部极小值：

$$\min_{w,b} \frac{1}{2} \| w \|^2 + \sum_{i=1}^{n} \alpha_i [1 - y_i(\boldsymbol{w}^{\mathrm{T}} x_i b)] \tag{5.26}$$

求偏导，并令偏导为 0，则得到：

$$\begin{gathered} w = \sum_{i=1}^{n} \alpha_i y_i x_i \\ \sum_{i=1}^{n} \alpha_i y_i = 0 \end{gathered} \tag{5.27}$$

代入上面极大极小值公式(5.25)，可得到：

$$\begin{gathered} L = \max_{\alpha} \sum_{i=1}^{n} \alpha_i - \frac{1}{2} \sum_{i=1}^{n} \sum_{j=1}^{n} \alpha_i \alpha_j y_i y_j x_i^{\mathrm{T}} x_j \\ s.t. \sum_{i=1}^{n} \alpha_i y_i = 0 \\ \alpha_j \geqslant 0, i = 1, 2, \cdots, n \end{gathered} \tag{5.28}$$

对于不等式约束，我们一般可以将其转变为 KKT（Karush-Kuhn-Tucker，卡罗需-库恩-塔克）条件进行求解。KKT 条件如下

$$\begin{cases} \alpha_i \geqslant 0 \\ y_i(\boldsymbol{w}^{\mathrm{T}} x_i + b) - 1 \geqslant 0 \quad , i = 1, 2, \cdots, n \\ \alpha_i(y_i(\boldsymbol{w}^{\mathrm{T}} x_i + b) - 1) = 0 \end{cases} \tag{5.29}$$

由 KKT 的 3 个条件可知，α_i 与 $y_i(\boldsymbol{w}^{\mathrm{T}} x_i + b) - 1$ 都大于等于 0，那么对于第 3 个式子 $\alpha_i[y_i(\boldsymbol{w}^{\mathrm{T}} x_i + b) - 1]$=0，必然有部分 $\alpha_i = 0$，或者部分 $y_i(\boldsymbol{w}^{\mathrm{T}} x_i + b) - 1$=0。也就是说，对于所有样本，当 $\alpha_i = 0$ 时，该样本对求解极值问题没有任何帮助；当 $\alpha_i > 0$ 时，必有 $y_i(\boldsymbol{w}^{\mathrm{T}} x_i + b) - 1$=0，满足这个等式的点都在辅助线上，即为求解的支持向量。也就是说，只有部分样本参与模型的训练，用来求解权重 $\boldsymbol{w}$ 和偏移量 b。

当我们求解出 w 和 b 后，就可以采用下式来对未知数据进行预测：

$$f(x) = sgn(\boldsymbol{w}^{\mathrm{T}} x + b) \tag{5.30}$$

sgn 为符号函数，即当 $\boldsymbol{w}^{\mathrm{T}} x + b > 0$ 时输出 1，反之输出−1。

5.5.2　近似线性可分支持向量机

图 5-6 所示的分界面上的部分样本，虽不满足 $y_i(\boldsymbol{w}^{\mathrm{T}}x_i+b)-1\geqslant 0$，但是我们还是可以用一个线性分界面将大部分数据进行正确的划分，即这样的划分是一个近似线性划分。对于这种分界面的求解，我们一般可以采用近似线性支持向量机进行求解。

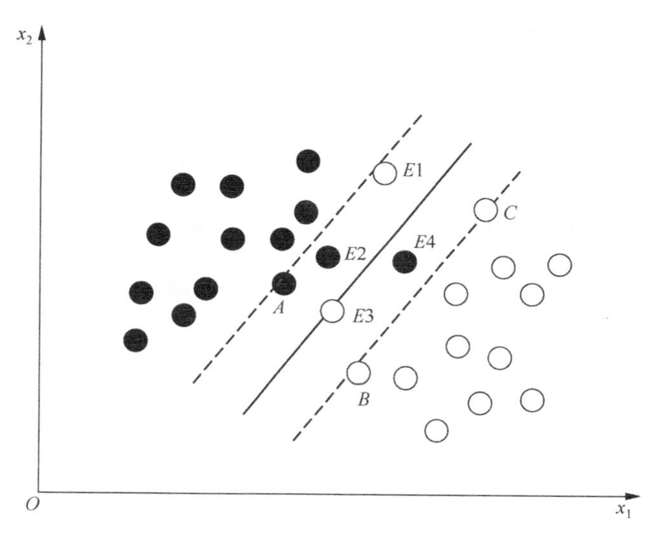

图 5-6　近似线性可分支持向量机图解

近似线性支持向量的目标函数为：

$$\begin{cases}\min\left[\dfrac{1}{2}\|w\|^2+C\sum_{i=1}^{n}\xi_i\right]\\ s.t. y_i(\boldsymbol{w}^{\mathrm{T}}x_i+b)\geqslant 1-\xi_i\\ \xi_i>0\end{cases} \tag{5.31}$$

第一个约束添加正数 α_i，第二个约束添加 β_i，进行拉格朗日变换后得到公式：

$$L=\frac{1}{2}\|w\|^2+C\sum_{i=1}^{n}\xi_i+\sum_{i=1}^{n}\alpha_i[1-\xi_i-y_i(\boldsymbol{w}^{\mathrm{T}}x_i+b)]-\sum_{i=1}^{n}\beta_i\xi_i \tag{5.32}$$

对式（5.32）中的 $\boldsymbol{w}$、b，ξ_i 求偏导，并令偏导等于 0，则有：

$$\begin{gathered}\boldsymbol{w}=\sum_{i=1}^{n}\alpha_i y_i x_i\\ \sum_{i=1}^{n}\alpha_i y_i=0\\ C=\alpha_i+\beta_i\end{gathered} \tag{5.33}$$

将式（5.33）代入目标函数中，可得到不等式约束满足的 KKT 条件:

$$\begin{cases}\alpha_i\geqslant 0,\beta_i\geqslant 0\\ y_i(\boldsymbol{w}^{\mathrm{T}}x_i+b)-1+\xi_i\geqslant 0\\ \alpha_i(y_i(\boldsymbol{w}^{\mathrm{T}}x_i+b)-1+\xi_i)=0\\ \xi_i\geqslant 0,\beta_i\xi_i=0\end{cases},i=1,2,\cdots,n \tag{5.34}$$

式中，ξ_i 为容忍度因子，是一个超参（超参是人为设定的，不是计算机学习的参数）。求解出 $\boldsymbol{w}$ 和 b 后，就可以利用下式来对未知数据进行预测：

$$f(x)=sgn(\boldsymbol{w}^{\mathrm{T}}x+b) \tag{5.35}$$

5.5.3 非线性支持向量机

还有一类数据用线性分界面进行划分误差会非常大，如图 5-7 所示。

对于这类数据样本，我们称为非线性可分数据集，一般采用非线性支持向量机进行求解。

对于非线性支持向量机，我们一般采用核变换的方法将数据集变到同维空间进行线性可分，或者将其升维到高维空间，使其在高维空间线性可分或者近似线性可分，然后使用线性支持向量机或者近似线性支持向量机求解线性分割面。

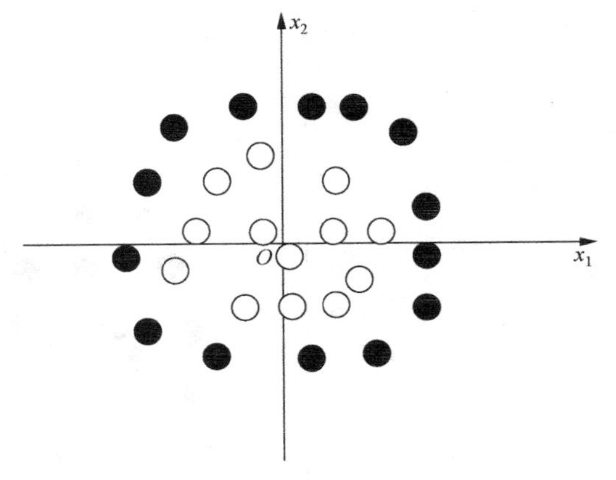

图 5-7 无法线性可分数据集

5.5.4 常用核函数

在非线性支持向量机中，常采用的核函数如下。

（1）多项式核（Polynomial kernel）函数。其变换公式如下：

$$k\left(x^{(1)},x^{(2)}\right)=\left(x^{(1)\mathrm{T}}x^{(2)}\right)^n \tag{5.36}$$

其中，n 为多项式的次数，当 n=1 时，此公式是一个线性核函数。

（2）高斯核函数，也叫径向基核（Radial Basis Function kernel，RBF）函数。其变换公式如下：

$$k\left(x^{(1)},x^{(2)}\right)=\exp\left(-\frac{(x^{(1)}-x^{(2)})^2}{2\sigma^2}\right) \tag{5.37}$$

其中，σ 是高斯核的方差，这里是一个超参（非计算机学习得到的参数），可以人为指定。

（3）拉普拉斯核（Laplace kernel）函数。其变换公式如下：

$$k\left(x^{(1)},x^{(2)}\right)=\exp\left(\frac{\|x^{(1)}-x^{(2)}\|}{\sigma}\right) \tag{5.38}$$

其中，σ 是一个超参，可以人为指定。

对于本节开头介绍的二分类数据，我们采用多项式核对其进行变换，然后在线性空间中采用软间隔（近似线性可分）或者硬间隔（线性可分间隔）对其进行支持向量机分类，变换后的数据分布以及分界面如图 5-8 所示。

图 5-8 左图采用的核变换映射关系为 $(x_1,x_2)\to(x_1,x_1^2+x_2^2)$，右图采用的核变换映射关系

为 $(x_1,x_2)\rightarrow(x_1^2,x_2^2)$。可见对于常见的非线性分界面，我们采用简单的多项式变换就可以将原本不可线性分割的数据集变得线性可分。这就是核函数的魅力。

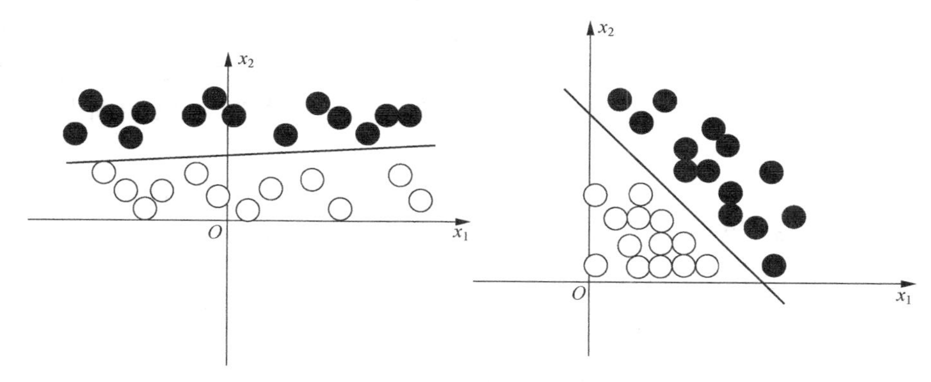

图 5-8 多项式核函数变换

5.5.5 多分类支持向量机

通常情况下，我们需要解决的实际问题中分类数量大于两类。对于这种大于两类的多分类数据，支持向量机有两种方式可以对其进行求解，一种是一对一（One Versus One，OVO），一种是一对多（One Versus Rest，OVR）。

例如我们有一个 k 分类数据（如猪、狗、猫分类），一对一方法是将其中任意两类数据抽取出来，单独训练一个支持向量机，可以得到 $C_k^2=\dfrac{k(k-1)}{2}$ 个全排列支持向量机。这里 k=3，则一共有 3 个支持向量机，分别为{猫，狗}、{猫，猪}、{猪，狗}支持向量机，存储这 3 个向量机训练得到的模型参数数据。在预测阶段，我们对未知数据分别采用这 3 个支持向量机进行判断，如{猫，狗}支持向量机判断属于猫，{猫，猪}支持向量机判断属于猪，{猪，狗}支持向量机判断属于猪，根据投票数最大即为所属类别的原则，猪得票两次，票数最多，因此输出类别为猪。

当采用一对多方式进行支持向量机建模时，我们一般选取一个类别数据作为正样本，剩下的所有数据为负样本，那么可以训练出 k 个训练模型。这里 k=3，即{猪，非猪}、{狗，非狗}、{猫，非猫}3 个模型。当预测时，依次采用{猪，非猪}、{狗，非狗}、{猫，非猫}进行预测输出，每个模型会给出属于该类别的概率，如输出概率分别为 0.9、0.3、0.4，那么输出概率最大的类别即为预测输出类别，即输出类别为猪。

5.6 人工神经网络

人工神经网络是一种模拟人体神经元传递信息过程的方法。图 5-9 所示是我们在生物课上看到的神经元的结构图，其主要由树突（接收外界信号、刺激）、细胞核（合并处理外界信号）、轴突（传递并输出信号）等组成（图片来源于网络）。

接收并处理以及传输信号的整个过程如图 5-10 所示，树突上所有信号（输入数据）由细胞核（求和函数）进行处理，经过轴突末端的非线性变换（是否输出该信号，以及输出信号幅度为多大）。可以想象一下一个盲人用手去识别一个未知物体，手上有很多传感器将感受到的物体表面的数据通过一层一层的神经元传递给大脑，通过大脑处理，最终判断出物体是什么。在这个过程中，人体的每一层神经元做的事情大致相当对上一层的输入进行综合分析，并往后输出一个物体表面是凹还是凸的激励(通常称加在求和函数后的非线性变换函数为激励函数或者激活函数)，然后传递到大脑终端，大脑就能判断出物体整个表面的凹凸分布情况，进而判断出物体是什么。

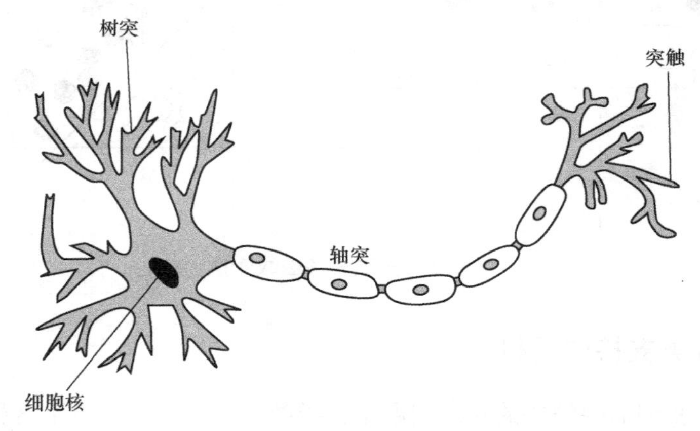

图 5-9 神经元结构图

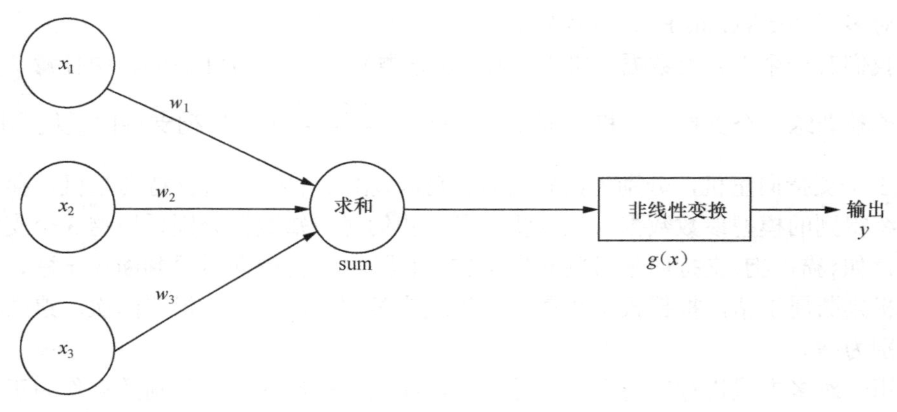

图 5-10 神经元简化图

图 5-11 所示的过程用公式表示就是：

$$y = g\left(\boldsymbol{w}^{\mathrm{T}} X\right) \tag{5.39}$$

更一般的：

$$y = g\left(\sum_{i=1}^{3} w_i x_i\right) \tag{5.40}$$

人工神经网络需要学习的就是每一个输入节点的加权值 w。

5.6.1 激活函数

激活函数是一种非线性变换函数，常用的激活函数有阶跃（step）函数、sigmoid 函数、双曲正切（tanh）函数、修正线性单元（ReLU）函数等。

1. 阶跃函数

$$step(x)=\begin{cases}1, x>0\\0, x\leqslant 0\end{cases} \tag{5.41}$$

step 函数的性质是数据为归一化数据，且只为 0 或者 1，其导数为常数 0，如图 5-11 所示。

2. sigmoid 函数

$$f_n = sigmoid(x)=\frac{1}{1+\mathrm{e}^{-x}} \tag{5.42}$$

sigmoid 函数的性质是数据也为归一化数据，但是在 x 靠近 0 位置时，曲线较陡峭；且 x=0 时，f_n=0.5。x 越大，f_n 越趋近于 1；x 越小，f_n 越趋近于 0，如图 5-12 所示。sigmoid 函数还有一个很好的性质就是其导数：

$$sigmoid(x)' = sigmoid(x)(1-sigmoid(x)) \tag{5.43}$$

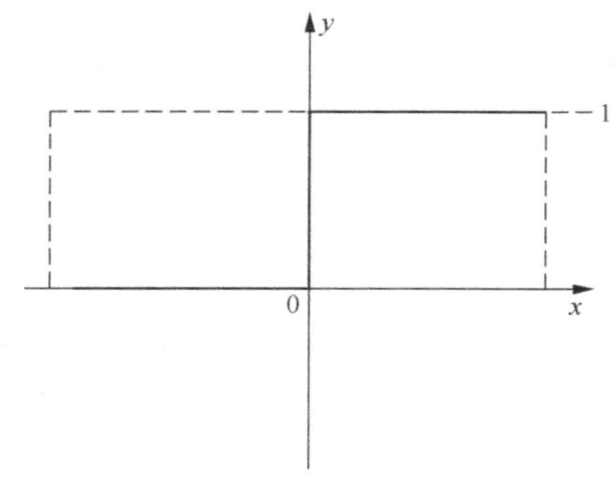

图 5-11 step 函数曲线

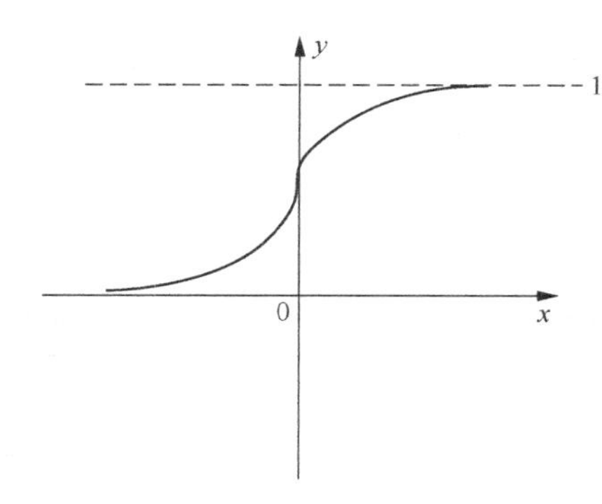

图 5-12 sigmoid 函数曲线

3. 双曲正切函数

$$f_n = tanh(x)=\frac{\mathrm{e}^{x}-\mathrm{e}^{-x}}{\mathrm{e}^{x}+\mathrm{e}^{-x}} \tag{5.44}$$

tanh 函数的性质是数据分布在(−1,1)之间，在 x 靠近 0 位置时曲线较陡峭；且 x=0 时，f_n=0，如图 5-13 所示。其导数满足：

$$tanh(x)' = (1-tanh(x))^2 \tag{5.45}$$

4. 修正线性单元

$$relu(x)=\begin{cases}x, x>0\\0, x\leqslant 0\end{cases} \tag{5.46}$$

ReLU 函数的性质是数据不小于 0，且在 x<0 时，数据恒为 0。ReLU 函数是一个分段线性函数，实现的是一个单侧抑制的效果。其导数在 x>0 时恒为 1，x<0 时恒为 0，如图 5-14 所示。

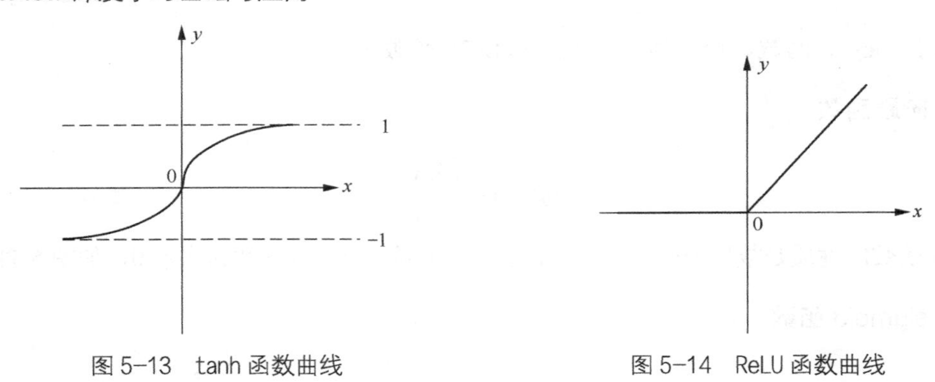

图 5-13 tanh 函数曲线　　图 5-14 ReLU 函数曲线

5.6.2 逻辑门设计

通常，我们将只有一层求和单元的神经元称为单隐层神经元。单隐层神经元可以用于求解逻辑门的输出。

1. 逻辑“与”

逻辑“与”真值表达式如表 5-1 所示，0 代表空心圆，1 代表实心圆。如果用逻辑回归求输入 x_1、x_2 与输出 Y（分类，空心圆为 0，实心圆为 1），那么其表达式可以为：

$$f_1(x)=\frac{1}{1+e^{-(2x_1+2x_2-3)}} \tag{5.47}$$

表 5-1　　逻辑“与”真值表达式

X_1	X_2	Y
0	0	0
0	1	0
1	0	0
1	1	1

注意，在 sigmoid 表达式里面，如果 $f(x)\geqslant 0.5$，则 y=1；如果 $f(x)<0.5$，则 y=0。逻辑“与”分类如图 5-15 所示。

2. 逻辑“或”

逻辑“或”分类如图 5-16 所示，逻辑“或”真值表达式如表 5-2 所示。

表 5-2　　逻辑“或”真值表达式

X_1	X_2	Y
0	0	0
0	1	1
1	0	1
1	1	1

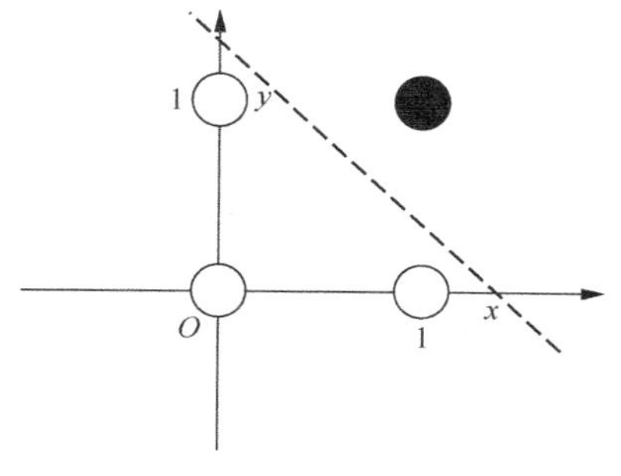

图 5-15 逻辑“与”

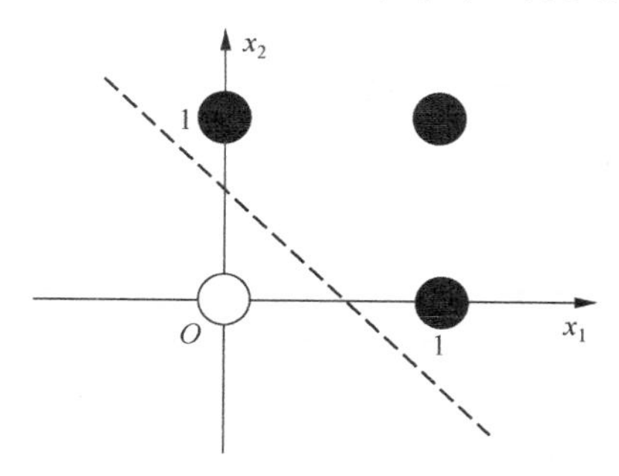

图 5-16 逻辑“或”

逻辑“或”的表达式可以为：

$$f_2(x)=\frac{1}{1+\mathrm{e}^{-(2x_1+2x_2+1)}} \tag{5.48}$$

3. 逻辑“非”

逻辑“非”真值表达式如表 5-3 所示。

表 5-3 逻辑“非”真值表达式

X	Y
0	1
0	1
1	0
1	0

逻辑“非”的表达式可以为：

$$f_3(x)=\frac{1}{1+\mathrm{e}^{-(1-2x)}} \tag{5.49}$$

4. 逻辑“或非”

逻辑“或非”真值表达式如表 5-4 所示。

表 5-4 逻辑“或非”真值表达式

X_1	X_2	Y
0	0	1
0	1	0
1	0	0
1	1	0

逻辑“或非”的意思是先取“或”，再取“非”。逻辑“或非”分类如图 5-17 所示，其表达式可以用下式表示：

$$f_4(x)=\frac{1}{1+\mathrm{e}^{-(1-2x_1-2x_2)}} \tag{5.50}$$

5．逻辑“异或”

逻辑“异或”真值表达式如表 5-5 所示。

表 5-5　　逻辑“异或”真值表达式

X_1	X_2	Y
0	0	1
0	1	0
1	0	0
1	1	0

逻辑“异或”分类如图 5-18 所示，可看出两类数据无法用直线进行分类。

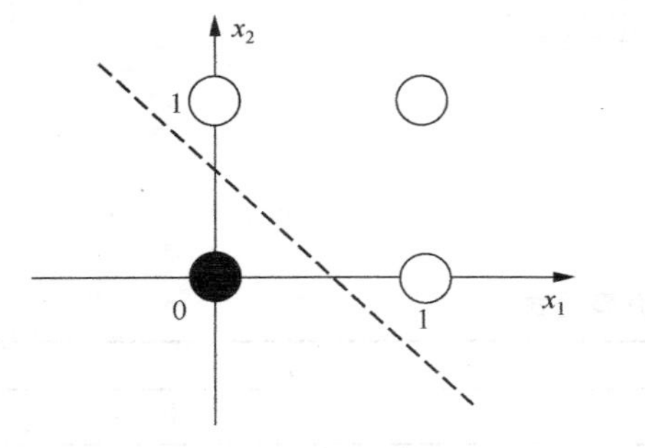

图 5-17　逻辑“或非”

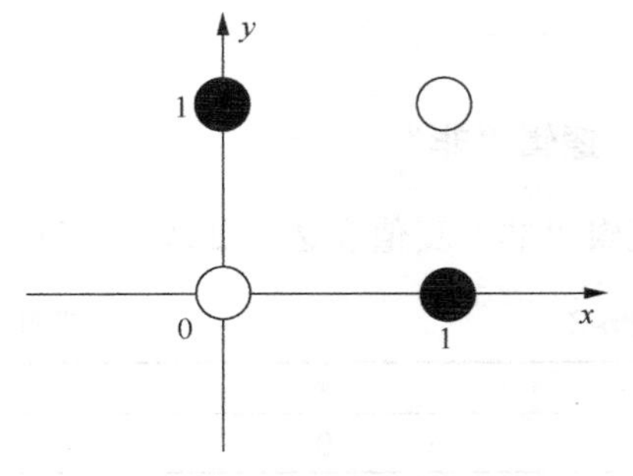

图 5-18　逻辑“异或”

观察逻辑异或的分类可以发现，无法用一条直线将两类点分隔开，也就是说在单隐层神经元上无法对异或数据分类。这个异或问题导致神经网络沉寂了很长一段时间，后来有人提出用两层隐层神经元就可以解决这个问题，其原理如图 5-19 所示。

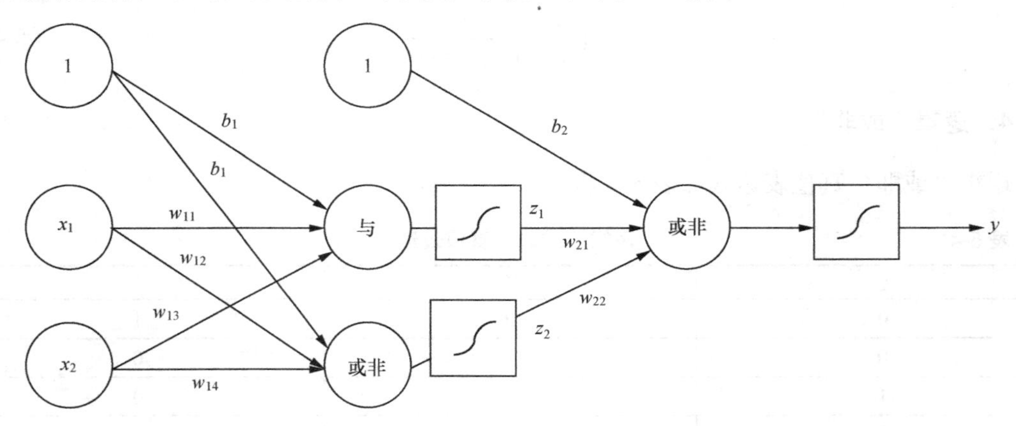

图 5-19　用两层隐层神经元解决异或问题

两层神经元“异或”表示的真值表达式如表 5-6 所示。

异或的表达式可描述为：

$$y = f_4(\text{或非})$$

$$= sigmod(1，与，或非)$$

$$
=\frac{1}{1+\mathrm{e}^{(2与+2或非-1)}}
$$

$$
=\frac{1}{1+\mathrm{e}^{(2f_1(x)+2f_4(x)-1)}}
$$

$$
=\frac{1}{1+\mathrm{e}^{\left(2\frac{1}{1+\mathrm{e}^{-(2x_1+2x_2-3)}}+2\frac{1}{1+\mathrm{e}^{-(1-2x_1-2x_2)]}}-1\right)}} \tag{5.51}
$$

式（5.51）即为最终 x_1、x_2 异或的结果。也就是说，以往单层神经网络不可分的数据现在通过两个隐藏层的神经网络后变得可分。另外需要注意的是，网络层与层之间传递数据时，需要先经过激活函数处理，再往后传递。

表 5-6　　两层神经元“异或”表示的真值表达式

X_1	X_2	与	或非	或非
0	0	0	1	0
0	1	0	0	1
1	0	0	0	1
1	1	1	0	0

5.6.3 多层感知器

前面描述过数据在多隐藏层之间的传递过程，可以用公式描述如下：

$$
z_1=g(w_{11}x_1+w_{13}x_2+b_1\cdot 1) \tag{5.52}
$$

$$
z_2=g(w_{12}x_1+w_{14}x_2+b_1\cdot 1) \tag{5.53}
$$

$$
y=g(w_{21}z_1+w_{22}z_2+b_2\cdot 1) \tag{5.54}
$$

可简写为：

$$
\boldsymbol{H}=g(\boldsymbol{W}_1^{\mathrm{T}}X),\boldsymbol{X}=[1,x_1,x_2] \tag{5.55}
$$

$$
\boldsymbol{Y}=g(\boldsymbol{W}_2^{\mathrm{T}}H),\boldsymbol{H}=[1,z_1,z_2] \tag{5.56}
$$

如果 x 到 y 之间有更多隐藏层，可写为：

$$
H_1=g(\boldsymbol{W}_1^{\mathrm{T}}X),X=[1,x_1,x_2] \tag{5.57}
$$

$$
H_2=g(\boldsymbol{W}_2^{\mathrm{T}}H_1),H_1=[1,z_1,z_2] \tag{5.58}
$$

$$
H_3=g(\boldsymbol{W}_3^{\mathrm{T}}H_2),H_2=[1,f(H_1)] \tag{5.59}
$$

$$
H_n=g(\boldsymbol{W}_n^{\mathrm{T}}H_{n-1}),H_{n-1}=[1,f(H_{n-2})] \tag{5.60}
$$

$$
Y=g(\boldsymbol{W}_{n+1}^{\mathrm{T}}H_n),H_n=[1,f(H_{n-1})] \tag{5.61}
$$

5.6.4 前向传播算法

为了求解异或过程中的隐含参数 w 以及偏移量 b，神经网络一般采用两步法进行求解，先从前到后，一步步求解前向传递的值，利用误差进行反向传播，再从后到前，一步一步修改隐含参数 w 以及偏移量 b。

我们先来看一下前向传递过程，神经网络一般采用均方误差作为代价函数，最小化均方误差作为目标函数。代价函数公式为：

$$cost=\frac{1}{2}\sum_{i=1}^{k}(y_i-f(x_i))^2 \tag{5.62}$$

神经网络的初始权值 w 一般采用随机数生成法生成，但是经过验证发现，符合一定均值、方差的高斯函数生成的初始权重效果更好，偏移量 b 一般可初始化为 0。注意，在整个前向传播过程中，每一层的权重 w 和偏移量 b 都需要初始化。

图 5-20 所示是整个异或结构的前向传播的过程，此时选取的激活函数 g 为 sigmoid 函数。

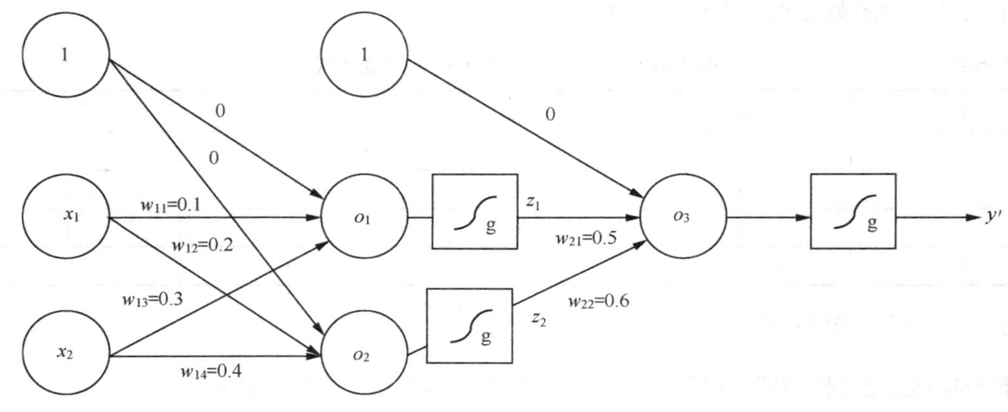

图 5-20　两层隐藏层神经元初始化

当 x_1=1、x_2=1 时，y=1，初始化 $w_{11}=0.1$、$w_{12}=0.2$、$w_{13}=0.3$、$w_{14}=0.4$，$b_1=0$，$w_{21}=0.5$，$w_{22}=0.6$， $b_2=0$。

$$o_1=w_{11}x_1+w_{13}x_2+b_1\cdot 1=0.1\times 1+0.3\times 1+0\times 1=0.4$$

$$o_2=w_{12}x_1+w_{14}x_2+b_1\cdot 1=0.2\times 1+0.4\times 1+0\times 1=0.6$$

$$z_1=g(o_1)=\frac{1}{1+\mathrm{e}^{-0.4}}=0.60$$

$$z_2=g(o_2)=\frac{1}{1+\mathrm{e}^{-0.6}}=\ 0.65$$

$$o_3=w_{21}z_1+w_{22}z_2+b_2\cdot 1=0.5\times 0.6+0.6\times 0.65=0.69$$

$$y'=g(o_3)=\frac{1}{1+\mathrm{e}^{-0.69}}=0.67$$

以上即为神经网络的前向传递过程。

5.6.5　反向传播算法

反向传播主要利用误差函数以及梯度算法对权重 w 和偏移量 b 进行迭代更新。

平方误差函数公式为：

$$cost=\frac{1}{2}(y-y')^2=\frac{1}{2}(1-0.67)^2 \tag{5.63}$$

（1）先计算隐藏层到输出层的权值更新（如图 5-21 方框部分所示），主要为权重值 w_{21}、w_{22} 和 b_2。

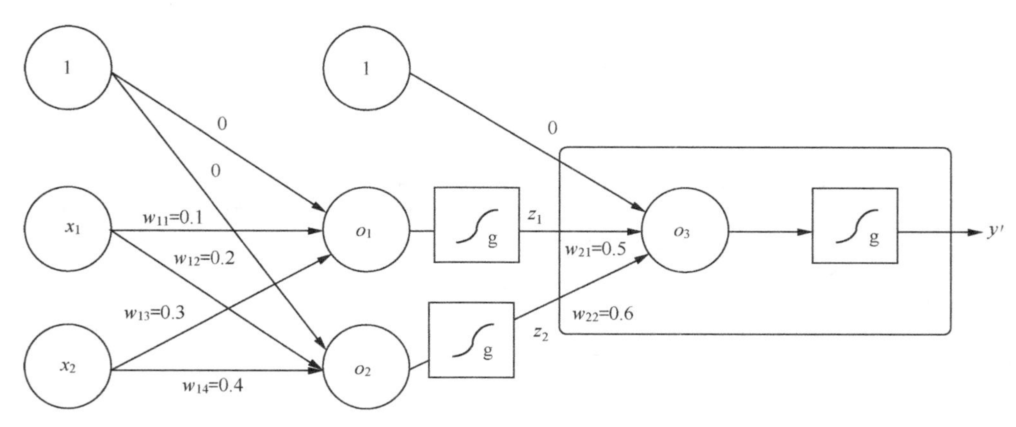

图 5-21 从隐藏层到输出层

由偏导数的定义以及链式法则可知：

$$\frac{\partial cost}{\partial w_{21}}=\frac{\partial cost}{\partial y'}\frac{\partial y'}{\partial o_3}\frac{\partial o_3}{\partial w_{21}} \tag{5.64}$$

$$\frac{\partial cost}{\partial y'}=\frac{\partial \frac{1}{2}(y-y')^2}{\partial y'}=-(y-y')=-(1-0.67)=-0.33$$

$$\frac{\partial y'}{\partial o_3}=\frac{\partial \frac{1}{1+\mathrm{e}^{-o_3}}}{\partial o_3}=\frac{1}{1+\mathrm{e}^{-o_3}}\left(1-\frac{1}{1+\mathrm{e}^{-o_3}}\right)=0.67\times(1-0.67)=0.2211$$

$$\frac{\partial o_3}{\partial w_{21}}=\frac{\partial\left[w_{21}z_1+w_{22}z_2+b_2\cdot 1\right]}{\partial w_{21}}=z_1=0.6$$

则：$\frac{\partial cost}{\partial w_{21}}=-0.33\times 0.2211\times 0.6=-0.04$

由梯度迭代公式可知：

$$w_{21}=w_{21}-\lambda\frac{\partial cost}{\partial w_{21}} \tag{5.65}$$

λ 为步长，通常取 $\lambda=1$，则有：

$$w_{21}=0.5-1\times(-0.04)=0.54$$

同理，$\frac{\partial cost}{\partial w_{22}}=\frac{\partial cost}{\partial y'}\frac{\partial y'}{\partial o_3}\frac{\partial o_3}{\partial w_{22}}=-0.33\times 0.2211\times 0.65=-0.047$

$$w_{22}=0.6-1\times(-0.04)=0.64$$

$$b_2=0-1\times(-0.073)=0.073$$

（2）再计算输入层到隐藏层的权值更新（如图 5-22 方框部分所示），主要为权值 w_{11}、w_{12}、

w_{13}、w_{14}和b_1。

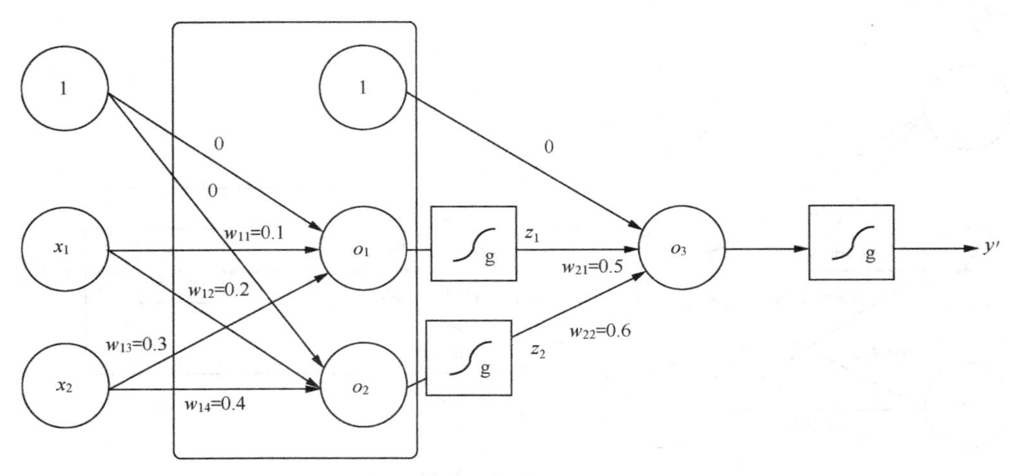

图 5-22　从输入层到隐藏层

由链式法则有：

$$\frac{\partial cost}{\partial w_{11}} = \frac{\partial cost}{\partial y'} \frac{\partial y'}{\partial o_3} \frac{\partial o_3}{\partial z_1} \frac{\partial z_1}{\partial o_1} \frac{\partial o_1}{\partial w_{11}} \tag{5.66}$$

$$\frac{\partial o_3}{\partial z_1} = \frac{\partial\left[w_{21}z_1 + w_{22}z_2 + b_2 \cdot 1\right]}{\partial z_1} = w_{21} = 0.54$$

$$\frac{\partial z_1}{\partial o_1} = \frac{\partial g(o_1)}{\partial o_1} = g(o_1)\left(1 - g(o_1)\right) = 0.6 \times (1 - 0.6) = 0.24$$

$$\frac{\partial o_1}{\partial w_{11}} = \frac{\partial\left[w_{11}x_1 + w_{13}x_2 + b_1 \cdot 1\right]}{\partial w_{11}} = x_1 = 1$$

$$\frac{\partial cost}{\partial w_{11}} = -0.33 \times 0.2211 \times 0.54 \times 0.24 \times 1 = -0.009$$

$$\frac{\partial cost}{\partial w_{12}} = \frac{\partial cost}{\partial y'} \times \frac{\partial y'}{\partial o_3} \frac{\partial o_3}{\partial z_2} \frac{\partial z_2}{\partial o_2} \frac{\partial o_2}{\partial w_{12}} = -0.33 \times 0.2211 \times 0.54 \times 0.2275 \times 1 = -0.009$$

$$\frac{\partial cost}{\partial w_{13}} = \frac{\partial cost}{\partial y'} \frac{\partial y'}{\partial o_3} \frac{\partial o_3}{\partial z_1} \frac{\partial z_1}{\partial o_1} \frac{\partial o_1}{\partial w_{13}} = -0.33 \times 0.2211 \times 0.54 \times 0.24 \times 1 = -0.009$$

$$\frac{\partial cost}{\partial w_{14}} = \frac{\partial cost}{\partial y'} \frac{\partial y'}{\partial o_3} \frac{\partial o_3}{\partial z_2} \frac{\partial z_2}{\partial o_2} \frac{\partial o_2}{\partial w_{14}} = -0.33 \times 0.2211 \times 0.54 \times 0.2275 \times 1 = -0.009$$

$$\frac{\partial cost}{\partial b_1} = \frac{\partial cost}{\partial y'} \frac{\partial y'}{\partial o_3} \frac{\partial o_3}{\partial z_2} \frac{\partial z_2}{\partial o_2} \frac{\partial o_2}{\partial b_1} = -0.33 \times 0.2211 \times 0.54 \times 0.2275 \times 1 = -0.009$$

由梯度迭代公式可知：

$$w_{11} = w_{11} - \lambda \frac{\partial cost}{\partial w_{11}} = 0.1 - 1 \times (-0.008) = 0.108$$

$$w_{12} = w_{12} - \lambda \frac{\partial cost}{\partial w_{12}} = 0.2 - 1 \times (-0.008) = 0.208$$

$$w_{13} = w_{13} - \lambda \frac{\partial cost}{\partial w_{13}} = 0.3 - 1 \times (-0.008) = 0.308$$

$$w_{14} = w_{14} - \lambda \frac{\partial cost}{\partial w_{14}} = 0.4 - 1 \times (-0.008) = 0.408$$

$$b_1 = b_1 - \lambda \frac{\partial cost}{\partial b_1} = 0 - 1 \times (-0.008) = 0.008$$

即经过第一次反向传播后，权重 w 和偏移量 b 为 $w_{11} = 0.108$、$w_{12} = 0.208$、$w_{13} = 0.308$、$w_{14} = 0.408$、$b_1 = 0.008$、$w_{21} = 0.54$、$w_{22} = 0.64$、$b_2 = 0.073$。将各个反向修改后的权重 w 和偏移量 b 再输入正向传播过程中，再反向传播，得到修正后的权重 w 和偏移量 b。如此反复进行多次，直到权重 w 和偏移量 b 不再变化，或者权重 w 和偏移量 b 变化量很小就停止。得到训练数据 x_1=1、x_2=1、y=1 时的权重 w 和偏移量 b。上述求解过程用的是随机梯度下降法，因此还需要对更多的样本进行训练。训练时，将上一个样本训练出来的权重 w 和偏移量 b 作为初始化值，再进行前面的前向传播以及反向传播，直到权重 w 和偏移量 b 稳定为止。

第6章 回归算法

6.1 线性回归

回归算法一般归属于监督算法，这类算法处理的数据标签为连续型变量。

回归算法的一般表达式为：

$$y = f(x) \tag{6.1}$$

回归算法也叫拟合算法，通过公式来建立特征与输出标签之间的映射关系。

为了衡量回归算法的拟合程度，一般会引入代价函数（cost function），也叫损失函数（loss function）。常用的代价函数有均方误差（mean square error）函数、交叉熵（cross entropy）函数等。

假设一个样本，其特征为$\{x_1,x_2,\cdots,x_n\}$，其标签为 y，线性回归就是通过特征 x 的线性组合来拟合输出标签 y，即：

$$f(x) = w_1x_1 + w_2x_2 + \cdots + w_nx_n + b = y \tag{6.2}$$

一般形式为：

$$f(x) = \boldsymbol{w}^{\mathrm{T}}\boldsymbol{x} + b = y \tag{6.3}$$

对于单变量线性回归来说，公式可简化为：

$$f(x) = wx_1 + b = y_1 \tag{6.4}$$

6.1.1 最小二乘法

对单变量线性回归来说，通常情况下样本不止一个，即样本数量（一个样本会构成一个方程）远大于特征数量，我们称方程个数大于特征个数的方程组为超定方程组。对于单变量的超定方程，一般采用最小二乘法进行求解（权重 w）。

定义单变量线性回归的损失函数为：

$$loss = \frac{1}{m}\sum_{i=1}^{m}\left(f(x_i) - y_i\right)^2 \tag{6.5}$$

通常称为均方误差函数，其目标函数为：

$$f^* = \underset{(w,b)}{argmin}\frac{1}{m}\sum_{i=1}^{m}\left(wx_i + b - y_i\right)^2 \tag{6.6}$$

求解过程如下：

$$L=\frac{1}{m}\sum_{i=1}^{m}\left(wx_i+b-y_i\right)^2 \tag{6.7}$$

式（6-7）对 b 求偏导：

$$\frac{\partial L}{\partial b}=2b+2w\frac{1}{m}\sum_{i=1}^{m}x_i-\frac{2}{m}\sum_{i=1}^{m}y_i \tag{6.8}$$

令导数为 0，则：

$$b=\frac{1}{m}\sum_{i=1}^{m}y_i-\frac{w}{m}\sum_{i=1}^{m}x_i \tag{6.9}$$

对 w 求偏导：

$$\frac{\partial L}{\partial w}=2b\frac{1}{m}\sum_{i=1}^{m}wx_i^{\ 2}+\frac{2}{m}\sum_{i=1}^{m}wx_i\left(b-y_i\right) \tag{6.10}$$

令：

$$\overline{x}=\frac{\sum_{i=1}^{m}x_i}{m} \tag{6.11}$$

令 $\partial L/\partial w$ 导数为 0，可得到：

$$w=\frac{\frac{1}{m}\sum_{i=1}^{m}x_iy_i-\overline{xy}}{\frac{1}{m}\sum_{i=1}^{m}x_i^{\ 2}-\frac{1}{m}(\sum_{i=1}^{m}x)^2} \tag{6.12}$$

$$b=\overline{y}-w\overline{x} \tag{6.13}$$

求得的 w 和 b 即为单变量线性方程的解。

代码实现（基于 Numpy）：

```
import random
import matplotlib.pyplot as plt
import numpy as np
import tensorflow as tf

if __name__=='__main__':
    # w为直线斜率,b为截距，n为数据总条数
    w,b,n = 3,2,100
    # 生成随机x坐标
    x = [random.random() for i in range(n)]
    # 模拟一条直线，其表达式为 y=wx+b+noise-0.5
    y = [w * x[i] + b + random.random() - 0.5 for i in range(n)]
    # 利用numpy进行最小二乘法求解
    # mean_x, mean_y, mean_xy, mean_x2为最小二乘法中的各中间变量
    mean_x =  np.mean(x)
    mean_y =  np.mean(y)
    mean_xy = np.mean(np.multiply(x,y))
    mean_x2 = np.mean(np.multiply(x,x))
    # 求解斜率w，截距b
    _w = (mean_xy - mean_x*mean_y)/(mean_x2-mean_x**2)
    _b = mean_y - w*mean_x
    # 对比求解出的斜率w和实际的w，以及求解出的截距b和实际的b
    print(w,_w)
```

```
print(b,_b)
# 将求解的斜率 w 和截距 b 代入 y=wx+b，即可实现对数据的拟合以及预测
_y = [_w*x[i] + _b for i in range(n)]
# 绘制拟合结果与真实数据并进行比较
plt.figure(1)
plt.scatter(x,y,marker='p',label=u'真实数据分布')
plt.scatter(x,_y,marker='o',label=u"拟合数据分布")
plt.plot(x,_y,label=u"拟合直线")
plt.title(u"单变量最小二乘法拟合示意图")
plt.xlabel("x")
plt.ylabel("y")
plt.legend(loc='upper left', shadow=False)
plt.show()
```

绘制的图像如图 6-1 所示。

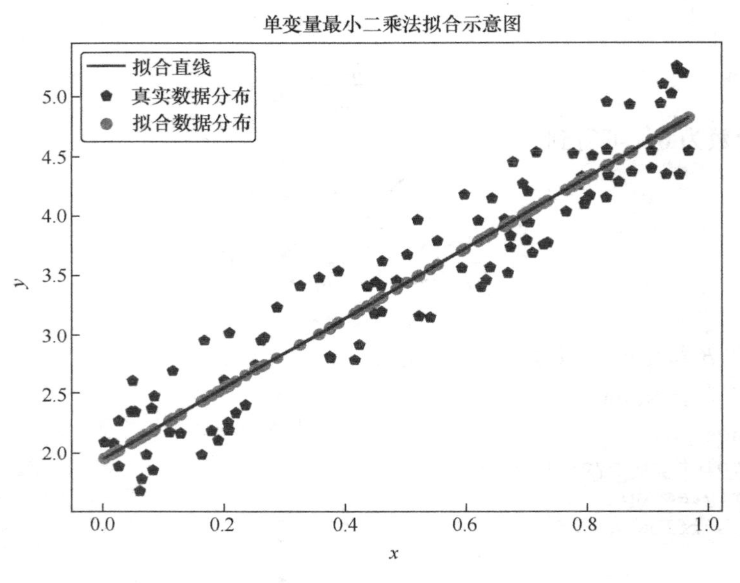

图 6-1　单变量最小二乘法拟合示意图

6.1.2　广义逆

一般情况下，样本的特征数量大于 1，常将此类回归问题称为多变量线性回归或者多元线性回归。

样本数量大于特征数量的多元线性回归组成的方程组称为超定方程组，这样的方程组常采用广义逆进行求解。

对于多项式 $f(x)=w_1x_1+w_2x_2+\cdots+w_nx_n+b$，如果在常数项 b 前乘以权重 1，即：

$$f(x)=w_1x_1+w_2x_2+\cdots+w_nx_n+w_0b, w_0=1 \tag{6.14}$$

则可得以下矩阵：

$$\begin{pmatrix} x_{11} & \cdots & x_{1n} & 1 \\ \vdots & \ddots & \vdots & \vdots \\ x_{m1} & \cdots & x_{mn} & 1 \end{pmatrix} \begin{bmatrix} w_1 \\ \vdots \\ w_n \\ b \end{bmatrix} = \begin{bmatrix} f(x_1) \\ \vdots \\ f(x_m) \end{bmatrix} \tag{6.15}$$

式（6.15）可简写为：

$$\boldsymbol{X}w = f(\boldsymbol{X}) \tag{6.16}$$

多元线性回归的目标函数为：

$$f^* = \underset{w}{argmin} \frac{1}{m} \sum_{i=1}^{m} (wx_i - y_i)^2 \tag{6.17}$$

展开得：

$$f^* = \underset{w}{argmin} (\boldsymbol{X}w - \boldsymbol{Y})^{\mathrm{T}} (\boldsymbol{X}w - \boldsymbol{Y}) \tag{6.18}$$

求解过程如下：

$$L = (\boldsymbol{X}w - \boldsymbol{Y})^{\mathrm{T}} (\boldsymbol{X}w - \boldsymbol{Y}) \tag{6.19}$$

式（6.19）对 w 求偏导：

$$\frac{\partial L}{\partial w} = 2\boldsymbol{X}^{\mathrm{T}} (\boldsymbol{X}w - \boldsymbol{Y}) \tag{6.20}$$

令式（6.20）等于 0，可得：

$$\boldsymbol{X}^{\mathrm{T}} \boldsymbol{X} w = \boldsymbol{X}^{\mathrm{T}} \boldsymbol{Y} \tag{6.21}$$

当 $\boldsymbol{X}^{\mathrm{T}}\boldsymbol{X}$ 可逆时，则有：

$$w = (\boldsymbol{X}^{\mathrm{T}} \boldsymbol{X})^{-1} \boldsymbol{X}^{\mathrm{T}} \boldsymbol{Y} \tag{6.22}$$

式（6.22）为 *M-P* 广义逆矩阵。

我们产生一个 100 行、3 列（特征数）的矩阵，以及对应的输出 y，其表达式为 $y = w_1x_1 + w_2x_2 + w_3x_3 + b$，利用上面的广义逆求解 w 和 b。下面我们分别用 Numpy 以及 TensorFlow 来进行求解：

```
import random
import numpy as np
import tensorflow as tf

if __name__=='__main__':
    #***********利用 Numpy 求解 w 和 b***************
    # 初始化权重 w 和偏移量 b，数量 n
    w1,w2,w3,b,n=2,3,4,4,100
    x1 = [random.random() for i in range(n)]
    x2 = [random.random() for i in range(n)]
    x3 = [random.random() for i in range(n)]
    # 按照 y = w1*x1 + w2*x2 + w3*x3 + b + noise -5
    # 产生模拟数据 y
    y = [w1 * x1[i] + w2 * x2[i] + w3 * x3[i] + b + random.random() - 0.5 \
        for i in range(n)]
    # 矩阵 X 表达式
    X = [[x1[i], x2[i], x3[i], 1] for i in range(n)]
```

```
# *********采用广义逆矩阵求解权重w和偏移量b *********
X_T = np.transpose(X)
x_T_x = np.matmul(X_T,X)
x_T_x_inv = np.linalg.inv(x_T_x)
x_T_x_inv_x_T = np.matmul(x_T_x_inv,X_T)
w_new = np.matmul(x_T_x_inv_x_T,y)
print(w_new)
# ***********利用 TensorFlow 求解w和b***************
# 将X与y设置为matrix类型
X = np.matrix(X)
y = np.transpose(np.matrix(y))
tf_x = tf.constant(X)
tf_y = tf.constant(y)
tf_x_x = tf.matmul(tf.transpose(tf_x),tf_x)
tf_x_x_inv = tf.matrix_inverse(tf_x_x)
tf_x_x_inv_tf_x = tf.matmul(tf_x_x_inv, tf.transpose(tf_x))
tf_w = tf.matmul(tf_x_x_inv_tf_x,tf_y)
with tf.Session() as sess:
    _w = sess.run(tf_w)
    print(_w)
```

输出结果如下：

```
[2.06629683 3.15884178 4.02030251 3.89730328]
[[2.06629683]
 [3.15884178]
 [4.02030251]
 [3.89730328]]
```

由结果可知，两种方式求解出来的 w 和 b 是一致的，并且和代码初始化的 w 和 b 基本一致（w_1, w_2, w_3, b=2,3,4,4）。

6.1.3 岭回归与 Lasso 回归

样本数量小于特征数量的多元线性回归组成的方程组称为欠定方程组。欠定方程组有无穷组解，因此需要添加更多的条件对解（w）进行限制，例如限制 w 的取值范围（w 的取值满足高斯分布且较小），或者 w 稀疏（w 中部分值为 0）。为了实现该目的，常采用正则化方法，即在损失函数中添加惩罚项。常见的正则化方法有 L_2 范数、L_1 范数，其公式如下。

L_2 范数正则化损失函数：

$$loss = \frac{1}{m}\sum_{i=1}^{m}\left(f(x_i) - y_i\right)^2 + \lambda\sum_{i=1}^{m}(w_i)^2 \tag{6.23}$$

L_1 范数正则化损失函数：

$$loss = \frac{1}{m}\sum_{i=1}^{m}\left(f(x_i) - y_i\right)^2 + \lambda\sum_{i=1}^{m}|w_i| \tag{6.24}$$

常称加入 L_2 范数的正则化方法为岭回归算法，其目标函数为：

$$f^* = \underset{w}{argmin}\left(\boldsymbol{X}w - \boldsymbol{Y}\right)^{\mathrm{T}}\left(\boldsymbol{X}w - \boldsymbol{Y}\right) + \lambda w^2 \tag{6.25}$$

求解过程如下：

$$L = \left(\boldsymbol{X}w - \boldsymbol{Y}\right)^{\mathrm{T}}\left(\boldsymbol{X}w - \boldsymbol{Y}\right) + \lambda w^2 \tag{6.26}$$

式（6.26）对 w 求偏导：

$$\frac{\partial L}{\partial w}=2\boldsymbol{X}^{\mathrm{T}}\left(\boldsymbol{X}w-\boldsymbol{Y}\right)+2\lambda w \tag{6.27}$$

令式（6.27）等于 0，可得：

$$(\boldsymbol{X}^{\mathrm{T}}\boldsymbol{X}+\lambda I)w=\boldsymbol{X}^{\mathrm{T}}\boldsymbol{Y} \tag{6.28}$$

当 $\boldsymbol{X}^{\mathrm{T}}\boldsymbol{X}+\lambda I$ 可逆时，则有：

$$w=\left(\boldsymbol{X}^{\mathrm{T}}\boldsymbol{X}+\lambda I\right)^{-1}\boldsymbol{X}^{\mathrm{T}}\boldsymbol{Y} \tag{6.29}$$

式（6.29）为岭回归矩阵求解算法。

加入 L_1 范数正则化的方法又被称为 Lasso 回归算法或者套索算法，其求解过程比较复杂，感兴趣的话可查看关于 Lasso 回归算法的相关文献。

我们采用均方误差加 L_1 正则化代价函数来对 Iris 数据集进行线性拟合，其表达式为 $y=w_1x_1+w_2x_2+w_3x_3+w_4x_4+b$，其 TensorFlow 代码如下：

```
import numpy as np
import tensorflow as tf
from sklearn.datasets import load_iris

if __name__=='__main__':
    # 导入 Iris 数据集
    iris = load_iris()
    X = iris.data
    Y = np.matrix(iris.target).T
    batch_size = 20
    x = tf.placeholder(shape=[None, 4], dtype=tf.float32)
    y = tf.placeholder(shape=[None, 1], dtype=tf.float32)
    init_W = tf.Variable(tf.random_normal(shape=[4, 1]),name="w")
    init_b = tf.Variable(tf.random_normal(shape=[1, 1]),name="b")
    _y = tf.add(tf.matmul(x, init_W), init_b)
    with tf.name_scope('loss'):
        # l1 正则化代价函数
        l1_regular_loss = tf.reduce_mean(tf.abs(init_W))
        # 总代价函数为均方误差函数加 l1 正则化代价函数
        loss = tf.add(tf.reduce_mean(tf.square(y-_y)),l1_regular_loss)
        tf.summary.scalar('loss', loss)
    # 定义梯度下降法，使用 Adam 下降法求解目标函数
    optimizer = tf.train.AdamOptimizer(learning_rate=0.0005)
    target = optimizer.minimize(loss)
    init_variables = tf.global_variables_initializer()
    saver = tf.train.Saver(max_to_keep=0)
    merged = tf.summary.merge_all()
    with tf.Session() as sess:
        writer = tf.summary.FileWriter("logs/", sess.graph)
        sess.run(init_variables)
        for step in range(10000):
            _index = np.random.randint(len(X), size=batch_size)
            x_batch = X[_index]
            y_batch = Y[_index]
            feed_dict = {x: x_batch, y: y_batch}
```

```
            sess.run(target, feed_dict=feed_dict)
            summary = sess.run(merged,feed_dict=feed_dict)
            if step % 10 == 0:
               _loss = sess.run(loss, feed_dict=feed_dict)
                print(step,sess.run(init_W),sess.run(init_b),_loss)
                saver.save(sess, save_path='ckpt/lasso.ckpt',
                    global_step=step)
            writer.add_summary(summary, step)
```

使用 TensorBoard 观察代价函数曲线，如图 6-2 所示。

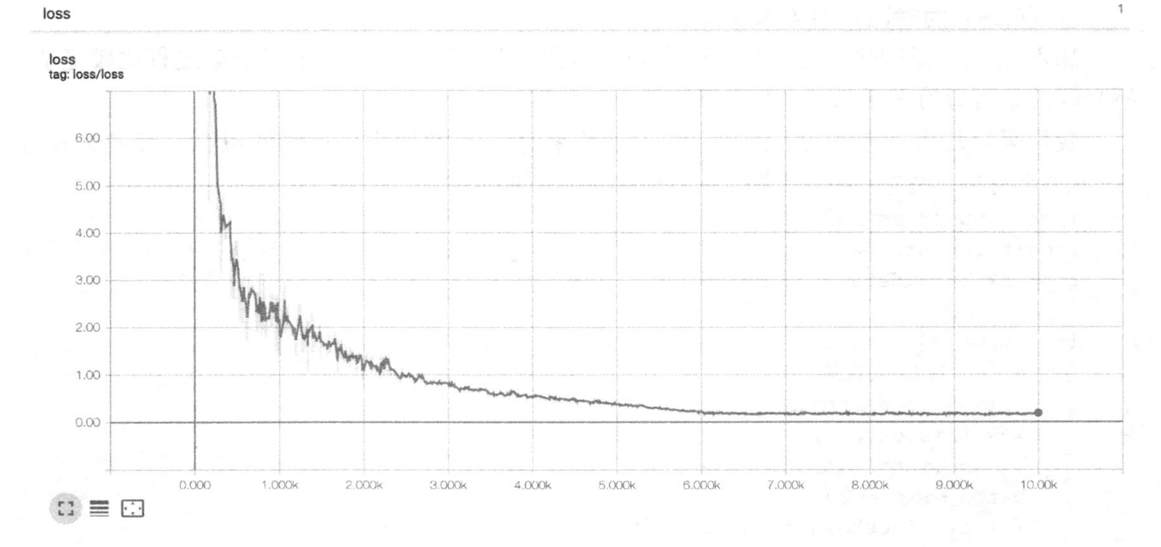

图 6-2　L_1范数正则化代价函数曲线

如果想要使用 L_2 范数，只需要将下面这一行：

```
l1_regular_loss = tf.reduce_mean(tf.abs(init_W))
```

替换为：

```
l2_regular_loss = tf.reduce_mean(tf.square(init_W))
```

6.1.4　梯度求解算法

1. 单变量梯度求解

单变量梯度求解的目标函数为：

$$loss = \frac{1}{m}\sum_{i=1}^{m}\left(f(x_i)-y_i\right)^2 \tag{6.30}$$

对 w 和 b 求偏导得：

$$\frac{\partial L}{\partial w} = 2b\frac{1}{m}\sum_{i=1}^{m} x_i^2 + \frac{2}{m}\sum_{i=1}^{m} x_i\left(b-y_i\right) \tag{6.31}$$

$$\frac{\partial L}{\partial b} = 2b + 2w\frac{1}{m}\sum_{i=1}^{m} x_i - \frac{2}{m}\sum_{i=1}^{m} y_i \tag{6.32}$$

则 w 和 b 的梯度迭代方式为：

$$w = w - 2b\frac{1}{m}\sum_{i=1}^{m} x_i^2 + \frac{2}{m}\sum_{i=1}^{m} x_i\left(b - y_i\right) \tag{6.33}$$

$$b = b - 2b + 2w\frac{1}{m}\sum_{i=1}^{m} x_i - \frac{2}{m}\sum_{i=1}^{m} y_i \tag{6.34}$$

我们采用 TensorFlow 实现这个参数求解过程，其代码如下：

```
import random
import matplotlib.pyplot as plt
import tensorflow as tf
if __name__=='__main__':
    #  w 为直线斜率,b 为截距，n 为数据总条数
    w,b,n = 3,2,100
    # 生成随机 x 坐标
    x = [random.random() for i in range(n)]
    # 模拟一条直线，其表达式为 y=wx+b+noise-0.5
    y = [w * x[i] + b + random.random() - 0.5 for i in range(n)]
    """
    采用 TensorFlow 进行权重 w 和偏移量 b 的求解，初始化权重矩阵 w，这里 w 是一维的，shape 也是
    一维的，初始化权重的方式很多，random_normal 采用标准正态分布（均值为 0，方差为 1）进行参
    数初始化，其根据 shape 的大小进行权重矩阵初始化
    """
    init_W = tf.Variable(tf.random_normal(shape=[1],mean=0,
        stddev=1.0),name="w")

    """
    random_uniform 采用均匀分布（minval、maxval 为均匀分布起始、终止参数）进行参数初始化
    init_W = tf.Variable(tf.random_uniform(shape=[1], minval=-5.0,
        maxval=5.0))
    初始化偏移量 b，选用 0 进行初始化。一般默认情况下，偏移量 b 都用 0 矩阵进行初始化
    """
    init_b = tf.Variable(tf.zeros(shape=[1]),name="b")
    # 拟合直线表达式
    _y = init_W * x + init_b
    # 定义一个命名空间，方便管理变量
    with tf.name_scope('loss'):
        # 代价函数采用均方误差函数
        loss = tf.reduce_mean(tf.square(_y - y))
        # 在 loss 命名空间中添加 loss 标量参数，scalar 用来显示标量信息
        tf.summary.scalar('loss', loss)
    # 定义梯度下降法，使用最速下降法求解目标函数
    # learning_rate 为学习率，也称为步长，初始步长为 0.5
    optimizer = tf.train.GradientDescentOptimizer(learning_rate=0.5)
    # 目标函数，使代价函数最小
    target = optimizer.minimize(loss)
    # 变量初始化
    init_variables = tf.global_variables_initializer()
    """
    初始化模型保存对象，max_to_keep 为保存最近几个模型，默认为 5，即只保留最近的
    5 个模型，这样可以减少磁盘消耗。我们也可以设置为 0，表示每一次都将中间模型参数
```

```
    保存下来
    """
    saver = tf.train.Saver(max_to_keep=0)
    # 将所有需要显示的 summary 保存到磁盘，供后面 TensorBoard 调用显示
    merged = tf.summary.merge_all()
    # 用 with 方式，启动一个 session 会话，当程序执行完后会自动关闭此次会话
    with tf.Session() as sess:
        # 定义一个模型保存的 writer 对象，用于保存 summary，便于
        # TensorBoard 加载显示
        writer = tf.summary.FileWriter("logs/", sess.graph)
        # 执行变量初始化
        sess.run(init_variables)
        """
        训练一定次数，一般没有停止条件，会循环训练完。一般我们会隔一定循环次数，
        输出中间代价函数结果，并存储模型参数。一方面，保存的模型可以直接拿来做预测用；
        另一方面，如果服务器断电，我们可以直接将最近一次训练的模型加载进来接着训练
        """
        for step in range(250):
            sess.run(target)
            summary = sess.run(merged)
            if step % 10 == 0:
                _w = sess.run(init_W)
                _b = sess.run(init_b)
                # 隔 step 次循环输出模型训练的参数 w 和 b，以及代价函数
                print(step, sess.run(init_W),
                    sess.run(init_b), sess.run(loss))
                # 保存模型参数到文件中，save_path 为模型保存的路径以及
                # 前缀
                saver.save(sess,save_path='ckpt/signal_linear.ckpt',
                 global_step=step)
            writer.add_summary(summary, step)
        # 将求解的权重 w 和偏移量 b 代入 y=wx+b，即可实现对数据的拟合以及预测
        _y = [_w * x[i] + _b for i in range(n)]
        # 绘制拟合结果与真实数据并进行比较
        plt.figure
        plt.scatter(x, y, marker='p', label=u'真实数据分布')
        plt.scatter(x, _y, marker='o', label=u"拟合数据分布")
        plt.plot(x, _y, label=u"拟合直线")
        plt.title(u"单变量梯度下降法拟合示意图")
        plt.xlabel("x")
        plt.ylabel("y")
        plt.legend(loc='upper left', shadow=False)
```

日志如下：

```
0 [0.35894966] [4.772929] 2.7240188
10 [1.3375845] [2.8870168] 0.2903288
20 [2.1224694] [2.462602] 0.13051881
…
230 [2.931564] [2.0250995] 0.075052455
240 [2.931564] [2.0250995] 0.075052455
```

日志每一行都输出了循环次数、权重 w、偏移量 b、代价函数 $loss$ 的结果。从最终几条

记录可以看出，权重 w、偏移量 b、代价函数 *loss* 的结果都已经收敛到了固定值。我们的模型并不需要循环这么多次，通常在训练过程中，我们会使用 TensorBoard 观察代价函数曲线，如果代价函数收敛，那么就可以手动终止训练过程。我们知道学习率可以调整收敛速度，在训练过程中调整学习率并观察代价函数，可以快速准确地得到代价函数极小值以及模型参数。拟合结果如图 6-3 所示。

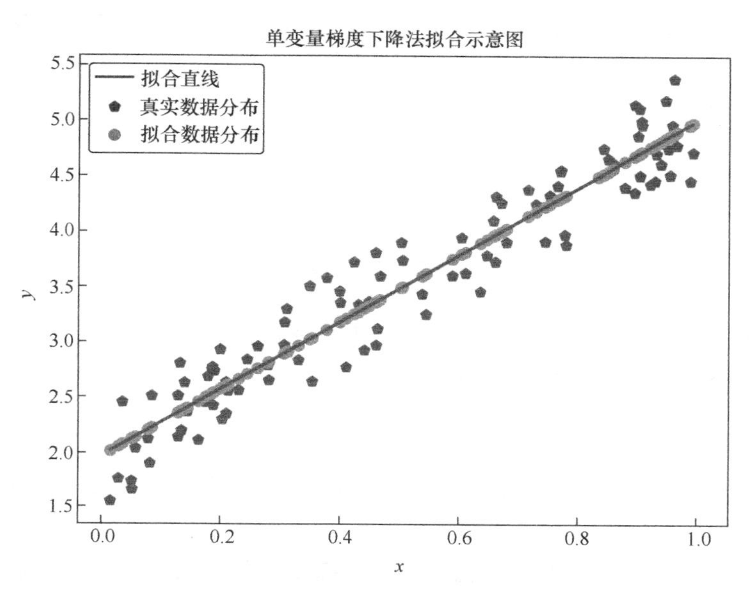

图 6-3 单变量梯度下降法拟合曲线示意图

使用 TensorBoard 观看该模型代价函数绘制的曲线，如图 6-4 所示。

TensorBoard 命令如下：

```
tensorboard --logdir logs/
```

从图 6-4 可以发现，在大概 50 次以后，模型的代价函数趋于收敛（稳定在某一个值）。

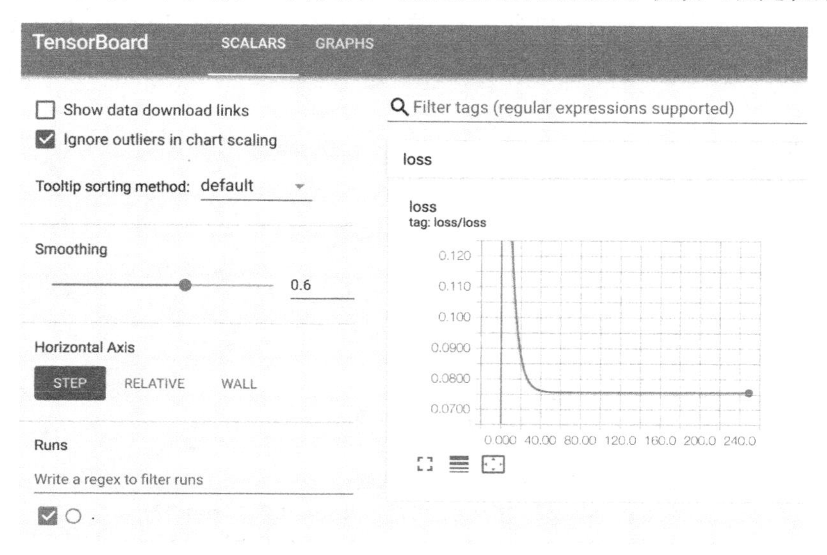

图 6-4 TensorBoard 中展示的代价函数曲线

2. 多变量梯度求解

注意，广义逆、岭回归有解的前提是 $\boldsymbol{X}^{\mathrm{T}}\boldsymbol{X}$、$\boldsymbol{X}^{\mathrm{T}}\boldsymbol{X}+\lambda\boldsymbol{I}$ 可逆，那么如果这两个公式不可逆呢？而且当数据的特征维数或者样本的数量非常大时，矩阵求逆的计算量将会非常大。特别对当前的大数据来说，用矩阵求解大数据方程的逆，几乎无法在有效时间内给出满意的解，因此还需要其他更一般的方式来进行求解。最常用的方式是使用梯度下降算法，即通过梯度迭代，逐步靠近目标函数极值位置，从而得出方程的近似解。以上文中单变量梯度求解的损失函数为例，我们可知：

$$\frac{\partial L}{\partial w}=2\boldsymbol{X}^{\mathrm{T}}\left(\boldsymbol{X}w-\boldsymbol{Y}\right) \tag{6.35}$$

以及：

$$\frac{\partial L}{\partial w}=2\boldsymbol{X}^{\mathrm{T}}\left(\boldsymbol{X}w-\boldsymbol{Y}\right)+2\lambda w \tag{6.36}$$

那么对于多元线性回归的超定方程，可以采用梯度下降算法进行迭代求解来找到损失函数的极小值，即采用下式进行权重迭代：

$$w=w-\alpha\boldsymbol{X}^{\mathrm{T}}\left(\boldsymbol{X}w-\boldsymbol{Y}\right) \tag{6.37}$$

其中，等式左边的 w 为更新后的权值，等式右边的 w 为上一次迭代计算权重，α 为学习率，$\boldsymbol{X}$ 为特征矩阵，$\boldsymbol{Y}$ 为真实标签值。

对于多元线性回归的欠定方程，也可以采用梯度下降算法进行迭代求解来找到损失函数的极小值，即采用下式进行权重迭代

$$w=w-\alpha(\boldsymbol{X}^{\mathrm{T}}\left(\boldsymbol{X}w-\boldsymbol{Y}\right)+\lambda w) \tag{6.38}$$

其中，等式左边的 w 为更新后的权值，等式右边的 w 为上一次迭代计算权重，α 为学习率，$\boldsymbol{X}$ 为特征矩阵，$\boldsymbol{Y}$ 为真实标签值，λ 为正则化系数。

我们用 TensorFlow 实现对美国加利福尼亚州的房价数据（数据来源于网络）的拟合与预测。

观察数据我们知道，一共有 20640 条样本，样本特征有 longitude、latitude、housingMedianAge、totalRooms、totalBedrooms、population、households、medianIncome，标签值为 mdeia_houese_value。

代码如下：

```
import numpy as np
import tensorflow as tf

if __name__=='__main__':
    # 用 Numpy 读取数据
    data = np.loadtxt("cal_housing.data",delimiter=",")
    # 数据前 8 列为特征，最后一列为标签（房价）
    X = data[:,0:8]
    Y = np.matrix(data[:,8]).T
    # 采用批量梯度下降法，一次用于训练的数据数量
    batch_size = 500
    # 设置两个 tensor，用来存储一次批量的输入数据
    x = tf.placeholder(shape=[None, 8], dtype=tf.float32)
    y = tf.placeholder(shape=[None, 1], dtype=tf.float32)
    # 设置两个 tensor，用来存储权重 w 和偏移量 b
```

```
    # 两个参数都采用高斯分布生成，并定义tensor名称，便于管理
    init_W = tf.Variable(tf.random_normal(shape=[8, 1]),name="w")
    init_b = tf.Variable(tf.random_normal(shape=[1, 1]),name="b")
    # 设置一个tensor，存储多变量线性模型值y=wx+b
    _y = tf.add(tf.matmul(x, init_W), init_b)
    # 定义一个命名空间，便于管理
    with tf.name_scope('loss'):
        # 代价函数采用均方误差函数
        loss = tf.reduce_mean(tf.square(_y - y))
        # 在loss命名空间中添加loss标量参数，scalar用来显示标量信息
        tf.summary.scalar('loss', loss)
    # 定义梯度下降法，使用最速下降法求解目标函数
    #  optimizer = tf.train.GradientDescentOptimizer(learning_rate=0.05)
    # 或者定义梯度下降法，使用Adam下降法求解目标函数
    optimizer = tf.train.AdamOptimizer(learning_rate=0.5)
    # 目标函数，使代价函数最小
    target = optimizer.minimize(loss)
    # 变量初始化
    init_variables = tf.global_variables_initializer()
    # 初始化模型保存对象
    saver = tf.train.Saver(max_to_keep=0)
    # 将所有需要显示的summary保存到磁盘，供后面TensorBoard调用显示
    merged = tf.summary.merge_all()
    # 用with方式，启动一个session会话，当程序执行完后会自动关闭此次会话
    with tf.Session() as sess:
        # 定义一个模型保存的writer对象
        writer = tf.summary.FileWriter("logs_housing/", sess.graph)
        # 执行变量初始化
        sess.run(init_variables)
        # 训练次数
        for step in range(300000):
            # 由于采用批量梯度下降法，因此采用随机方式生成一批询量数据
            _index = np.random.randint(len(X), size=batch_size)
            x_batch = X[_index]
            y_batch = Y[_index]
            # 从数据集中随机获取batch_size个数据来训练模型参数
            sess.run(target, feed_dict={x: x_batch, y: y_batch})
            summary = sess.run(merged,feed_dict={x: x_batch, y: y_batch})
            if step % 100 == 0:
                _loss = sess.run(loss, feed_dict={x: x_batch, y: y_batch})
                # 隔step次循环输出模型训练的参数w和b，以及代价函数
                print(step,sess.run(init_W),sess.run(init_b),_loss)
                # 保存模型参数到文件中，save_path为模型保存的路径以及前缀
                saver.save(sess,
                    save_path='ckpt_hosing/multi_linear.ckpt',
                    global_step=step)
            writer.add_summary(summary, step)
```

用TensorBoard观察代价函数曲线，如图6-5所示。

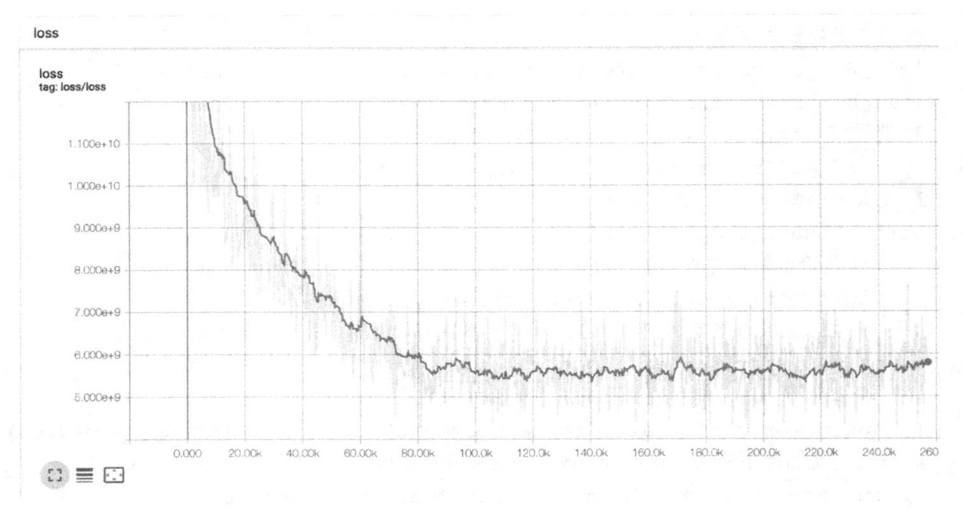

图 6-5　房价拟合代价函数曲线

我们发现，曲线在大概训练 8 万次的时候趋于稳定（我们对曲线进行了平滑处理，Smoothing=0.92，高亮的是平滑曲线，灰色的是原本曲线），并从日志中选取第 10 万条记录作为模型训练的参数，其中 *w*=[−1.6295093e+03, −6.3723975e+03, 1.8008335e+03, −1.5510433e+01, 7.3639580e+01, −3.9813072e+01, 1.3451520e+02, 4.5055238e+04]，*b*=[612.7734]，当前的代价函数值 *loss*= 5182678000.0。

另外，在模型训练过程中，我们发现采用 GradientDescentOptimizer 最速下降法模型的代价函数不收敛，而使用 AdamOptimizer 梯度下降算法模型的代价函数可以很好地收敛。

6.2　非线性回归

非线性回归指的是特征与标签之间不满足明显的线性关系，或者用线性回归算法进行数据拟合时，损失函数的值很大，这种情况就可以考虑用非线性回归算法对数据特征 x 与标签 y 进行拟合。

一般来说，非线性回归能够采用一些非线性公式变换使其满足线性关系。

6.2.1　指数变换

考虑特征 x 与标签 y 满足指数变换关系：

$$y = w_0 \mathrm{e}^{w_1 x_1 + w_2 x_2 + \cdots + w_n x_n} \tag{6.39}$$

两边取对数：

$$\ln y = \ln w_0 + w_1 x_1 + w_2 x_2 + \cdots + w_n x_n \tag{6.40}$$

令 $y' = \ln y$、$w_0' = \ln w_0$，则变换后：

$$y' = w_0' + w_1 x_1 + w_2 x_2 + \cdots + w_n x_n \tag{6.41}$$

式（6.41）即满足线性关系。对于变换后的线性方程，可以采用最小二乘法、广义逆、岭回归、Lasso 回归进行方程根的求解。

6.2.2 对数变换

对于对数变换关系：

$$y = w_0 + x_1^{w_1} + x_2^{w_2} + \cdots + x_n^{w_n} \tag{6.42}$$

两边取对数：

$$\ln y = \ln w_0 + w_1 \ln x_1 + w_2 \ln x_2 + \cdots + w_n \ln x_n \tag{6.43}$$

令 $y' = \ln y$、$w_0' = \ln w_0$、$x_2' = \ln x_1$、$x_2' = \ln x_2$、$x_n' = \ln x_n$，则变换后：

$$y' = w_0' + w_1 x_1' + w_2 x_2' + \cdots + w_n x_n' \tag{6.44}$$

6.2.3 幂等变换

对于幂等变换：

$$y = w_0 + x_1^{w_1} + x_2^{w_2} + \cdots + x_n^{w_n} \tag{6.45}$$

两边取对数：

$$\ln y = \ln w_0 + w_1 \ln x_1 + w_2 \ln x_2 + \cdots + w_n \ln x_n \tag{6.46}$$

令 $y' = \ln y$、$w_0' = \ln w_0$、$x_1' = \ln x_1$、$x_2' = \ln x_2$、$x_n' = \ln x_n$，则变换后：

$$y' = w_0' + w_1 x_1' + w_2 x_2' + \cdots + w_n x_n' \tag{6.47}$$

6.2.4 多项式变换

对于单变量线性回归，一般情况下还可以采用多项式变换进行拟合。

多项式变换描述的是特征 x 与标签 y 不满足一次幂等变换关系，而是满足多次幂等关系，即：

$$y = w_0 x^0 + w_1 x^1 + w_2 x^2 + \cdots + w_m x^m \tag{6.48}$$

令 $x_1 = x^1, x_2 = x^2, \cdots, x_m = x^m$，则变换后：

$$y = w_0 + w_1 x_1 + w_2 x_2 + \cdots + w_m x_m \tag{6.49}$$

式中的 $x_1, x_2, \cdots, x_m$ 不是第 1 个、第 2 个，……，第 m 个特征，而且单变量特征的幂次方通过广义逆、岭回归、Lasso 回归等方法即可求解出多项式的系数。

6.3 逻辑回归

逻辑回归（Logistic Regression，LR）也是非线性回归中的一种，其原理可以理解为对线性回归进行归一化，其公式如下：

$$g(z) = \frac{1}{1 + \mathrm{e}^{-z}} \tag{6.50}$$

其图形如图 6-6 所示。

观察图 6-6 可以得知，对于逻辑回归，其值域 y 的范围为（0，1），自变量 x 的范围为 $(-\infty, +\infty)$。当自变量 x 取值为 0 时，因变量 y 的值为 0.5。对一个二分类来说，这种情况就不好判断所属类别。

线性变换公式为 $f(x) = b + w_1 x_1 + w_2 x_2 + \cdots + w_n x_n$，则线性变换的逻辑回归公式可以表

示为：

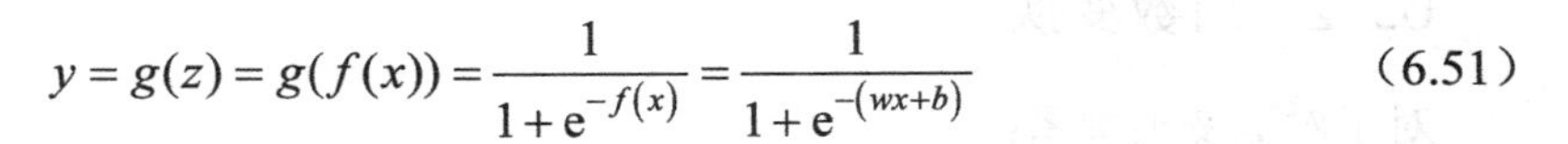

$$y = g(z) = g(f(x)) = \frac{1}{1+\mathrm{e}^{-f(x)}} = \frac{1}{1+\mathrm{e}^{-(wx+b)}} \tag{6.51}$$

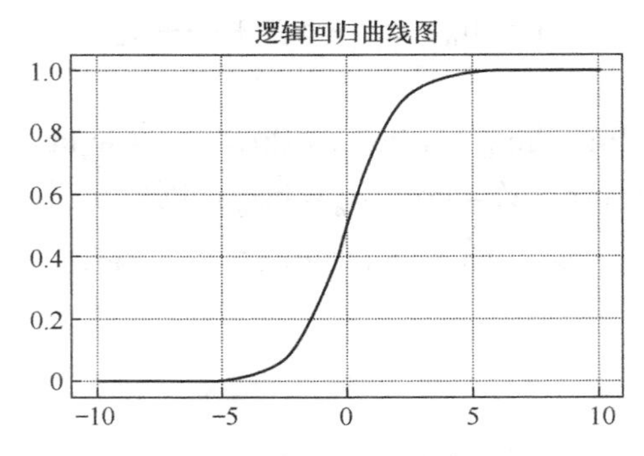

图 6-6　逻辑回归曲线图

6.3.1　二值逻辑回归

逻辑回归其实也是一种分类算法。当数据样本的标签只有两类时，例如标记为“好”和“坏”，“是”和“否”等时，常用的方式是将一个标签赋值为 1，将另一个标签赋值为 0，然后利用逻辑回归算法进行模型训练与预测。由于逻辑回归取值范围为(0，1)，是一个概率值，因此可以通过这个概率值是大于 0.5 还是小于 0.5，判断数据是 1 分类还是 0 分类。

观察逻辑回归公式，其等价为：

$$y = \frac{1}{1+\mathrm{e}^{-(wx+b)}} = \frac{\mathrm{e}^{(wx+b)}}{\mathrm{e}^{(wx+b)}+1} \tag{6.52}$$

将式（6.52）设为数据为 1 分类时的条件概率，即：

$$p(y=1|x) = \frac{\mathrm{e}^{(wx+b)}}{\mathrm{e}^{(wx+b)}+1} = g(\theta x) \tag{6.53}$$

那么该数据为 0 分类时的条件概率为：

$$p(y=0|x) = 1-\frac{\mathrm{e}^{(wx+b)}}{\mathrm{e}^{(wx+b)}+1} = \frac{1}{\mathrm{e}^{(wx+b)}+1} = 1-g(\theta x) \tag{6.54}$$

两式相除取对数可以得到：

$$\ln\frac{p(y=1|x)}{p(y=0|x)} = wx+b = \theta x \tag{6.55}$$

假设 $y=1$ 为事件发生，$y=0$ 为事件不发生，那么式（6.55）描述的是在逻辑回归中，事件发生概率与不发生概率比值的对数满足线性关系。

在逻辑回归中，对于分类为 1 的目标，目标函数为 $p(y=1|x)$，使其概率最大；而对于分类为 0 的目标，目标函数为 $p(y=0|x)$，同样也使其概率最大。将数据分为 D_1 集合（数据分类为 1）和 D_0 集合（数据分类为 0），则两个集合的目标函数为：

$$\max\prod_{i\in D_1} p(y_i=1|x_i)^{y_i} \tag{6.56}$$

$$\max\prod_{i\in D_0} p(y_i=0\mid x_i)^{1-y_i} \tag{6.57}$$

对于整个数据集，有：

$$\max\prod_{i\in D} p(y_i=1\mid x_i)^{y_i} p(y_i=0\mid x_i)^{1-y_i} \tag{6.58}$$

式（6.58）为整个集合目标函数的似然函数，目标函数为极大值。通常称式（6.58）为交叉熵函数，而不是损失函数。

对式（6.58）取对数，则有：

$$L=\sum_{i=1}^{n}(y_i\log p\left(y_i=1|x_i\right)+\left(1-y_i\right)\log p(y_i=0\mid x_i)) \tag{6.59}$$

展开有：

$$\begin{aligned} L&=\sum_{i=1}^{n}(y_i\log\frac{p\left(y_i=1|x_i\right)}{p\left(y_i=0|x_i\right)}-\log p(y_i=0\mid x_i)) \\ &=\sum_{i=1}^{n}\left(y_i\theta x_i-\log\left(1-g\left(\theta x_i\right)\right)\right) \end{aligned} \tag{6.60}$$

由于目标函数是求极大值，因此这里采用梯度上升法对式（6.60）进行权重系数求解。极大值和极小值求解其实是一对对偶问题。简单理解，极小值就是在极大值前面加一个负号，这样就可以将梯度上升法修改为梯度下降法求解极值问题。

式（6.60）对θ求偏导，则有：

$$\frac{\partial L}{\partial\theta}=\sum_{i=1}^{n}x_i\left(y_i-g\left(\theta x_i\right)\right) \tag{6.61}$$

权重的迭代公式为：

$$\theta=\theta+\alpha\sum_{i=1}^{n}x_i\left(y_i-g\left(\theta x_i\right)\right) \tag{6.62}$$

如果是梯度下降法，则权重的迭代公式为：

$$\theta=\theta-\alpha\sum_{i=1}^{n}x_i\left(y_i-g\left(\theta x_i\right)\right) \tag{6.63}$$

对于通过二值逻辑回归求解出来的权重矩阵，我们可以画出两个类别数据的分界面。

以下代码为模拟了一个二分类的数据集，并采用 TensorFlow 的逻辑回归函数 sigmoid_cross_entropy_with_logits 对其进行逻辑回归，求解权重以及偏移量：

```
import matplotlib.pyplot as plt
import numpy as np
import tensorflow as tf

if __name__=='__main__':
    # 1.采用随机数生成数据样本
    data_x = 3*np.random.random([100, 2])
    data_y = [0 if one[0] > 1.5 * one[1] - 0.2 else 1 for one in data_x]
    # 2.绘制原始数据
    plt.figure(1)
    for num in range(0,len(data_x)):
       if data_y[num]==1.0:
          plt.scatter(data_x[num][0],data_x[num][1],c="r")
       else:
            plt.scatter(data_x[num][0],data_x[num][1],c="b")
    # 3.模型训练
```

```
# 将数据转为 tensor
x = tf.constant(np.matrix(data_x), dtype=float)
y = tf.constant(np.matrix(data_y).T, dtype=float)
# 设置权重和偏移量 tensor
init_W = tf.Variable(
    tf.random_normal(shape=[2, 1], mean=0, stddev=1.0), name="w")
init_b = tf.Variable(tf.zeros(shape=[1, 1]), name="b")
# 预测数据
_y = tf.add(tf.matmul(x, init_W), init_b)
with tf.name_scope('loss'):
    # 代价函数采用 sigmoid 交叉熵函数，并求其均方误差，logits 是预测数据，
    #    labels 是真实标签值
    loss = tf.reduce_mean(
        tf.nn.sigmoid_cross_entropy_with_logits(logits=_y,
        labels=y))
    tf.summary.scalar('loss', loss)
# 定义梯度下降法，使用最速下降法求解目标函数
optimizer = tf.train.GradientDescentOptimizer(learning_rate=0.5)
# 也可以采用 Adam 梯度下降法
#  optimizer = tf.train.AdamOptimizer(learning_rate=0.5)
# 目标函数，使代价函数最小
target = optimizer.minimize(loss)
# 变量初始化
init_variables = tf.global_variables_initializer()
saver = tf.train.Saver(max_to_keep=0)
merged = tf.summary.merge_all()
w1,w2,b=0,0,0
with tf.Session() as sess:
    writer = tf.summary.FileWriter("logs/", sess.graph)
    sess.run(init_variables)
    for step in range(10000):
        sess.run(target)
        summary = sess.run(merged)
        if step % 500 == 0:
        # 隔 step 次循环输出模型训练的参数 w 和 b，以及代价函数
        w1,w2 = sess.run(init_W)
        b = sess.run(init_b)
        print(step, w1,w2,b, sess.run(loss))
        # 保存模型参数
        saver.save(sess, 'ckpt/twoD_lr.ckpt',step)
    writer.add_summary(summary, step)
print(w1,w2,b)
# 4.绘制这条直线
x1 = np.arange(0, 3.0, 0.1)
# 由于逻辑回归的分界面为 z=0,f(z)=0.5, 而 z=w1*x1+w2*x2+b*1=0, 因此
#    x2=(0- b*1 -w21*x1)/w2
x2 = (0- b[0]*1 -w1[0]*x1)/w2[0]
plt.plot(x1,x2,"b")
plt.title("二维特征逻辑回归分界面图")
plt.show()
```

图 6-7 所示为二维特征逻辑回归分界面图，中间的直线是用求解的逻辑回归系数绘制而成的。

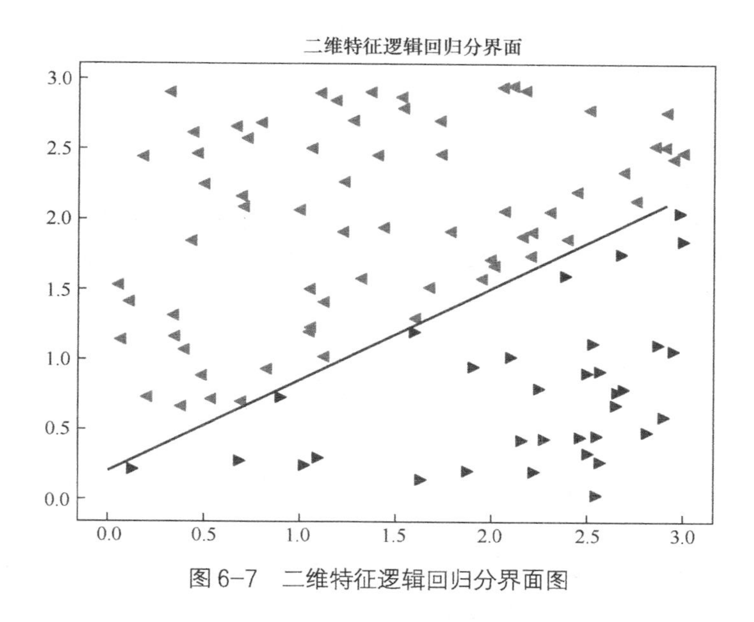

图 6-7 二维特征逻辑回归分界面图

用 TensorBoard 观察代价函数曲线，如图 6-8 所示。从图中可以看出代价函数一直在减小，没有收敛的迹象，但是循环 10000 次的分界面已经可以较好地对数据进行分割了。

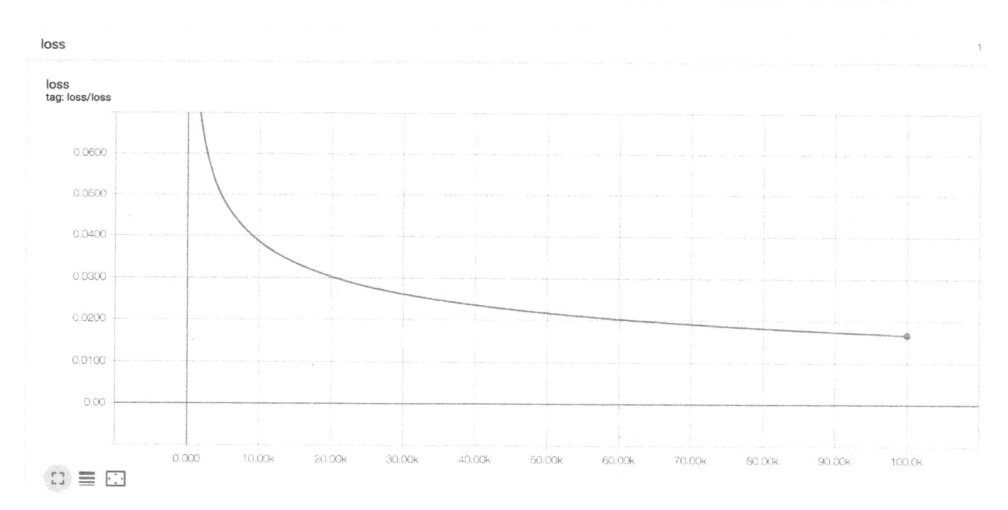

图 6-8 二值逻辑回归代价函数曲线

6.3.2 多元逻辑回归

二值逻辑回归其实是把一个分类问题变成了一个概率问题。对于多元逻辑回归，样本的标签有多个值，我们也可以将其变为一个概率问题，使概率之和为 1。这里引入独热向量概念，对于一个多分类问题，类别有 k 种，按照逻辑回归 0、1 表示法，可以将每一个类别表示为如下形式。

第 1 个类别表示为：

$$[\ \frac{1\ 0\cdots0}{k-1}\ ]$$

第 i 个类别表示为：

$$[\underset{i}{0\ 0\ 0\cdots1\cdots0\ 0\ 0}]$$

由上可知，独热向量中只有类别所对应的序号位置为 1，其余位置为 0，满足概率之和为 1 的定理。由于在实际求解中，并非每一个位置的预测结果都只为 0 或者 1，而是 0～1 之间的数，因此借助逻辑回归的归一化方法，可以将独热向量中的第 i 位输出概率描述为以下公式：

$$p\left(y=i|x\right)=\frac{\mathrm{e}^{\left(wx_i+b\right)}}{\sum_{j=1}^{k}\mathrm{e}^{\left(wx_j+b\right)}} \tag{6.64}$$

式（6.64）其实是一个 softmax 函数，将每一个类别的概率进行归一化输出，并找出其中概率最大值对应的类别进行输出。

以 MNIST 数据集为例，我们采用 TensorFlow 的 softmax_cross_entropy_with_logits_v2 对其进行逻辑回归拟合，其 TensorFlow 代码如下：

```
import tensorflow as tf
from tensorflow.examples.tutorials.mnist import input_data
if __name__=='__main__':
    # 下载 MNIST 数据集到本地 data 目录下
    mnist = input_data.read_data_sets('data/', one_hot=True)
    # 设置批处理数据量
    batch_size = 200
    # 设置两个 tensor，用来存储
    x = tf.placeholder(shape=[None, 784], dtype=tf.float32)
    y = tf.placeholder(shape=[None, 10], dtype=tf.float32)
    # 设置两个 tensor，用来存储权重 w 和偏移量 b
    init_W = tf.Variable(tf.random_normal(shape=[784, 10]),name="w")
    init_b = tf.Variable(tf.random_normal(shape=[1, 10]),name="b")
    # 多分类逻辑回归算法
    _y = tf.nn.softmax(tf.matmul(x, init_W) + init_b)
    with tf.name_scope('loss'):
        # 代价函数采用 softmax 逻辑回归函数，然后取均方误差
        loss = tf.reduce_mean(
            tf.nn.softmax_cross_entropy_with_logits_v2(
                logits=_y, labels=y))
        tf.summary.scalar('loss', loss)
    # 定义梯度下降法，使用最速下降法求解目标函数
    #  optimizer = tf.train.GradientDescentOptimizer(learning_rate=0.01)
    # 定义梯度下降法，使用 Adam 下降法求解目标函数
    optimizer = tf.train.AdamOptimizer(learning_rate=0.01)
    target = optimizer.minimize(loss)
    init_variables = tf.global_variables_initializer()
    saver = tf.train.Saver(max_to_keep=0)
    merged = tf.summary.merge_all()
    with tf.Session() as sess:
        writer = tf.summary.FileWriter("logs/", sess.graph)
```

```
        sess.run(init_variables)
        # 训练次数，每次训练全部数据都要训练完
        for step in range(1000):
            # 存储每次训练过程中的代价函数值
            loss_avg = 0
            # 所有数据按照每次训练batch_size个训练完需要的总次数
            batch_nums = int(mnist.train.num_examples / batch_size)
            for i in range(batch_nums):
                x_batch, y_batch= mnist.train.next_batch(batch_size)
                feed_dict={x: x_batch, y: y_batch}
                sess.run(target, feed_dict= feed_dict)
                loss_avg += sess.run(loss, feed_dict= feed_dict)
            # 平均代价函数值
            loss_avg /=batch_nums
            summary = sess.run(merged, feed_dict=feed_dict)
            if step % 10 == 0:
                print(step,loss_avg)
                saver.save(sess, save_path='ckpt/mnist_logistic.ckpt',
                    global_step=step)
            writer.add_summary(summary, step)
```

图 6-9 所示为采用 TensorBoard 绘制出的代价函数曲线。由于代价函数波动较大，因此平滑系数 Smoothing 采用 0.99，得到的高亮平滑代价函数曲线确实有收敛的迹象，可认为模型是有效的。

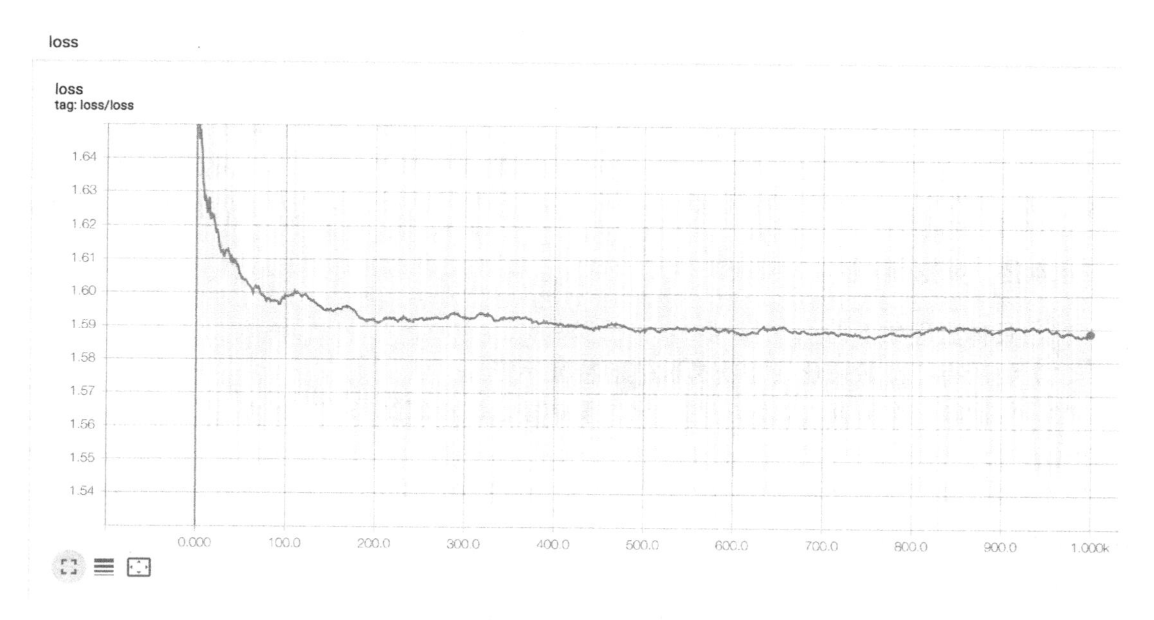

图 6-9 多元逻辑回归代价函数曲线

6.4 决策树回归

前面讲过，对于标签值为离散值的样本，可以利用决策树做分类；对于标签值为连续值

的样本，可以利用分类回归树（CART）来对标签值进行回归拟合。一般来说，标签 y 为连续值时，其特征列 x 既可能是连续值，也可能是离散值。

6.4.1 代价函数

分类回归树采用平方误差最小准则来选择特征以及特征列的划分条件。

平方误差函数如下：

$$Err = \sum_{i=1}^{k}\left(y_i - f\left(x_i\right)\right)^2 \tag{6.65}$$

其中，$f\left(x_i\right)$ 是特征 x_i 的预测标签值，y_i 是对应的真实标签值。该公式描述了预测值与真实值的误差，其期望是该公式最小，即预测值与真实值尽可能一致。

对于一个样本集 X，其特征数量为 m（$x_1, x_2, \cdots, x_m$），其中第 i 个特征为 x_i。如果该特征的划分条件为 s，则可将特征 x_i 划分为两个集合 $D_1=\{x_i > s\}$、$D_2=\{x_i \leqslant s\}$，两个集合的均值分别为 c_1和c_2，则节点的目标函数为：

$$obj = \min_{i}\{\min_{s}[\sum_{i=1}^{k_1}\left(y_i - c_1\right)^2 + \sum_{i=1}^{k_2}\left(y_i - c_2\right)^2]\} \tag{6.66}$$

其中：

$$c_1 = \frac{1}{k_1}\sum_{i=1}^{k_1} f\left(y_i \middle| x_i > s\right) \quad (0 < k_1 < k) \tag{6.67}$$

$$c_2 = \frac{1}{k_2}\sum_{i=1}^{k_2} f\left(y_i \mid x_i \leqslant s\right) \quad (0 < k_2 < k) \tag{6.68}$$

且 $k_1 + k_2 = k$。

目标函数里层的最小值表示的是当选择第 i 个特征时，使目标函数最小的切分数据条件 s。目标函数外层的最小值表示的是所有特征中使目标函数最小的特征 i。两层最小值的意思是循环所有特征，然后在特征列循环每一个切分点 s，找出两层循环最小的特征 i 和切分点 s。

6.4.2 算法流程

算法具体流程如下。

（1）将所有特征数值化（本身是数值的特征不管）。

（2）依次取一个特征 x_i，对 x_i 的数据去重排序，取相邻结果的中值作为切分点，得到切分点集合 S。

（3）依次从 S 集合中选取一个切分点 s，将数据切分为两个集合 D_1、D_2，并计算集合样本标签的均值，得到 c_1、c_2。

（4）计算此时的平方误差值。

（5）重复步骤 3、4，找到 x_i 特征下的最小平方误差值，以及切分值 s。

（6）重复步骤 2、3、4、5，找出最小平方误差值时的特征 x_i，以及切分点 s。

（7）根据步骤 6 得到的特征 x_i 以及切分点 s 将数据划分到左右节点上，分别在左右节点上重复上述步骤 2～6，得到左右节点上各自的切分特征以及切分值，并根据切分特征以及切分值进一步将数据划分到更下一层的左右节点上。

（8）重复步骤 7，直到满足终止条件，即构造出完整的分类回归树。

6.4.3 举例

考虑单变量特征的分类回归树算法，表 6-1 为特征 x 和标签 y 形成的样本集合。注意，x 横向表示的是有 9 个样本，y 纵向表示的是单个特征以及样本标签值。

表 6-1 样本集合

x	2.2	1.1	4.3	3.2	5.1	6.2	7.2	8.3	9.4
y	6.1	5.5	7.1	6.6	7.6	8	8.8	9.4	10.0

计算流程如下。

（1）选取特征 x 并对特征 x 进行排序，一般采用升序进行排列，如表 6-2 所示。

表 6-2 x 排序

x	1.1	2.2	3.2	4.3	5.1	6.2	7.2	8.3	9.4
y	5.5	6.1	6.6	7.1	7.6	8	8.8	9.4	10.0

（2）对排序后的特征去重，并选取相邻特征的均值作为分裂条件，可得到分类条件为（1.1+2.2）/2 = 1.65，其余分类条件为 2.7、3.75、4.7、5.65、6.7、7.75、8.85。

（3）以特征 x>1.65 和 x≤1.65 将数据划分为两个集合 D_1、D_2。

D_1 集合如表 6-3 所示。

表 6-3 D_1 集合

x	1.1
y	5.5

D_2 集合如表 6-4 所示。

表 6-4 D_2 集合

x	2.2	3.2	4.3	5.1	6.2	7.2	8.3	9.4
y	6.1	6.6	7.1	7.6	8	8.8	9.4	10.0

D_1 均值 c_1 为 5.5，D_2 均值为 7.95，最小平方误差值为 13.12。

所有的切分点、平方误差值、集合 D_1、集合 D_2 的均值如表 6-5 所示。

表 6-5 所有的切分点、平方误差值、集合 D_1、集合 D_2 的均值

切分点	1.65	2.7	3.75	4.7	5.65	6.7	7.75	8.85
平方误差	13.12	9.39	6.78	5.28	**4.90**	5.10	7.94	12.39
集合 D_1 均值	5.5	5.8	6.07	6.32	6.58	6.82	7.10	7.39
集合 D_2 均值	7.95	8.21	8.48	8.76	9.05	9.4	9.7	10.0

从表 6-5 可以得出，最小平方误差值为 4.9，特征 x 的最优切分点为 5.65。对于多变量特征来说，这里还需要再计算更多特征的最优切分点以及最小平方误差值，然后选取其中平方误差值最小的特征 x 以及切分点 s。

上述切分点为 5.65，两个集合的均值分别为 6.58 以及 9.05，则构造的 CART 如下：

$$f(x)=\begin{cases}6.58 & x\leqslant 5.65\\ 9.05 & x>5.65\end{cases}$$

对于这个决策树模型，假设未知数据的特征 $x = 4.1$，由于 x≤5.65，因此模型输出结果为 6.58。

6.5 梯度算法

前面介绍了梯度算法解回归系数问题，其能够在有限时间内利用权重的迭代解出目标函数取极值时的最优解。我们知道目标函数取极值一般在导数为 0 的位置，即对于目标函数 $\max\limits_{x} f(X)$ 和 $\min\limits_{x} f(X)$，我们一般求其特征的导数（单变量特征导数为 $f(x)'$；对于多变量（多维度）特征，我们一般求其偏导数 $\frac{\partial f(x)}{\partial x}$。梯度求解算法是数值计算中常用的算法。

考虑以下问题，求解方程 $f(X)=x^2-4x+8$ 的极小值，如图 6-10 所示。

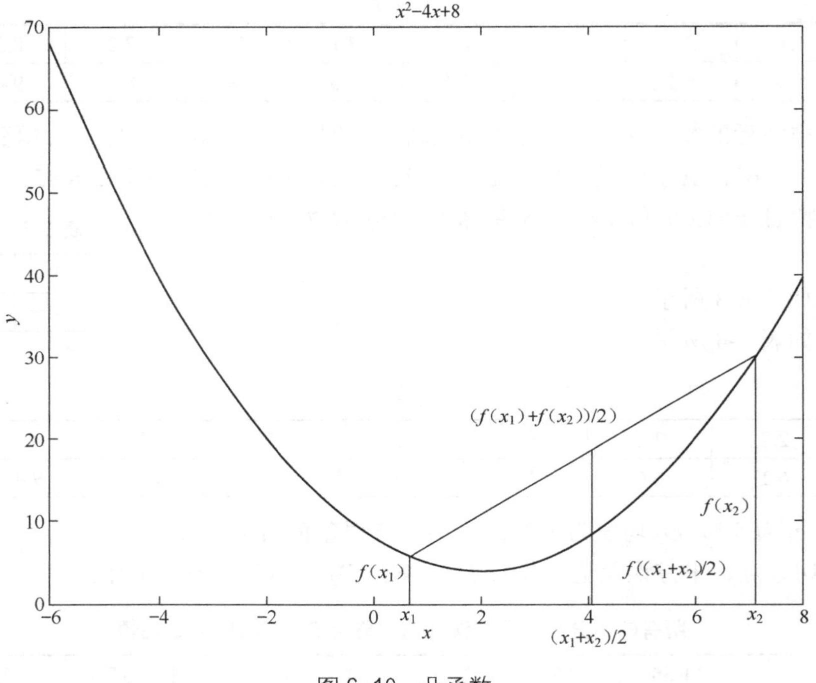

图 6-10　凸函数

观察图 6-10 所示的函数的曲线，我们可以看出，目标函数是一个凸函数，凸函数定义如下：

$$f\left(\frac{x_1+x_2}{2}\right)\leqslant\frac{f(x_1)+f(x_2)}{2} \tag{6.69}$$

由图 6-10 可以看出该函数是一个向下的凸函数（部分书将其定义为凹函数）。我们发现该函数在 x=2 位置处有极小值，求导 $f(x)'=2x-4$，令 $f(x)'=0$，可以求解出 x=2，与我们的观察一致。$f(x)'=0$ 可能无法得出解析解，即其根 x 无法用公式进行表达求解。例如，二次函数 $f(x)=x^2+ax+b=0$ 的导数为 $f(x)'=2x+a=0$，解析解为 $x=-a/2$，但是

$f(x)=x^2+2x+\cos x$ 的导数 $f(x)'=2x+2-\sin x=0$ 没有解析解。

6.5.1　随机梯度下降法

为了求解类似于 $f(x)'=2x+2-\sin x=0$ 的解（其等价形式是求 $f(x)=x^2+2x+\cos x$ 的极小值），计算机常用的方式是梯度迭代逐步逼近法。计算机先随机选取一个点 x_0，为了引导 x_0 往极值方向移动，需要选取一个方向，显然沿着梯度方向（二维平面上就是斜率）移动，x_0 会更加靠近极小值点的坐标，如图 6-11 所示，即：

$$x_1=x_0-sf(x_0)' \tag{6.70}$$

式中 $f(x_0)'$ 为当前点 x_0 对应的梯度值，s 为步长（也叫学习率），即移动 s 个梯度值，$dx=sf(x_0)'$。迭代公式为：

$$x_{n+1}=x_n-sf(x_n)' \tag{6.71}$$

为了得到最终的极值 $\min f(x)$ 以及对应的坐标 x，需要迭代上述坐标求解公式，求解的终止条件如下。

（1）梯度值 $f(x_n)'$ 非常小，$f(x_n)'<\varepsilon$。

（2）前后两次坐标差值非常小，$|x_{n+1}-x_n|<\varepsilon$。

（3）前后两次函数差值非常小，$|f(x_{n+1})-f(x_n)|<\varepsilon$。

最终求解的 x_n 值即为函数取最小值时的解。

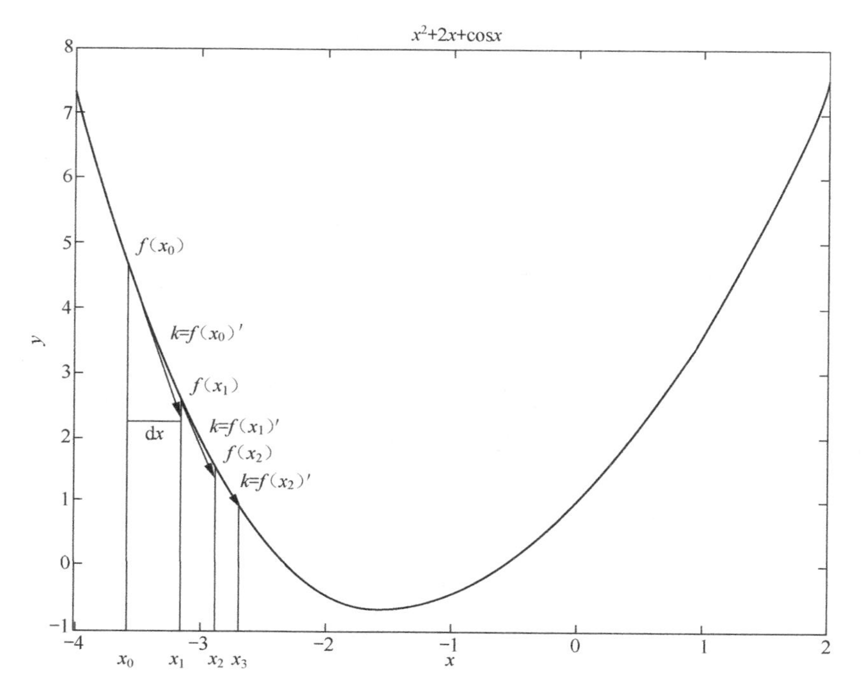

图 6-11　随机梯度下降法原理图

随机梯度下降法也叫最速下降法。函数最小值和函数最大值求解其实是一个对偶问题（最小值函数前添加负号就变成了最大值函数，反之，最大值函数前添加负号就变成了最小值函数），而最大值函数求解一般采用最陡爬山法。

最陡爬山法的求解公式与最速下降法的公式类似：

$$x_{n+1}=x_n+sf\left(x_n\right)' \tag{6.72}$$

区别在于最速下降法取负梯度，最陡爬山法 $f(x_n)'$ 取正梯度。

最陡爬山法可以这样简单理解，一个人去爬山，山是一个三维平面，他从山脚下任意一个位置往上爬，为了快速爬到山顶，他每次迈开脚步的时候都看一下山顶方向（梯度方向），然后决定往山顶方向迈多大步子。为了避免步子太大，跨过山顶（假设山顶是一个点），可以通过步长 s 进行调节。在最速下降法和最陡爬山法中，这个步长 s 是一个定值，需要人为设置。我们会用步长乘以衰减因子，越靠近山顶，衰减因子越小，步长越小，这样能更快更精确地抵达山顶。

6.5.2 牛顿法

观察前面最速下降法的原理图可以发现，在求 $dx=s\,f(x_0)'$ 的过程中，用的是一种简单的近似思想，更精确的方式如下。

假设直线 $f(x)=kx+b$ 经过点$(x_0,f(x_0))$和点$(x_1,0)$，则有：

$$f\left(x_1\right)=f\left(x_0\right)'x_1+b=0 \tag{6.73}$$

$$f\left(x_0\right)=f\left(x_0\right)'x_0+b \tag{6.74}$$

$$f\left(x_0\right)'\left(x_0-x_1\right)=f\left(x_0\right)-f\left(x_1\right)=f\left(x_0\right)-0 \tag{6.75}$$

$$x_1=x_0-\frac{f\left(x_0\right)}{f\left(x_0\right)'} \tag{6.76}$$

更一般的：

$$x_{n+1}=x_n-\frac{f\left(x_n\right)}{f\left(x_n\right)'} \tag{6.77}$$

这种方法称为切线法。在 x 迭代的时候，取 $dx=s\frac{f\left(x_n\right)}{f\left(x_n\right)'}$，这是一种更加精确、快速地求解 x 的方法。

牛顿法是一种基于二阶泰勒展开式来近似求解点 x_0 附近的值 $f(x)$的算法。

对于单变量特征，将 $f(x)$在 x_0 处进行二阶泰勒展开：

$$f\left(x\right)=f\left(x_0\right)+f\left(x_0\right)'\left(x-x_0\right)+\frac{f\left(x_0\right)''}{2!}\left(x-x_0\right)^2 \tag{6.78}$$

当式（6.78）二阶导数不存在，或者二阶不可导时，我们一般取一阶导数，即 $f\left(x\right)=f\left(x_0\right)+f\left(x_0\right)'\left(x-x_0\right)$。假设点$(x_1,0)$满足这个公式，则有：

$$x_1=x_0-\frac{f\left(x_0\right)}{f\left(x_0\right)'} \tag{6.79}$$

这个公式其实就是上面描述的切线公式，即切线法是牛顿法的一阶近似方法。该方法也称为牛顿下山法，适用于单变量特征的权重迭代，如图 6-12 所示。

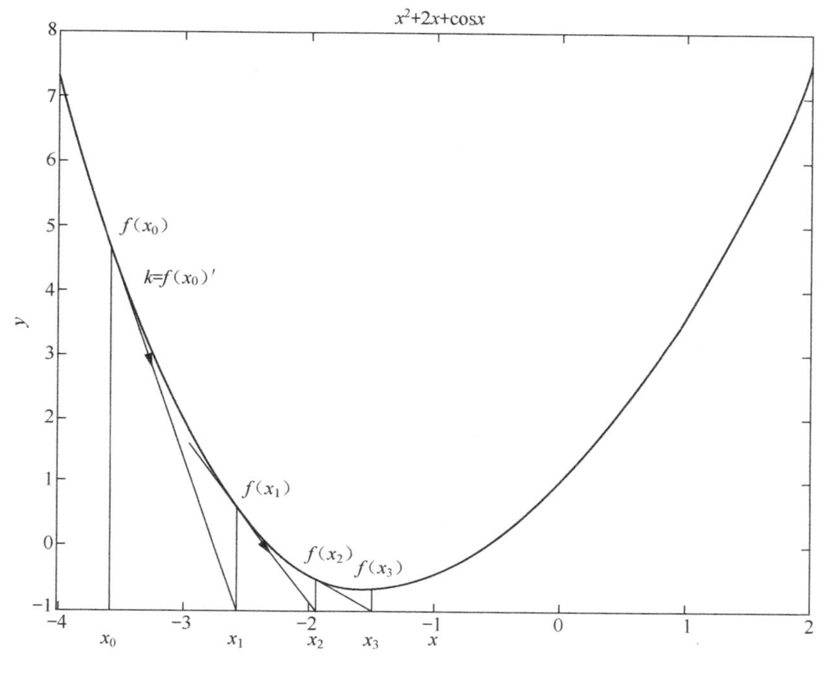

图 6-12　牛顿下山法原理图

当二阶导数存在时，我们对拟牛顿法进行求导，有：

$$f(x)' = f(x_0)' + f(x_0)''(x - x_0) \tag{6.80}$$

令导数为 0，则可得到 x 的迭代公式：

$$x = x_0 - \frac{f(x_0)'}{f(x_0)''} \tag{6.81}$$

更一般的迭代公式为：

$$x_{n+1} = x_n - \frac{f(x_n)'}{f(n)''} \tag{6.82}$$

当样本的特征变量有多个时，牛顿迭代法的二阶导数是一个海森矩阵，类似于：

$$H(x) = \left[\frac{\partial f(x)^2}{\partial x_i \partial x_j}\right]_{m\times n} \tag{6.83}$$

则多变量的牛顿迭代法的二阶泰勒展开式为：

$$f(x) = f(x_0) + f(x_0)'(x - x_0) + \frac{1}{2}(x - x_0)H_0(x - x_0) \tag{6.84}$$

对式（6.84）求导，有：

$$f(x)' = f(x_0)' + H_0(x - x_0) \tag{6.85}$$

令式（6.85）导数 $f(x)'$ 为 0，则有：

$$x = x_0 - H_0^{-1} f(x_0)' \tag{6.86}$$

更一般的：

$$x_{k+1} = x_k - H_k^{-1} f(x_k)' \tag{6.87}$$

利用式（6.87）即可实现多特征权重的同时更新。

第7章 MNIST 数据集

7.1 MNIST 数据集简介

几乎所有的有关图像识别的教程，都会将 MNIST 数据集作为入门首选数据集。如果一个图像识别算法在 MNIST 数据集上效果差，那么其在其他数据集上表现效果也不会很好。由于 MNIST 数据集是图像识别问题中难度最小、特征差异较为明显的数据集，因此深受图像识别入门者的青睐。

本章将介绍 MNIST 数据集的一些背景，并且提供耳熟能详的 LeNet（深度学习网络图像识别问题中知名且鲁棒性好的网络）结构来做实验。本章会详细介绍这种网络设计的技巧和思路，并且随着代码的实现，本文会讲解一些使用 TensorFlow 进行深度学习实战的要点。最后，本章会简单介绍与 MNIST 数据集相近的 FashionMNIST 数据集，并通过使用这些简单的数据集和 LeNet 网络结构真正地进入深度学习。

MNIST 的全称是 Modified National Institute of Standards and Technology。这里的 NIST 是指美国国家标准及技术协会，是美国商务部下属的一个研究机构。MNIST 数据集是这个机构通过收集不同人的手写数字集合并进行整理得到的。NIST 数据集的尺寸为 20 像素×20 像素，而 MNIST 数据集的尺寸为 28 像素×28 像素。

MNIST 数据集是 28 像素×28 像素大小的灰度图，灰度图的内容为 0～9 这 10 个数字，灰度图中每个像素都是一个 0～255 中的整数。整个数据集由训练集（Traning Set）和测试集（Test Set）两部分组成，其中训练集有 60000 张手写数字图片，测试集有 10000 张手写数字图片。这里简单介绍下数据分布情况：在训练集中有 250 个人的手写字体数据，其中有 50%是高中生，这些人的手写字体数据称为 SD-1 数据，总共有 30000 张；剩下的 50%是美国人口普查局（The Cenuss Bureau）的工作人员，这些人的手写字体数据称为 SD-3 数据，数目也是 30000 张。测试集中也是 50%为高中生的手写字体数据，50%为工作人员的手写字体数据。图 7-1 所示为 MNIST 数据集中部分手写字体数据的可视化图像展示。

MNIST 数据集可以通过 MNIST 官网下载，一共有 4 个压缩文件。表 7-1 所示为 MNIST 数据集中不同类型数据集的一些基本信息。

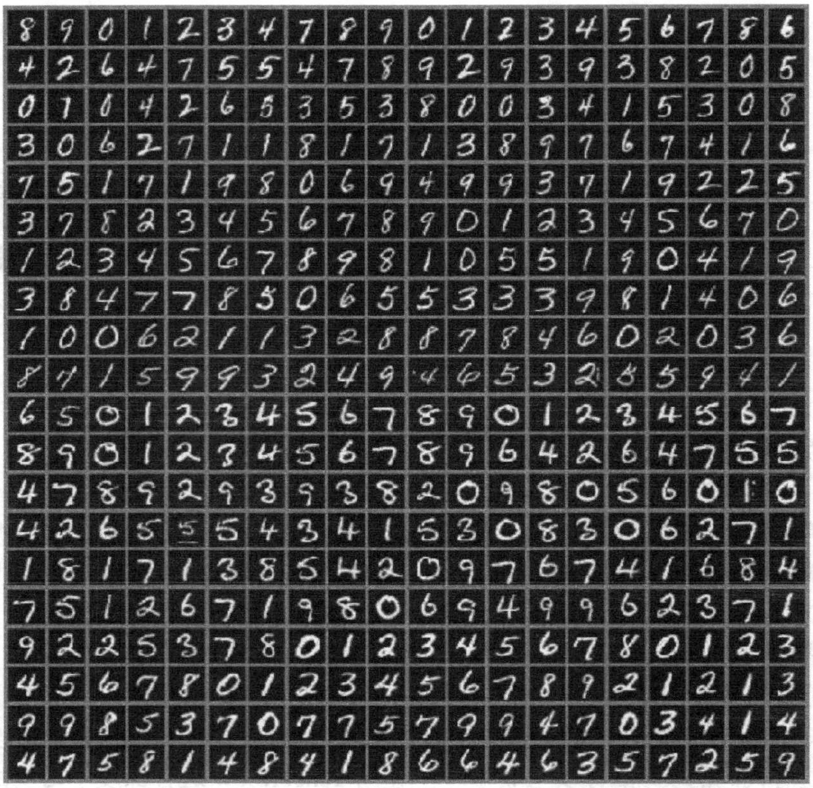

图 7-1　MNIST 数据集中部分手写字体数据可视化图像

表 7-1　　MNIST 数据集简介

名称	性质	文件大小
train-images-idx3-ubyte.gz	训练集图像数据	9912422 Byte
train-labels-idx1-ubyte.gz	训练集标签数据	28881 Byte
t10k-images-idx3-ubyte.gz	测试集图像数据	1648877 Byte
t10k-labels-idx1-ubyte.gz	测试集标签数据	4542 Byte

我们可以用 TensorFlow 中下载文件的函数将数据集下载到当前文件夹下（Windows 操作系统、UNIX 操作系统、Linux 操作系统或 mac OS 都可以）。新建一个 download_mnist.py 文件，并将数据集下载到当前 download_mnist.py 所在的文件夹下。download_mnist.py 的代码如下：

```
# file : download_mnist.py
import tensorflow as tf
import os
# dirpath 可以为你想要将数据集下载到的路径地址
dirpath =  os.path.dirname( os.path.abspath(__file__))
# 这里就是下载文件
tf.contrib.learn.datasets.mnist.load_mnist(dirpath)
```

注意，下载的 4 个.gz 压缩文件解压后是二进制文件，不是可以直接打开的图片文件。

在接下来的章节中，我们将使用 TensorFlow 代码来对 LeNet 网络结构进行实现，从而讲解基础的神经网络设计细节和更新方式，以及一些 TensorFlow 的使用方法和设计规则。

7.2 LeNet 的实现与讲解

LeNet 是用神经网络进行图像识别的开山之作。这个网络结构是由两个卷积层（conv layer）、两个池化层（pooling layer）、两个全连接层（fully connected layer，有时候也被称为 dense layer），以及一个丢弃层（dropout layer）构成。LeNet 结构如图 7-2 所示。

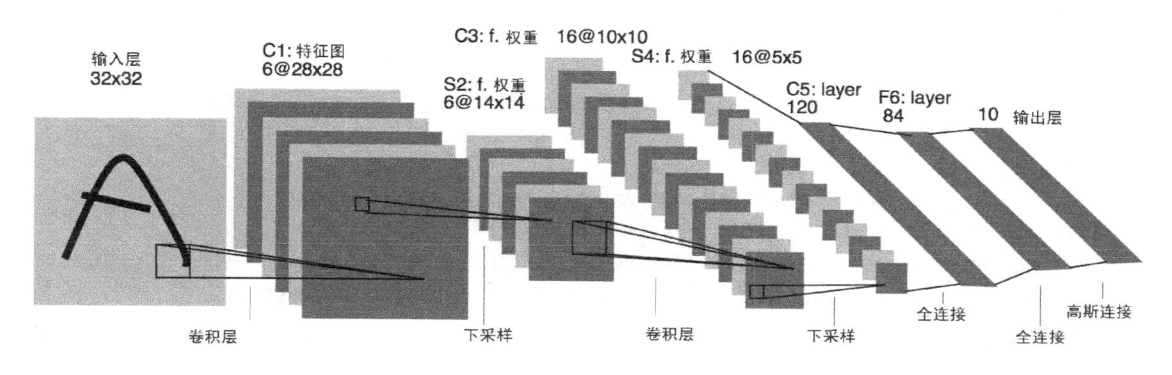

图 7-2 LeNet 结构

7.2.1 网络参数设置和输入设置

在展示 LeNet 之前，首先需要定义一些网络单元的参数，代码如下:

```
# 定义神经网络相关的参数
# 输入图像的通道数
NUM_CHANNELS = 1
NUM_LABELS = 10
# 第一层卷积层的卷积核数量和卷积核大小
CONV1_NUM = 32
CONV1_SIZE = 5
# 第二层卷积层的卷积核数量和卷积核大小
CONV2_NUM = 64
CONV2_SIZE = 5
# 全连接层的节点个数
FC_SIZE = 512
```

然后需要定义网络所需要的输入数据。由于 TensorFlow 默认是静态计算图，因此涉及图计算的数据大小和数据类型都需要提前定义好。

TensorFlow 的输入一般是二维、三维、四维等的张量形式。一般来说，图像数据默认是一个四维张量，后 3 个维度分别为图片的长、宽和颜色通道数（如灰度图就是 1，彩色图就是 3）。第一个维度是批处理大小，即有多少个数据同时运行，一般是个固定数字。因为深度学习使用的是 NVIDIA 厂商的 GPU 和该厂商提供的 CUDA 深度学习驱动工具库，所以批处理大小一般为 32 的倍数（CUDA 进行计算时，每 32 个线程为一组，因此 32 的整数倍能够更好地利用 GPU 资源)。设置批处理的意义在于，由于深度学习网络模型在很多情况下并不是一个特别稳定的模型，因此为了保证训练出来的模型稳定，在数据上会进行批归一化（Batch Normolization，BN，每次选取一批数据进行归一化，弱化噪声数据对模型训练的影响）处理。这些都是为了使模型更加稳定，并且保证在同样的数据集下，每个数据被洗牌（shuffle，打乱顺序）后，依然能够训练出一个效果一样或者近似的模型。

TensorFlow 中是通过一个占位符来定义需要的数据类型和大小的。占位符就是告诉 TensorFlow 的计算图输入数据有哪些，以及它们的大小和数据类型是什么样子，让计算图通过占位一些内存空间来接收数据。MNIST 数据集的占位符有两个，一个是图像数据，另一个是标签数据，具体代码如下：

```
# 输入占位符（Input placeholders）的定义
with tf.name_scope('input'):
    image = tf.placeholder(tf.float32, [None, 784], name='image')
    label = tf.placeholder(tf.int64, [None], name='label')
with tf.name_scope('input_reshape'):
    # reshape 成 tensor:<batch_name,height,weight,channel>样式
    image_shaped_input = tf.reshape(image, [-1, 28, 28, 1])
    tf.summary.image('input', image_shaped_input, 10)
```

上面代码中 tf.placeholder 函数的作用就是新建一个占位符。以 image 占位符为例，函数第一个参数是占位符的数据类型（tf.float32），第二个参数是数据大小（[None, 784]），这里 None 的意思是不知道批处理大小，我们可以指定为任意大小，而 784 是表示图片一共有 $28 \times 28 \times 1 = 784$ 个像素。我们可以看到紧接着的 input_reshape 的操作把输入 image 占位符的形状改为[−1,28,28,1]。注意，在 TensorFlow 中，计算图内部的操作一般都是用 −1 表示不知道批处理大小，而在设置占位符的时候才用 None 表示不知道批处理的大小。此外，使用 tf.reshape 的时候要把 None 换成 −1，这是因为 tf.reshape 需要兼容 Numpy，在 Numpy 的接口中，不确定矩阵某一维大小的时候使用 −1 表示。

7.2.2 LeNet 网络模型详解

定义好输入之后，就可以设计深度神经网络模型了。首先让我们来看一下 LeNet 网络结构的代码：

```
def LeNet(image, dropout_prob):
    """
    声明第一层神经网络的变量并完成前向传播过程
    使用不同的命名空间来隔离不同层的变量，这可以让每一层中的变量命名只需要考虑在当前层的作用，
    而不需要担心重名的问题
    和标准 LeNet-5 模型不大一样，这里定义卷积层的输入为 28 像素×28 像素×1 像素尺寸的
    原始 MNIST 图片
    因为卷积层中使用了全 0 填充，所以输出为 28×28×32 的矩阵
    """
    with tf.variable_scope('layer1-conv1'):
        """
        这里使用 tf.get_variable 或 tf.Variable 没有本质区别，因为在训练或是测试中没有在
        同一个程序中多次调用这个函数
        如果在同一个程序中多次调用，则在第一次调用之后需要将 reuse 参数置为 True
        """
```

```
    conv1_weights = tf.get_variable("weight",
        [CONV1_SIZE, CONV1_SIZE, NUM_CHANNELS, CONV1_DEEP],
        initializer=tf.truncated_normal_initializer(stddev=0.1))
    conv1_biases = tf.get_variable("bias",
        [CONV1_DEEP], initializer=tf.constant_initializer(0.0))
    # 使用边长为5、深度为32的过滤器，过滤器移动的步长为1，且使用全0填充
    conv1 = tf.nn.conv2d(image, conv1_weights,
        strides=[1, 1, 1, 1], padding='SAME')
    relu1 = tf.nn.relu(tf.nn.bias_add(conv1, conv1_biases))
    """
    实现第二层池化层的前向传播过程
    这里选用最大池化层，池化层过滤器的边长为2，使用全0填充且移动的步长为2
    这一层的输入是上一层的输出，也就是28×28×32的矩阵。输出为14×14×32的矩阵
    """
with tf.name_scope('layer2-pool1'):
    pool1 = tf.nn.max_pool(
        relu1, ksize=[1, POOL_SIZE, POOL_SIZE, 1],
        strides=[1, POOL_SIZE, POOL_SIZE, 1], padding='SAME')
# 声明第三层卷积层的变量并实现前向传播过程
# 这一层的输入为14×14×32的矩阵，输出为14×14×64的矩阵
with tf.variable_scope('layer3-conv2'):
    conv2_weights = tf.get_variable("weight",
        [CONV2_SIZE, CONV2_SIZE, CONV1_DEEP, CONV2_DEEP],
        initializer=tf.truncated_normal_initializer(stddev=0.1))
    conv2_biases = tf.get_variable("bias", [CONV2_DEEP],
        initializer= tf.constant_initializer(0.0))
    # 使用边长为5、深度为64的过滤器，过滤器移动的步长为1，且使用全0填充
    conv2 = tf.nn.conv2d(pool1, conv2_weights,
        strides=[1, 1, 1, 1], padding='SAME')
    relu2 = tf.nn.relu(tf.nn.bias_add(conv2, conv2_biases))
    """
    实现第四层池化层的前向传播过程
    这一层和第二层的结构是一样的
    这一层的输入为14×14×64的矩阵，输出为7×7×64的矩阵
    """
with tf.name_scope('layer4-pool2'):
    pool2 = tf.nn.max_pool(
        relu2, ksize=[1, POOL_SIZE, POOL_SIZE, 1],
        strides=[1, POOL_SIZE, POOL_SIZE, 1], padding='SAME')
"""
将第四层池化层的输出转换为第五层全连接层的输入格式
第四层的输出为7×7×64的矩阵，然而第五层全连接层需要的输入格式为向量，
所以在这里需要将7*7*64的矩阵拉直成一个向量
pool2.get_shape函数可以得到第四层输出矩阵的维度而不需要手工计算
注意，因为每一层神经网络的输入和输出都为一个batch的矩阵，
所以这里得到的维度也包含了一个batch中数据的个数
"""
pool_shape = pool2.get_shape().as_list()
# 计算将矩阵拉直成向量之后的长度，这个长度就是矩阵长度及深度的乘积
```

```
    # 注意这里pool_shape[0]为一个batch中样本的个数
    nodes = pool_shape[1] * pool_shape[2] * pool_shape[3]
    #通过tf.reshape函数将第四层的输出变成一个batch的向量
    reshaped = tf.reshape(pool2, [-1,nodes])
    """
    声明第五层全连接层的变量并实现前向传播过程
    这一层的输入是拉直之后的一组向量,向量长度为7×7×64=3136,
    输出是一组长度为512的向量
    这一层和之前在第5章中介绍的基本一致,唯一的区别是引入了dropout的概念
    dropout在训练时会随机将部分节点的输出改为0
    dropout可以避免过拟合问题,从而使得模型在测试数据上的效果更好
    dropout一般只在全连接层而不是卷积层或者池化层使用
    """
    with tf.variable_scope('layer5-fc1'):
        fc1_weights = tf.get_variable( "weight", [nodes,FC_SIZE],
            initializer=tf.truncated_normal_initializer(stddev=0.1))
        fc1_biases = tf.get_variable( 'bias', [FC_SIZE],
            initializer=tf.constant_initializer(0.1))
        fc1 = tf.nn.relu(tf.matmul(reshaped, fc1_weights) + fc1_biases)
    dropout1 = tf.nn.dropout(fc1, dropout_prob)
    """
    声明第六层输出层的变量并实现前向传播过程
    这一层的输入是一组长度为512的向量,输出是一组长度为10的向量
    这一层的输出通过softmax之后就得到了最后的分类结果
    """
    with tf.variable_scope('layer6-fc2'):
        fc2_weights = tf.get_variable( "weight", [FC_SIZE, NUM_LABELS],
            initializer=tf.truncated_normal_initializer(stddev=0.1))
        fc2_biases = tf.get_variable('bias', [NUM_LABELS],
            initializer=tf.constant_initializer(0.1))
        logit = tf.matmul(dropout1, fc2_weights) + fc2_biases
    # 返回第六层的输出
    return logit
```

接下来简单讲解一下代码。首先介绍输入是为了让大家在后面分析的时候知道输入数据是什么，免得到时候一头雾水。上面代码中的变量 image 参数对应的是输入的图像数据。在深度学习模型中，模型通过网络结构去寻找可能的特征，并进行推理（inference），来获得一个向量作为输出，所以模型只涉及前向传播过程。而模型参数的更新方式（在 TensorFlow 里称为优化器，英文为 Optimizer）将在后面进行讲解。image 在这里代表的是（batchSize,28,28,1）的一个张量，表示有 batchSize 张尺寸为 28像素×28像素×1 像素的图片。在 TensorFlow 中，如果模型未对 batchSize 做任何强制的定义，那么这个模型可以接受任意 batchSize 大小的数据，但是每个数据的大小必须是确定的；如果出现有大有小的情况，就需要做遮盖（mask）或者填充（padding）。

1. 卷积层-池化层组合

image 参数将作为 LeNet 网络第一层的输入，通过下方的 TensorFlow 代码，可以看到第一层（layer1-conv1）是一个典型的卷积网络层，由 32 个 5×5 的卷积核构成，有时候我们也将这些卷积核称为特征图（feature map）：

```
with tf.variable_scope('layer1-conv1'):
    conv1_weights = tf.get_variable("weight",
        [CONV1_SIZE, CONV1_SIZE, NUM_CHANNELS, CONV1_NUM],
        initializer=tf.truncated_normal_initializer(stddev=0.1))
    conv1_biases = tf.get_variable("bias", [CONV1_NUM],
        initializer=tf.constant_initializer(0.0))
    # 使用边长为 5、深度为 32 的过滤器，过滤器移动的步长为 1，且使用全 0 填充
    conv1 = tf.nn.conv2d(image, conv1_weights, strides=[1, 1, 1, 1],
        padding='SAME')
    relu1 = tf.nn.relu(tf.nn.bias_add(conv1, conv1_biases))
```

这是一个 with tf.variable_scope 代码块，with 关键字是 Python 中的上下文管理器，而 tf.varibale_scope 用于给这个代码块里的所有操作起一个名字。这样方便 TensorFlow 管理计算图，以及在 TensorBoard 中按照变量的层次关系绘制出这个网络的结构。

layer1-conv1 是一个标准的卷积核结构设置。首先声明卷积核的参数 conv1_weight，并使用 initializer=tf.truncated_normal_initializer(stddev=0.1)对其进行初始化，即采用均值为 0、标准差为 0.1 的高斯分布数据对 conv1_weight 进行初始化。[CONV1_SIZE, CONV1_SIZE, NUM_CHANNELS, CONV1_NUM]是特征图四元组，前两位表示的是卷积核的大小（第一位是宽，第二位是高），第三位表示每个卷积核有多少个通道数输入（通道数大小一般为图像的颜色通道数，如灰度图为 1、RGB 图为 3、RGBA 图为 4），第四位是有多少个卷积后的张量数据输出。根据提前定义的参数可知这个卷积层的特征图四元组为[5,5,1,32]。

另外，对于每一个卷积核，我们需要一个偏差项（bias）来保证这个卷积核的泛化能力，偏差项采用常量 0 进行初始化。

conv1 是图像与卷积层卷积后得到的特征图。图像经过卷积后，还需要经过一个激活函数层。这一层我们可以理解为将卷积结果进行一个范围限制，通过这种操作来获得特征的某种共性。如上面代码块中最后一行，使用 ReLU 函数对特征图进行非线性激活。

特征数据经过卷积核处理、激活函数激活之后，一个卷积层就完成了。

LeNet 网络结构设计中，一个比较有趣的点就是每个卷积层之后都会接一个池化层（pooling layer），这种设计是图像处理的一个小技巧。池化层的作用可归结为以下两点。

（1）保持甚至增强卷积特征的某些不变性，如平移（translation）不变性、旋转（rotation）不变性、尺度（scale）不变性等。

（2）减少训练所需要的参数。

实际上，池化层的作用目前还没有数学上的确切定论，甚至有些人质疑池化层是没用的。不过从实践上来看，卷积层后接池化层是一个很好用的小技巧。

在 TensorFlow 中，池化层的实现非常简单，我们以 LeNet 中第一个池化层为例子，代码如下：

```
with tf.name_scope('layer2-pool'):
    pool1 = tf.nn.max_pool(relu1, ksize=[1, 2, 2, 1], strides=[1, 2, 2, 1],
        padding='SAME')
```

上面的 TensorFlow 代码实现了一个最大池化层，这个池化窗口的大小是 2×2，且池化窗口不重叠。ksize 表示池化层的窗口大小，strides 参数表示池化层的扫描方式。

之后的第三层（layer3-conv1）也是一个卷积层，其实现逻辑和第一个卷积层没有区别，只有特征图四元组有所不同，第二个卷积层的特征图四元组为[5, 5, 32, 64]。注意，第二层是池化层，并不会改变第一个卷积层的输出通道数，所以第二个卷积层的输出通道数就是第一

个卷积层的输出通道数。

紧接着第四层（layer4-pool2）是一个池化层，这个层的设置和第二层是一样的。到此为止，LeNet 的网络结构就完成了。正如人们可以通过一个图片的局部内容猜测这个图片里有什么类似，我们设计深度学习网络来解决一个图像识别问题的实质是希望通过一个个切分出来的图像区域信息特征来总结这个图片应该被识别成什么。LeNet 的前 4 层（卷积层—池化层—卷积层—池化层）可以理解为从输入图片来获得一个个有用的图像区域块特征的过程。

2. 全连接层和输出层

接下来讲解深度学习模型是如何通过图像的局部特征信息识别出目标的。

在日常生活中，我们都喜欢用投票的方式来解决多选一的问题。举个例子，假设有 10 个人要一起从 A 地到 B 地，而 A 地到 B 地有 3 条路线（a、b、c），每个人利用自己的客观数据来帮助他们做决定，这些数据可以重合也可以不重合。假设这 10 个人都是理性的（做决定遵循同样的思路），他们每个人都会根据手上持有的部分相关数据来对每条路线进行评分，最后汇总大家的评分（求和），获得总分最高的那条路线就是他们要走的路线。这个方案保证了每个人手上的数据都利用上了。

深度学习中的全连接层可以理解为这样一个过程，即从当前网络层到下一个网络层可以理解为从 A 地到 B 地，当前网络的神经单元数可以理解为有多少个人，而下一个网络层神经单元数可以理解为有多少条路线。当前网络每个神经单元的值可以理解为每个人手上现有的数据，与下一个网络层相连的中间部分（线路）可以理解为每个人的评分（权重），而下一个神经单元的值可以理解为当前每个人根据自己手上的数据对所有线路的综合评分值。

接下来我们看一下这样的思路是如何在深度学习网络中实现的。从之前的代码可以知道，LeNet 第四层的输出结果是一个四维的张量。按照全连接层逻辑，我们需要一个二维的向量（第一维是批处理大小，第二维可以理解为每个人的投票标准），因此我们需要将四维张量处理成二维向量，这样的步骤称为平坦化。如下面代码所示，我们的处理方式为将四维向量的后三维进行合并：

```
pool_shape = pool2.get_shape().as_list()
nodes = pool_shape[1] * pool_shape[2] * pool_shape[3]
reshaped = tf.reshape(pool2, [-1,nodes])
```

处理后的数据就可以作为第五层全连接层的输入了。第五层全连接层代码中的 fc1_weights 就是每个人的投票权重。fc1_biases 是一个偏差项，用于保证泛化效果。全连接层和卷积层都需要训练 weights 和 biases，所以这些参数的声明需要初始化。现在回过去看池化层的实现时，可以发现池化层并没有训练参数。全连接层先进行一个多项式求解，然后将求解结果放到激活函数中去激活，最后的输出结果为下面代码中的 fc1 张量：

```
with tf.variable_scope('layer5-fc1'):
    fc1_weights = tf.get_variable("weight", [nodes, FC_SIZE],
       initializer=tf.truncated_normal_initializer(stddev=0.1))
    fc1_biases = tf.get_variable('bias', [FC_SIZE],
       initializer=tf.constant_initializer(0.1))
    fc1 = tf.nn.relu(tf.matmul(reshaped, fc1_weights) + fc1_biases)
```

按照深度学习网络设计的逻辑来说，图片经过了前 5 层之后的输出结果，就是这个网络所能抽取的特征。最后一层输出层则可以理解为一种任务适配。例如图像分类任务，全连接层连接的是不同分类标签值；对于目标检测任务，全连接层连接的是不同目标的边界框等。

图像识别问题其实是一个监督学习问题，即所训练的样本有数据（data）和标签（label）。这样就可以将数据输入模型中，让模型输出一个标签。例如输入手写数字1的图像，模型输出一个数字1。那么这个数字1就代表数字1的图像。而如果输出层要做到这一点，首先就要用一个全连接层将数据特征维度与标签值（MNIST是0～9的手写数字，所以是10个不同的标签数）进行连接。其实现过程和全连接层唯一的不同是没有激活函数进行激活。激活函数可以理解为一种非线性缩放，由于函数确定，因此在缩放前后并不改变其定性特性。如3个变量a、b、c，定性是指$a>b>c$，那么经过激活函数激活或缩放后的值为a_o、b_o、c_o，依然有$a_o>b_o>c_o$。所以当我们去取这10个标签中最可能是哪个的时候，所取的应当是最大可能性，而这种定性的比较与是否使用激活函数无关。一般来说，输出层都不需要激活函数。其代码实现如下：

```
with tf.variable_scope('layer6-fc2'):
    fc2_weights = tf.get_variable("weight", [FC_SIZE, NUM_LABELS],
       initializer=tf.truncated_normal_initializer(stddev=0.1))
    fc2_biases = tf.get_variable('bias', [NUM_LABELS],
       initializer=tf.constant_initializer(0.1))
    logit = tf.matmul(dropout1, fc2_weights) + fc2_biases
```

7.2.3 更简洁的实现

我们之前所讲解的LeNet是用TensorFlow比较偏底层的API来实现的。当我们理解每一层的含义之后，我们就可以用更加简洁的实现方式，即用tf.layers的相关函数直接声明每一层的网络结构。tf.layers的实现方式灵活性低但是更方便，而使用tf.nn声明神经单元的实现方式灵活性高（例如初始化参数的方式在同一层的不同步骤中可以有所不同）但是比较麻烦。大家在设计自己的神经网络的时候需要平衡简洁性和灵活性，这样网络的最终效果才会有更加明显的提升。下面便是用tf.layers实现LeNet网络结构的例子：

```
def LeNet_layer(img,  dropout_prob):
    # 第一层，卷积层
    layer1_conv1 = tf.layers.conv2d(inputs=img, filters=CONV1_DEEP,
        kernel_size=[CONV1_SIZE, CONV1_SIZE],padding='same',
        activation=tf.nn.relu, name='layer1-conv1')
    # 第二层，池化层
    layer2_pool1 = tf.layers.max_pooling2d(inputs=layer1_conv1,
        pool_size=[POOL_SIZE, POOL_SIZE], strides=POOL_SIZE,
        name= "layer2-pool1")
    # 第三层，卷积层
    layer3_conv2 = tf.layers.conv2d(inputs=layer2_pool1,
        filters=CONV2_DEEP, kernel_size=[CONV2_SIZE,CONV2_SIZE],
        padding='same', activation=tf.nn.relu, name='layer3-conv2')
    # 第四层，池化层
    layer4_pool2 = tf.layers.max_pooling2d(inputs=layer3_conv2,
        pool_size=[POOL_SIZE, POOL_SIZE], strides=POOL_SIZE)
    # 第五层，全连接层
    flat1 = tf.layers.flatten(inputs=layer4_pool2, name='layer4-pool2')
    layer5_dense1 = tf.layers.dense(inputs=flat1, units=FC_SIZE,
        activation=tf.nn.relu, name='layer5-fc1')
```

```
        dropout1 = tf.layers.dropout(layer5_dense1, dropout_prob)
    # 第六层，输出层
    logit = tf.layers.dense(inputs=dropout1, units=NUM_LABELS,
        name='layer6-fc2')
    return logit
```

7.2.4 softmax 层和网络更新方式

输入的图像数据经过 LeNet 网络之后的每个特征维度的数据只能进行定性分析，而不能进行定量分析。一般来说，我们做损失函数的时候用的是交叉熵，而交叉熵根据其定义是一个概率值。所以我们要从 LeNet 输出的 10 个特征维度的结果中选取最大的那一个。为了达到这个目的，第一步就是让它们转为一个和为 1 的概率形式，我们可以采用 softmax 来实现。

有了概率化的输出结果之后，就可以使用相应的损失函数来评估模型预测结果的优劣以及与目标结果的差异。深度学习中的损失函数是用来衡量网络预测结果与真实结果的匹配程度的。一般来说，衡量标准有两种，一种是用量纲衡量，如均方误差（多用于回归模型）；另一种是分布衡量，如交叉熵（多用于分类模型）。而 MNIST 数据集是一个分类模型，因此使用交叉熵损失函数作为评估指标。

有了损失函数，就可以通过反向传播的方式从输出层到输入层开始逐层更新网络参数。我们使用 Adam 来做损失传递。Adam 是目前深度学习中图像分类相关任务中最常用的优化器算法，是一种优秀的自适应学习率的算法。

在 TensorFlow 中可以用以下代码来简单地实现以上步骤：

```
with tf.name_scope('train'):
    train_step = tf.train.AdamOptimizer(FLAGS.learning_rate).minimize(
        cross_entropy, global_step=global_step)
```

7.2.5 训练过程

当完成输入设置、网络设计、损失函数选取和更新方法之后，一个可被训练的网络就在 TensorFlow 中构造好了。但是请注意，通常我们都是使用 TensorFlow 的静态图模式。可以将 TensorFlow 理解成是一个独立的进程，我们只是通过 Python 来和它进行交互，交互的窗口被称为 session，通过 sess = tf.Session()进行初始化声明。

我们通过 sess.run(*a*,*b*)方法向 TensorFlow 后端发送数据和信息，并且声明想要得到的信息。这里 *a* 一般是一个 list，告诉我们需要数据流图的哪些节点的输出结果；*b* 一般是 feed_dict 字典，可以动态加载数据。下面是用 for 循环来实现模型训练更新和验证的代码，我们可以参考注释来理解。这里需要讲解的是在源代码中 train_step 代表数据流图推断结果以及更新，而 accuracy 表示数据流图只是根据输入的数据做推断，并不更新。

```
for i in range(FLAGS.max_steps):
    if i % 10 == 0:  # 测试集验证，每 10 步进行一次验证
      xs, ys = feed_dict(mnist, False)
      summary, acc = sess.run([merged, accuracy],
          feed_dict={image: xs, label: ys})
      test_writer.add_summary(summary, i)
      print('Accuracy at step %s: %s' % (i, acc))
    else:  # 训练集更新模型
      xs, ys = feed_dict(mnist, False)
      if i % 100 == 99:  # 每 100 步记录一次训练结果
```

```
        run_options = tf.RunOptions(
            trace_level=tf.RunOptions.FULL_TRACE)
        run_metadata = tf.RunMetadata() # 汇总统计数据
        summary, _ = sess.run([merged, train_step],
                         feed_dict={image: xs, label: ys},
                         options=run_options,
                         run_metadata=run_metadata)
        train_writer.add_run_metadata(run_metadata, 'step%03d' % i)
        print('Adding run metadata for', i)
    else:
        summary, _ = sess.run([merged, train_step],
            feed_dict={image: xs, label: ys})
    train_writer.add_summary(summary, i)
```

7.3 FashionMNIST 数据集

Zalando（一家德国的时尚科技公司）旗下的研究部门提供了一个类似数据集 MNIST 的数据集 FashionMNIST。不同于手写数字，它们的图像是 10 种不同款式衣服的灰度图，尺寸与 MNIST 数据集一样（32像素×32像素×1像素），且图片的数量也一样（70000 张图片，其中 60000 张用于训练、10000 张用于测试），甚至连下载的训练测试集图片和标签数据文件名字都一样。因此我们可以直接使用 LeNet 模型运行 FashionMNIST 数据集。图 7-3 所示是 FashionMNIST 数据集部分图像可视化效果。

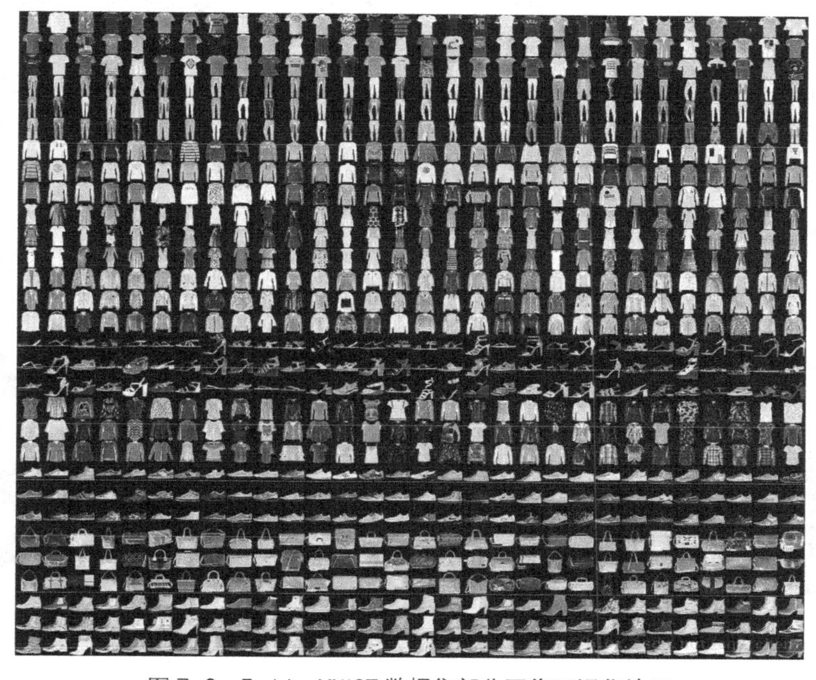

图 7-3 FashionMNIST 数据集部分图像可视化效果

将 FashionMNIST 数据集的文件下载到工作目录 data_fashion 中，执行以下命令:

```
python LeNet.py --data_dir data_fashion
```

我们就可以训练 FashionMNIST 数据集了。

第8章 图像分类

8.1 图像分类的概念

图像分类是指对一个未知的图像，在一个给定的分类标签集合中找出一个合适的标签作为该图像的标签。虽然看起来挺简单的，但这可是计算机视觉领域的核心问题之一。

图像分类任务是指预测一个给定的图像属于某个分类标签或给出属于某个标签的可能性。图像是三维数组，数组元素的取值范围为 0～255 内的整数。数组的尺寸是宽度×高度×3，其中 3 代表的是红、绿和蓝 3 个颜色通道。

要准确地分类一张图片，对计算机视觉算法来说还是非常复杂的问题，因为需要解决目标物形变、干扰物遮挡、光照变化和噪声干扰等多种影响。

图 8-1 所示为图像分类面临的多种难题：视角变化（viewpoint variation）、尺寸变化（scale variation）、形变（deformation）、遮挡（occlusion）、光照条件（illumination conditions）、背景干扰（background clutter）、类内差异（intra-class variation）。

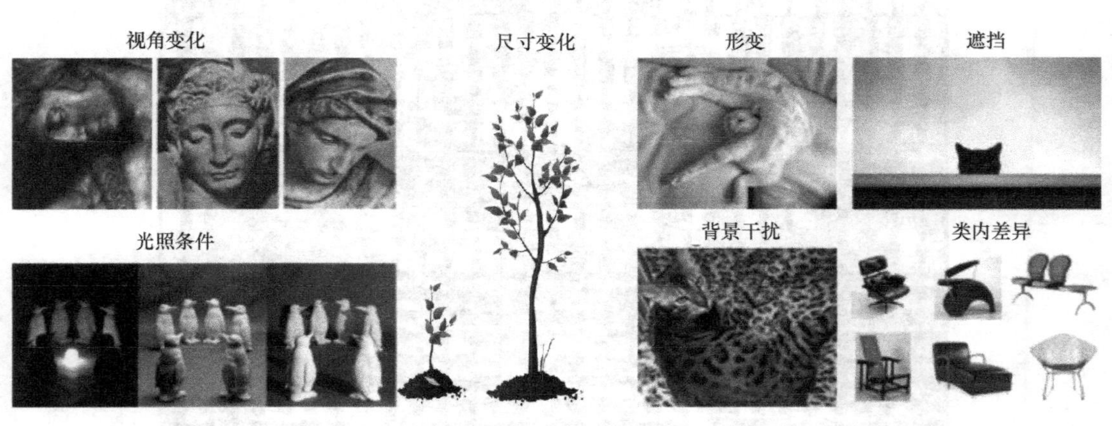

图 8-1　数据差异性

要解决上述问题，就需要图像分类算法具有较好的泛化性和鲁棒性。目前提升图像分类算法性能的方法有两种：一是数据驱动，通过获取更多的训练数据来提升图像分类性能；二是模型驱动，通过使用分类性能更优异的模型来提升图像分类性能。

图 8-2 所示为通过不断丰富每个类别中的样本，进而训练出更优异的图像分类模型。

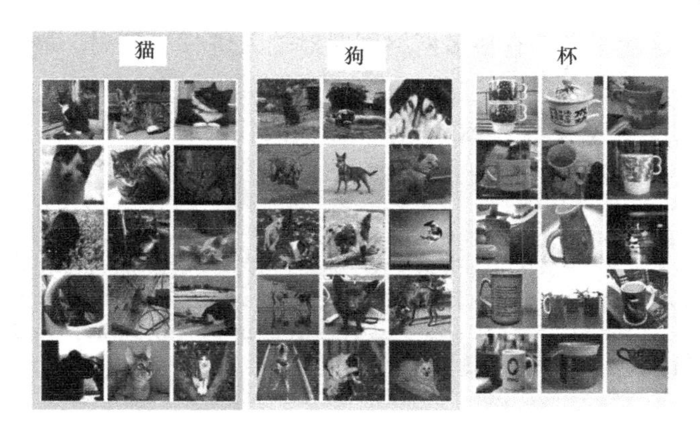

图 8-2　各类别图例

这种通过数据驱动的方法是最直接也是最有效果的提升图像分类性能的方法，但其缺点就是需要人工收集这些图片，并进行人工标注。相比之下，另一种提升图像分类性能的方法就更有技术含量。下面将围绕模型驱动提升图像分类性能，引入一些流行的图像分类模型，并结合 TensorFlow 代码进行讲解。

8.2　图像分类的常用网络结构

8.2.1　AlexNet 网络结构

目前最通用的分类网络结构 AlexNet 由辛顿团队于 2012 年提出，这个网络结构来自辛顿的学生 Alex，因此被称为 AlexNet。它以前所未有的网络深度在 2012 年的 ImageNet 大规模图像识别大赛上以巨大的优势取得了第一名。文中大量的网络设计细节为搭建更深层次的网络结构指明了方向，从而开启了学术界和工业界的深度学习热潮。

由于 ImageNet 使用的图像的宽和高均为 224 像素，需要更大的卷积窗口来捕获目标，因此该网络的第一层中的卷积核是 11×11。第二层中的卷积核为 5×5，之后全采用 3×3 的网络。每个卷积层都使用了 ReLU 激活函数，第一、第二和第五个卷积层之后都使用了窗口大小为 3×3 、步长为 2 的最大池化层。第五个卷积层后面接两个输出个数为 4096 的全连接层，每个全连接层后面再接上丢失概率为 0.5 的丢弃（dropout）层，以提高模型的泛化性能。

丢弃层的 TensorFlow 接口定义如下：

```
tf.layers.dropout(
    inputs,
    rate=0.5,
    noise_shape=None,
    seed=None,
    training=False,
    name=None
)
```

其中，rate 表示需要被抛弃节点的概率。如果 rate=0.5，则表示传入丢弃层的参数有 50% 的概率会被随机抑制，即丢弃。丢弃层主要在训练过程中被使用。在网络训练完毕、进行模型预测的过程中，丢弃层的 rate 参数会被强制设置为 0，即表示没有节点会被抑制。所有的参数都将参与预测，这就相当于有很多网络同时对输入进行了预测，最后进行加权平均并输出结果。

以下是使用 TensorFlow 实现 AlexNet 网络结构的代码：

```
import tensorflow as tf
tf.enable_eager_execution()
def model_alexnet(x, training = False):
    # 第一层卷积使用96个核函数，卷积核大小为11、步长为4，使用ReLU激活函数
    conv1 = tf.layers.conv2d(inputs=x, filters=96, name="conv1",
        kernel_size=11, strides=4, activation=tf.nn.relu, padding="same")
    # 第一个池化层使用的核大小为3、步长为2
    pool1 = tf.layers.max_pooling2d(inputs=conv1, pool_size=[3, 3],
        strides=2, name='pool1')
    # 第二层卷积使用256个核函数，卷积核大小为5、步长为1，使用ReLU激活函数
    conv2 = tf.layers.conv2d(inputs=pool1, filters=256, name="conv2",
        kernel_size=5, strides=1, activation=tf.nn.relu, padding="same")
    # 第二个池化层使用的核大小为3、步长为2
    pool2 = tf.layers.max_pooling2d(inputs=conv2, pool_size=[3, 3],
        strides=2, name='pool2')
    # 第三层卷积使用256个核函数，卷积核大小为3、步长为1，使用ReLU激活函数
    conv3 = tf.layers.conv2d(inputs=pool2, filters=256, name="conv3",
        kernel_size=3, strides=1, activation=tf.nn.relu, padding="same")
    # 第四层卷积使用384个核函数，卷积核大小为3、步长为1，使用ReLU激活函数
    conv4 = tf.layers.conv2d(inputs=conv3, filters=384, name="conv4",
        kernel_size=3, strides=1, activation=tf.nn.relu,padding="same")
    # 第五层卷积使用256个核函数，卷积核大小为3、步长为1，使用ReLU激活函数
    conv5 = tf.layers.conv2d(inputs=conv4, filters=256, name="conv5",
        kernel_size=3, strides=1, activation=tf.nn.relu, padding="same")
    # 第三个池化层使用的核大小为3、步长为2
    pool3 = tf.layers.max_pooling2d(inputs=conv5, pool_size=[3, 3],
        strides=2, name='pool3')
    # 对前面提取的特征图操作进行展平操作，展开成为一个二维的tensor
    flatten = tf.layers.flatten(inputs=pool3, name="flatten")
    # 输出节点为4096的全连接层操作
    fc1 = tf.layers.dense(inputs=flatten, units=4096,
        activation=tf.nn.relu, name='fc6')
    # 为了防止过拟合，引入dropout操作，丢失概率为0.5
    drop1 = tf.layers.dropout(inputs=fc1, rate=0.5, training=training)
    # 输出节点为4096的全连接层操作
    fc2 = tf.layers.dense(inputs=drop1, units=4096,
        activation=tf.nn.relu, name='fc7')
    # 为了防止过拟合，引入dropout操作，丢失概率为0.5
    drop2 = tf.layers.dropout(inputs=fc2, rate=0.5, training=training)
    # 进行最后类别数目的全连接
    fc3 = tf.layers.dense(inputs=drop2, units=1000, name='fc7')
    return fc3

if __name__ == "__main__":
    # 测试数据
    x = tf.ones([2, 100, 100, 3])
    # 模型输出结果
```

```
    y = model_alexnet(x)
    print(y.shape)
```

8.2.2 VGGNet 网络结构

VGGNet 网络结构由牛津大学的视觉研究小组（Visual Geometry Group）与谷歌的 DeepMind 研究人员一起提出，是继 AlexNet 网络后人工神经网络方面研究的又一里程碑网络。

VGGNet 网络不仅继承了 AlexNet 网络的结构，同时还将 AlexNet 网络中的卷积层的概念上升为卷积集团的概念，即一个卷积集团可以有多个卷积层，不同的卷积层组合构成了不同的卷积集团。AlexNet 网络结构有 5 个卷积层，相对应的 VGGNet 网络有 5 个卷积集团，其后再跟两个 4096 的全连接层以及一个 1000 维的分类结果输出层。

接下来通过 TensorFlow 代码详细讲解 VGGNet 网络的实现过程，相信大家理解代码后会加深对 VGGNet 网络的认识:

```
import tensorflow as tf
tf.enable_eager_execution()
def model_vgg(x, training = False):
    # 第一组第一层卷积使用 64 个核函数，卷积核大小为 3、步长为 1，使用 ReLU 激活函数
    conv1_1 =tf.layers.conv2d(inputs=x, filters=64, name="conv1_1",
        kernel_size=3, activation=tf.nn.relu, padding="same")
    # 第一组第二层卷积使用 64 个核函数，卷积核大小为 3、步长为 1，使用 ReLU 激活函数
    conv1_2 = tf.layers.conv2d(inputs=conv1_1, filters=64, name="conv1_2",
        kernel_size=3, activation=tf.nn.relu, padding="same")
    # 第一组 pool 操作使用的核大小为 2、步长为 2
    pool1 = tf.layers.max_pooling2d(inputs=conv1_2, pool_size=[2, 2],
        strides=2, name='pool1')
    # 第二组第一层卷积使用 128 个核函数，卷积核大小为 3、步长为 1，使用 ReLU 激活函数
    conv2_1 = tf.layers.conv2d(inputs=pool1, filters=128, name="conv2_1",
        kernel_size=3, activation=tf.nn.relu, padding="same")
    # 第二组第二层卷积使用 128 个核函数，卷积核大小为 3、步长为 1，使用 ReLU 激活函数
    conv2_2 = tf.layers.conv2d(inputs=conv2_1, filters=128, name="conv2_2",
        kernel_size=3, activation=tf.nn.relu, padding="same")
    # 第二组 pool 操作使用的核大小为 2、步长为 2
    pool2 = tf.layers.max_pooling2d(inputs=conv2_2, pool_size=[2, 2],
        strides=2, name='pool1')
    # 第三组第一层卷积使用 128 个核函数，卷积核大小为 3、步长为 1，使用 ReLU 激活函数
    conv3_1 = tf.layers.conv2d(inputs=pool2, filters=128, name="conv3_1",
        kernel_size=3, activation=tf.nn.relu, padding="same")
    # 第三组第二层卷积使用 128 个核函数，卷积核大小为 3、步长为 1，使用 ReLU 激活函数
    conv3_2 = tf.layers.conv2d(inputs=conv3_1, filters=128, name="conv3_2",
        kernel_size=3, activation=tf.nn.relu, padding="same")
    # 第三组第三层卷积使用 128 个核函数，卷积核大小为 3、步长为 1，使用 ReLU 激活函数
    conv3_3 = tf.layers.conv2d(inputs=conv3_2, filters=128, name="conv3_3",
        kernel_size=3, activation=tf.nn.relu, padding="same")
    # 第三组 pool 操作使用的核大小为 2、步长为 2
    pool3 = tf.layers.max_pooling2d(inputs=conv3_3, pool_size=[2, 2],
        strides=2, name='pool3')
    # 第四组第一层卷积使用 256 个核函数，卷积核大小为 3、步长为 1，使用 ReLU 激活函数
```

```
    conv4_1 = tf.layers.conv2d(inputs=pool3, filters=256, name="conv4_1",
        kernel_size=3, activation=tf.nn.relu, padding="same")
    # 第四组第二层卷积使用 256 个核函数，卷积核大小为 3、步长为 1，使用 ReLU 激活函数
    conv4_2 = tf.layers.conv2d(inputs=conv4_1, filters=256, name="conv4_2",
        kernel_size=3, activation=tf.nn.relu, padding="same")
    # 第四组第三层卷积使用 256 个核函数，卷积核大小为 3、步长为 1，使用 ReLU 激活函数
    conv4_3 = tf.layers.conv2d(inputs=conv4_2, filters=256, name="conv4_3",
        kernel_size=3, activation=tf.nn.relu, padding="same")
    # 第四组 pool 操作使用的核大小为 2、步长为 2
    pool4 = tf.layers.max_pooling2d(inputs=conv4_3, pool_size=[2, 2],
        strides=2, name='pool4')
    # 第五组第一层卷积使用 512 个核函数，卷积核大小为 3、步长为 1，使用 ReLU 激活函数
    conv5_1 = tf.layers.conv2d(inputs=pool4, filters=512, name="conv5_1",
        kernel_size=3, activation=tf.nn.relu, padding="same")
    # 第五组第二层卷积使用 512 个核函数，卷积核大小为 3、步长为 1，使用 ReLU 激活函数
    conv5_2 = tf.layers.conv2d(inputs=conv5_1, filters=512, name="conv5_2",
        kernel_size=3, activation=tf.nn.relu, padding="same")
    # 第五组第三层卷积使用 512 个核函数，卷积核大小为 3、步长为 1，使用 ReLU 激活函数
    conv5_3 = tf.layers.conv2d(inputs=conv5_2, filters=512, name="conv5_3",
        kernel_size=3, activation=tf.nn.relu, padding="same")
    # 第五组 pool 操作使用的核大小为 2、步长为 2
    pool5 = tf.layers.max_pooling2d(inputs=conv5_3, pool_size=[2, 2],
        strides=2, name='pool5')
    # 对前面得到的特征图特征进行展平操作
    flatten = tf.layers.flatten(inputs=pool5,name="flatten")
    # 对展平的特征进行全连接输出为 4096 的操作
    fc6 = tf.layers.dense(inputs=flatten, units=4096,
        activation=tf.nn.relu, name='fc6')
    # 为了防止过拟合，引入 dropout 操作
    drop1 = tf.layers.dropout(inputs=fc6, rate=0.5,training=training)
    # 对展平的特征进行全连接输出为 4096 的操作
    fc7 = tf.layers.dense(inputs=drop1, units=4096,
        activation=tf.nn.relu, name='fc7')
    # 为了防止过拟合，引入 dropout 操作
    drop2 = tf.layers.dropout(inputs=fc7, rate=0.5, training=training)
    # 输出最后的分类类别数目
    fc8 = tf.layers.dense(inputs=drop2, units=1000, name='fc7')
    return fc8

if __name__ == "__main__":
    # 测试数据
    x = tf.ones([2, 100, 100, 3])
    # 模型输出结果
    y = model_vgg(x)
    print(y.shape)
```

8.2.3 Network In Network 网络结构

Network In Network（NIN）网络结构不同于前面的 AlexNet 和 VGGNet 网络结构，主要用于模型压缩，如图 8-3 所示。该网络结构非常具有前瞻性，其思路被后来的很多网络结构所借鉴。

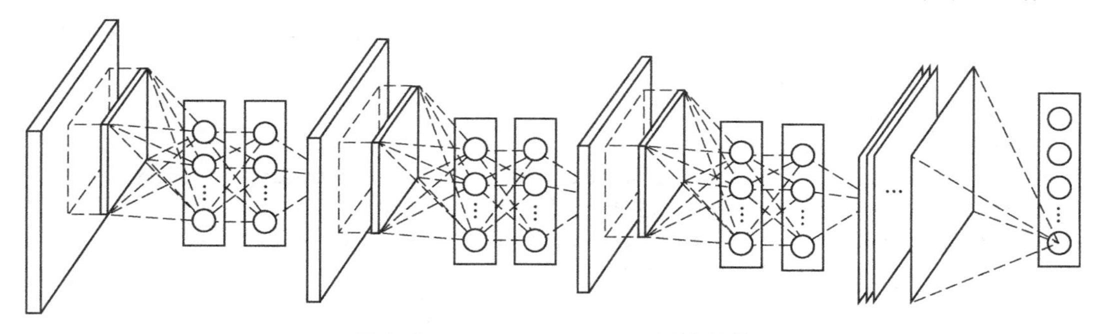

图 8-3　Network In Network 网络结构

传统的卷积神经网络的处理流程是图像经过滤波器（卷积核）运算、池化层放缩、非线性激活函数处理后传给下一层。这种将低层特征（点、线、边缘特征）传递给高层特征（轮廓）的方式其实暗中假设了高层特征是低层特征的线性组合。而实际上高层特征与低层特征之间应该有更复杂的关系，NIN 网络使用 Mlpconv 这种卷积层，其在传统的卷积核计算完后会再进行一个1×1的卷积核计算，这样可以实现由低层特征到高层特征的复杂关系变换。图 8-4 所示是一个 Mlpconv 层网络结构，这种网络结构能够很好地用反馈神经网络进行迭代计算。虽然添加了一层卷积计算，但是计算量并没有增加很多，因此 Mlpconv 卷积层是一种非常高效的网络结构，被大量用于卷积神经网络中。

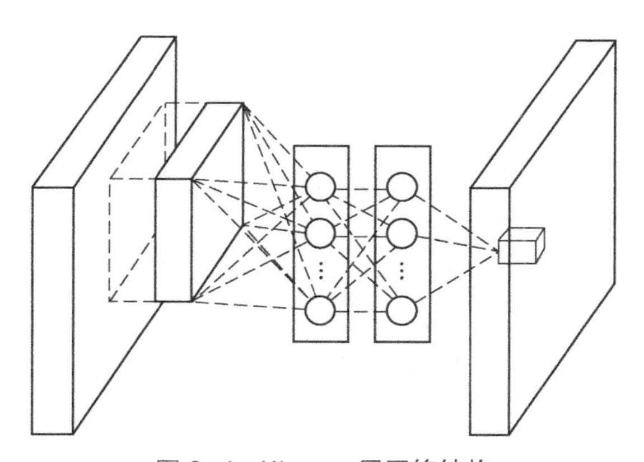

图 8-4　Mlpconv 层网络结构

一般 CNN 网络最后一层连接的是全连接层。我们知道全连接数越多，模型过拟合越严重（相当于多项式拟合中，高阶项越大，拟合的曲线越复杂。虽然训练数据误差很小，但是一些异常数据或者噪声数据也得到了很好的拟合，这将导致在做模型测试的时候，一些介于噪声点与正常点之间的数据容易被误判为噪声点所属类别。因此对于多项式拟合，并不是高阶项越大越好，在这里也是一样，并不是全连接数越多越好，而要选择适中的全连接数），而 NIN 网络提出了全局平均池化层这一概念，可以很好地解决因全连接数过多而模型过拟合的问题。全局平均池化就是将一张图片的所有特征图用多个特征值进行表示，一个特征图最终简化为一个特征值（对一个特征图的所有值进行平均值计算，计算出来的全局平均值就是 NIN 特征值），然后将这些特征值与分类值（独热表示的向量）一一对应。

下面是使用 TensorFlow 简单实现的 NIN 网络结构的代码。整个网络结构中只有卷积层，其中第一个卷积层的滤波器数量由输入参数决定，而后面的1×1卷积层被整个网络通用，作用是代替 tf.layers.dense 结构：

```
import tensorflow as tf
tf.enable_eager_execution()
def nin_block(x, prefix, num_channels, kernel_size, strides, padding):
    # NIN 单元的首个卷积层，核大小事先设计好
    conv = tf.layers.conv2d(inputs=x, filters=num_channels,
         name=prefix+"conv", kernel_size=kernel_size,
         activation=tf.nn.relu, padding="same")
    # NIN 单元模拟全连接操作的卷积核大小为 1 的卷积操作
    mlp1 = tf.layers.conv2d(inputs=conv, filters=num_channels,
        name=prefix+"mlp1", kernel_size=1, activation=tf.nn.relu,
        padding="same")
    # NIN 单元模拟全连接操作的卷积核大小为 1 的卷积操作
    mlp2 = tf.layers.conv2d(inputs=mlp1, filters=num_channels,
        name=prefix + "mlp2", kernel_size=1, activation=tf.nn.relu,
        padding="same")
    return mlp2
```

下面是一个完整的 NIN 网络的 TensorFlow 代码。该代码实现了一个简单的 MNIST 数据集的分类，网络最后输出的类别数目是 10。代码中除了使用了前面提到的 NIN 网络结构单元，还使用了 tf.keras.layers.GlobalAveragePooling2D 全局平均池化层函数和 tf.layers.max_pooling2d 最大池化层函数：

```
def nin_net(data, training = False):
    # 配置第一个 NIN 单元，通道数为 96，核大小为 11、步长为 4
    ninblock1 = nin_block(data, "nin_1", 96, 11, 4)
    # 第一个池化层，核大小为 3、步长为 2
    pool1 = tf.layers.max_pooling2d(inputs=ninblock1, pool_size=[3, 3],
        strides=2, name='pool1')
    # 配置第二个 NIN 单元，通道数为 256，核大小为 5、步长为 1
    ninblock2 = nin_block(pool1, "nin_2", 256, 5, 1)
    # 第二个池化层，核大小为 3、步长为 2
    pool2 = tf.layers.max_pooling2d(inputs=ninblock2, pool_size=[3, 3],
        strides=2, name='pool2')
    # 配置第三个 NIN 单元，通道数为 384，核大小为 3、步长为 1
    ninblock3 = nin_block(pool2, "nin_3", 384, 3, 1)
    # 第三个池化层，核大小为 3、步长为 2
    pool3 = tf.layers.max_pooling2d(inputs=ninblock3, pool_size=[3, 3],
        strides=2, name='pool3')
    # 为了防止过拟合，引入 dropout 操作
    drop = tf.layers.dropout(inputs=pool3, rate=0.5, training=training)
    # 配置第四个 NIN 单元，通道数为 10，核大小为 3、步长为 1，通道数目是
    # 最后的类别数目
    ninblock4 = nin_block(drop, "nin_4", 10, 3, 1)
    # 对特征图特征进行全局平局采样
    nin_out = tf.keras.layers.GlobalAveragePooling2D(
        ninblock4, name="nin_out")
    # 对最后的特征进行展平操作
    flatten = tf.layers.flatten(inputs=nin_out, name="flatten")
    return flatten
```

8.2.4　GoogLeNet 网络结构

接下来介绍的网络结构来自谷歌，也就是 GoogLeNet 网络。GoogLeNet 最重要的特征就是引入了 Inception 单元，GoogLeNet 就是由 9 个 Inception 单元堆叠而成的网络。同时因为 GoogLeNet 的网络结构非常深，所以文章中引入了多个 softmax 损失函数，以防止网络过深带来的梯度弥散。

图 8-5 所示是一个典型的 Inception 网络结构。

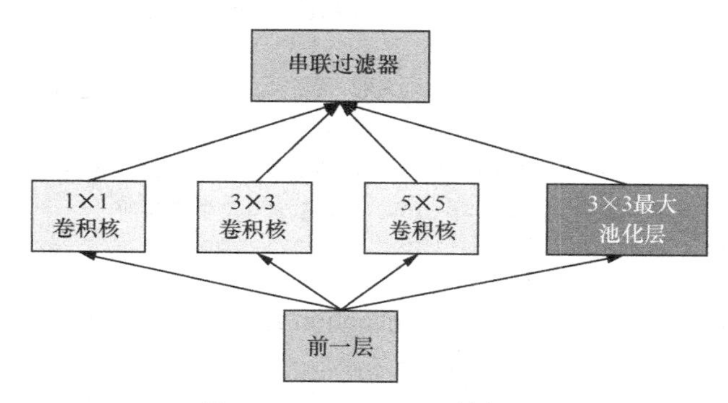

图 8-5　Inception 网络结构

可以发现：

（1）特征提取层卷积核大小不一（1×1、3×3、5×5），之所以这样设计，是想获取不同卷积尺度（感受野）的卷积特征图像；

（2）之所以引入3×3 最大池化层，是因为很多文章中指出这样得到的特征图很有效，所以也对该特征图进行叠加；

（3）最终 4 个不同特征图经过叠加输出到下一层。

还可以发现，特征提取层有一个5×5 的卷积核。这种卷积核的计算量是非常大的，因此改进版本的 GoogLeNet 采用了1×1的 NIN 卷积核来减少计算量，改进后的 Inception 网络结构如图 8-6 所示。

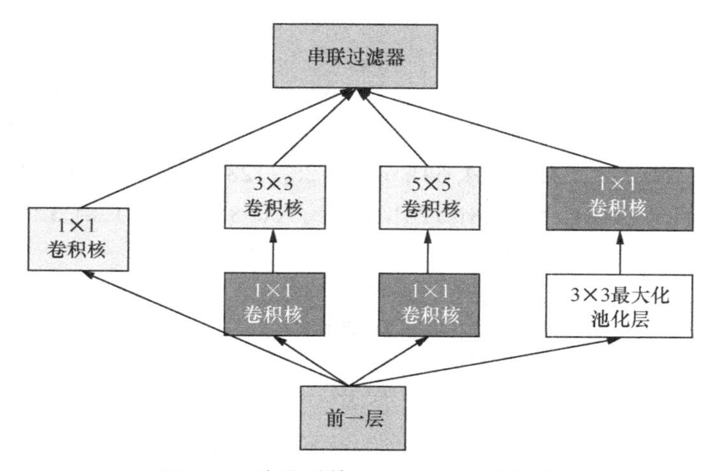

图 8-6　改进后的 Inception 网络结构

接下来我们将从代码层面对 GoogLeNet 网络结构进行层层分解。

首先 GoogLeNet 使用了一个 64 通道的 7×7 卷积核的卷积层，其 TensorFlow 代码如下：

```
# 第一个卷积层使用了通道数 64，核大小为 7、步长为 2
conv1 = tf.layers.conv2d(inputs=data, filters=64, name="conv1",
    kernel_size=7,strides=2, activation=tf.nn.relu,padding="same")
# 第一个池化层使用了最大值 pool，核大小为 2、步长为 2
pool1 = tf.layers.max_pooling2d(inputs=conv1, pool_size=[2, 2], strides=2,
    padding=1, name='pool1')
```

然后使用了两个卷积层，第一个卷积层是 64 通道的 1×1 卷积核，第二个卷积层是 192 通道的 3×3 卷积核，代码如下：

```
conv2_1 = tf.layers.conv2d(inputs=data, filters=64, name="conv2_1",
    kernel_size=1, activation=tf.nn.relu,padding="same")
conv2_2 = tf.layers.conv2d(inputs=data, filters=192, name="conv2_2",
    kernel_size=3, activation=tf.nn.relu,padding="same")
pool2 = tf.layers.max_pooling2d(inputs=conv1, pool_size=[2, 2], strides=2,
    padding=1, name='pool2')
```

接下来是两个 Inception 结构，以下是 Inception 结构的 TensorFlow 代码：

```
def Inception(x, prefix, c1, c2, c3, c4):
    p1_1 = tf.layers.conv2d(inputs=x, filters= c1, kernel_size=1,
        activation='relu',name=prefix+"p1_1")
    p2_1 = tf.layers.conv2d(inputs=x, filters= c2[0], kernel_size=1,
        activation='relu', name=prefix+"p2_1")
    p2_2 = tf.layers.conv2d(inputs=p2_1, filters=c2[1], kernel_size=3,
        activation='relu',padding="same", name=prefix+"p2_2")
    p3_1 = tf.layers.conv2d(inputs=x, filters=c3[0], kernel_size=1,
        activation='relu', name=prefix+"p3_1")
    p3_2 = tf.layers.conv2d(inputs=p3_1, filters=c3[1], kernel_size=5,
        activation='relu', padding="same", name=prefix+"p3_2")
    p4_1 = tf.layers.max_pooling2d(inputs=x, pool_size=[3, 3], strides=1,
        padding=1, name=prefix+'4_1')
    p4_2 = tf.layers.conv2d(inputs=p4_1, filters=c4, kernel_size=1,
        activation='relu', name=prefix+'4_2')
    out = tf.concat([p1_1, p2_2, p3_2, p4_2], 1)
    return out
```

整个 GoogLeNet 网络一共使用了 9 个 Inception 结构，每个 Inception 的 4 个输入参数 c1,c2,c3,c4 的设置分别为：[64, (96, 128), (16, 32), 32]，[128, (128, 192), (32, 96), 64]，[192, (96, 208), (16, 48), 64]，[160, (112, 224), (24, 64), 64]，[128, (128, 256), (24, 64), 64]，[112, (144, 288), (32, 64), 64]，[256, (160, 320), (32, 128), 128]，[256, (160, 320), (32, 128), 128]，[384, (192, 384), (48, 128), 128]。因此整个 GoogLeNet 的完整网络代码实现如下：

```
def googlenet(data, training = False):
    # 第一层卷积层通道数为 64，核大小为 7，步长为 2
    conv1 = tf.layers.conv2d(inputs=data, filters=64, name="conv1",
        kernel_size=7, strides=2, activation=tf.nn.relu,
        padding="same")
    # 第一个池化层使用了最大值池化层，核大小为 2、步长为 2
    pool1 = tf.layers.max_pooling2d(inputs=conv1, pool_size=[2, 2],
```

```
    strides=2, padding=1, name='pool1')
# 第二层第一个卷积层通道数为 64，核大小为 1
conv2_1 = tf.layers.conv2d(inputs=pool1, filters=64, name="conv2_1",
    kernel_size=1, activation=tf.nn.relu, padding="same")
# 第二层第二个卷积层通道数为 192，核大小为 3
conv2_2 = tf.layers.conv2d(inputs=conv2_1, filters=192, name="conv2_2",
    kernel_size=3, activation=tf.nn.relu, padding="same")
# 第二个池化层使用了最大值池化层，核大小为 2、步长为 2
pool2 = tf.layers.max_pooling2d(inputs=conv2_2, pool_size=[2, 2],
     strides=2, padding=1, name='pool2')
# 第三层的第一个 Inception 单元，配置了 4 个通道
b3_1 = Inception(pool2, "b3_1",64, (96, 128), (16, 32), 32)
# 第三层的第二个 Inception 单元，配置了 4 个通道
b3_2 = Inception(b3_1, "b3_2", 128, (128, 192), (32, 96), 64)
# 第三个池化层使用了最大值池化层
pool3 = tf.layers.max_pooling2d(inputs=b3_2, pool_size=[3, 3],
    strides=2, padding=1, name='pool3')
# 第四层的第一个 Inception 单元，配置了 4 个通道
b4_1 = Inception(pool3, "b4_1", 192, (96, 208), (16, 48), 64)
# 第四层的第二个 Inception 单元，配置了 4 个通道
b4_2 = Inception(b4_1, "b4_2", 160, (112, 224), (24, 64), 64)
# 第四层的第三个 Inception 单元，配置了 4 个通道
b4_3 = Inception(b4_2, "b4_3", 128, (128, 256), (24, 64), 64)
# 第四层的第四个 Inception 单元，配置了 4 个通道
b4_4 = Inception(b4_3, "b4_4", 112, (144, 288), (32, 64), 64)
# 第四层的第五个 Inception 单元，配置了 4 个通道
b4_5 = Inception(b4_4, "b4_5", 256, (160, 320), (32, 128), 128)
# 第四个池化层使用了最大值池化层
pool4 = tf.layers.max_pooling2d(inputs=b4_5, pool_size=[3, 3],
    strides=2, padding=1, name='pool4')
# 第五层的第一个 Inception 单元，配置了 4 个通道
b5_1 = Inception(pool4, "b5_1", 256, (160, 320), (32, 128), 128)
# 第五层的第二个 Inception 单元，配置了 4 个通道
b5_2 = Inception(b5_1, "b5_2", 384, (192, 384), (48, 128), 128)
# 对最后的特征图进行全局均值池化
feature = tf.keras.layers.GlobalAveragePooling2D(b5_2, name="feature")
# 对池化后的特征进行展平操作
flatten = tf.layers.flatten(inputs=feature, name="flatten")
output = tf.layers.dense(flatten, units=1000, name="output")
return output
```

以上就是使用 TensorFlow 代码对 ImageNet 数据集中 1000 个物品进行分类的完整 GoogLeNet 网络结构代码。

8.2.5 ResNet 网络结构

在 GoogLeNet 和 VGGNet 网络结构相继出现以后，学术界的一个大方向就是加深网络。加深网络的原因是随着目前共有数据集越来越大，数据不再是制约深度学习的瓶颈，反而深度学习算法本身出现了瓶颈。要想拟合更大的数据集，就需要提升模型复杂度。加大卷积核

尺寸被证明不能带来网络性能的提升，反而还导致了性能的下降，于是只剩下加深网络。但加深网络的同时，又带来了梯度弥散问题。

ResNet 网络可以很好地解决较深和超深网络中的梯度弥散问题，其创造性地引入了残差单元结构，也称残差块结构，如图 8-7 所示。

ResNet 网络中的残差块经过卷积和批归一化操作后，会继续经过一个 ReLU 激活函数，这时需要再经历一次 3×3 的卷积和批归一化操作。经过了这轮操作后，如果输出的特征图与输入 x 的通道数相同，则可直接进行相加的操作；如果与输入的通道数不一致，就需要额外引入 1×1 的卷积操作，将输入 x 的通道进行相应的变换，然后与输出的特征图进行相加。

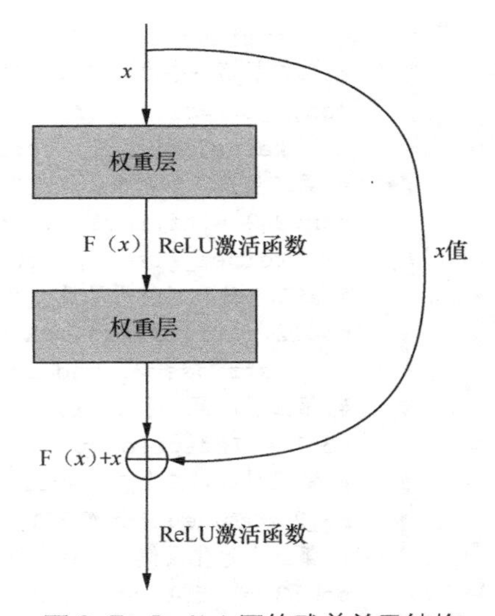

图 8-7　ResNet 网络残差单元结构

下面是残差块的 TensorFlow 代码实现：

```
import tensorflow as tf
tf.enable_eager_execution()
# 定义残差块
def residual(x, num_channels, name, use_1x1conv = False, strides = 1):
    with tf.variable_scope(name):
        # 第一层卷积统一核大小为 3，步长根据网络深度调节
        conv1 = tf.layers.conv2d(inputs=x, filters=num_channels,
            kernel_size=3, strides=strides, padding="same")
        # 使用了 ReLU 激活函数进行激活处理
        y1 = tf.nn.relu(tf.layers.batch_normalization(conv1))
        # 第二层卷积核大小为 3
        conv2 = tf.layers.conv2d(inputs=y1, filters=num_channels,
             kernel_size=3, padding="same")
        # batchnorm 操作
        y2 = tf.layers.batch_normalization(conv2)
        # 根据通道是否一致来决定是否引入 1×1 卷积
        if use_1x1conv:
            # 通过 1×1 卷积，调整输出的通道数目
            x = tf.layers.conv2d(inputs=x, filters=num_channels,
                kernel_size=1, strides=strides, padding="same")
    return tf.nn.relu(x+y2)

def resnet_block(x, num_channels, num_residuals, name, first_block=False):
    for i in range(num_residuals):
        if i == 0 and not first_block:
            x = residual(x, num_channels, name,use_1x1conv=True,strides=2)
        else:
            residual(x, num_channels,name)
    return x
```

ResNet 网络的深度与使用残差块的个数直接相关。有的学者通过残差块的堆叠，将 ResNet 的网络结构提升到 1202 层，但比起 110 层的网络结构并无明显的识别精度提升。因此我们在实际应用的过程中，需要权衡残差块个数与实际训练精度。一般在实际应用过程中

使用 34 层的残差网络，基本就能达到很高的识别精度。

残差网络近几年被广泛应用于目标检测、人脸识别、图像分割等领域，是一个全能型的特征提取网络。

下面是一个完整的 ResNet 网络结构代码：

```
def model_resnet(x):
    # 对输入数据进行通道数为 64、核大小为 7 的卷积操作
    conv1 = tf.layers.conv2d(inputs=x, filters=64, kernel_size=7,
        strides=2, padding="same")
    # 对输入使用 ReLU 激活函数进行激活处理
    relu_1 = tf.nn.relu(tf.layers.batch_normalization(conv1))
    # 进行核大小为 3、步长为 2 的最大值 pool 操作
    pool1 = tf.layers.max_pooling2d(inputs=relu_1, pool_size=[3, 3],
        strides=2, name='pool1')
    # 引入通道数为 64 的第一个残差块
    res1 = resnet_block(pool1, 64, 2, "res1", first_block=True)
    # 引入通道数为 128 的第二个残差块
    res2 = resnet_block(res1, 128, 2, 'res2')
    # 引入通道数为 256 的第三个残差块
    res3 = resnet_block(res2, 256, 2, 'res3')
    # 引入通道数为 512 的第四个残差块
    res4 = resnet_block(res3, 512, 2, 'res4')
    # 进行平均值 pool 操作
    pool2 = tf.layers.average_pooling2d(res4,
       [res4.shape[1],res4.shape[2]], strides=1,name="pool2")
    # 对输入数据进行展平操作
    flat = tf.layers.flatten(inputs=pool2,name="flatten")
    # 输入最后的分类单元数目
    fc = tf.layers.dense(inputs=flat, units=1000, name='fc')
    return fc
if __name__ == "__main__":
    x = tf.ones([2, 80, 80, 3])
    y = model_resnet(x)
    print(y.shape)
```

8.3 图像多标签分类实例

接下来，我们将从零开始讲解一个基于 TensorFlow 的图像多标签分类实例，这里我们以图片验证码为例进行讲解。

在我们访问某一个网站的时候，经常会遇到图片验证码。图片验证码的主要目的是区分爬虫程序和人类，并将爬虫程序阻挡在外。

下面的程序就是模拟人类识别验证码，从而使网站无法区分是爬虫程序还是人类在进行网站登录。

8.3.1 使用 TFRecord 生成训练数据

以图 8-8 所示的图片验证码为例，我们将这张图片验证码标记为 label = [8,3,4,2]。我们知道分类网络一般一次只能识别出一个目标，那么如何识别这个多标签的序列数据呢？

通过下面的 TFRecord 结构，我们可以构建多标签训练数据集，从而实现多标签数据的识别。

图 8-8 图片验证码

以下为构造 TFRecord 多标签训练数据集的代码：

```
import tensorflow as tf
# 定义对整型特征的处理
def _int64_feature(value):
    return tf.train.Feature(int64_list=tf.train.Int64List(value=[value]))
# 定义对字节特征的处理
def _bytes_feature(value):
    return tf.train.Feature(bytes_list=tf.train.BytesList(value=[value]))
# 定义对浮点型特征的处理
def _floats_feature(value):
    return tf.train.Feature(float_list=tf.train.FloatList(value=[value]))
# 对数据进行转换
def convert_to_record(name, image, label, map):
    filename = os.path.join(params.TRAINING_RECORDS_DATA_DIR,
        name + '.' + params.DATA_EXT)
    writer = tf.python_io.TFRecordWriter(filename)
    image_raw = image.tostring()
    map_raw = map.tostring()
    label_raw = label.tostring()
    example = tf.train.Example(features=tf.train.Features(feature={
        'image_raw': _bytes_feature(image_raw),
        'map_raw': _bytes_feature(map_raw),
        'label_raw': _bytes_feature(label_raw)
    }))
    writer.write(example.SerializeToString())
    writer.close()
```

通过上面的代码，我们构建起了一条支持多标签的 TFRecord 记录，多张图片验证码就可以构建起一个验证码的多标签数据集，用于后续的多标签分类训练。

8.3.2 构建多标签分类网络

通过前一步操作，我们得到了用于多标签分类的验证码数据集，现在我们需要构建一个多标签分类网络。

我们选择 VGG 网络作为我们的特征提取网络骨架。通常越复杂的网络，对噪声的鲁棒性就越强。验证码中的噪声主要来自形变、粘连以及人工添加，VGG 网络对这些噪声具有很好的鲁棒性，代码如下：

```
import tensorflow as tf
tf.enable_eager_execution()
def model_vgg(x, training = False):
    # 第一组第一个卷积使用 64 个卷积核，核大小为 3
    conv1_1 = tf.layers.conv2d(inputs=x,filters=64,name="conv1_1",
        kernel_size=3, activation=tf.nn.relu,padding="same")
    # 第一组第二个卷积使用 64 个卷积核，核大小为 3
    conv1_2 = tf.layers.conv2d(inputs=conv1_1, filters=64, name="conv1_2",
        kernel_size=3, activation=tf.nn.relu, padding="same")
    # 第一个 pool 操作核大小为 2、步长为 2
    pool1 = tf.layers.max_pooling2d(inputs=conv1_2, pool_size=[2, 2],
        strides=2, name='pool1')
    # 第二组第一个卷积使用 128 个卷积核，核大小为 3
    conv2_1 = tf.layers.conv2d(inputs=pool1, filters=128, name="conv2_1",
        kernel_size=3, activation=tf.nn.relu, padding="same")
    # 第二组第二个卷积使用 64 个卷积核，核大小为 3
    conv2_2 = tf.layers.conv2d(inputs=conv2_1, filters=128, name="conv2_2",
        kernel_size=3, activation=tf.nn.relu, padding="same")
    # 第二个 pool 操作核大小为 2、步长为 2
    pool2 = tf.layers.max_pooling2d(inputs=conv2_2, pool_size=[2, 2],
        strides=2, name='pool1')
    # 第三组第一个卷积使用 128 个卷积核，核大小为 3
    conv3_1 = tf.layers.conv2d(inputs=pool2, filters=128, name="conv3_1",
        kernel_size=3, activation=tf.nn.relu, padding="same")
    # 第三组第二个卷积使用 128 个卷积核，核大小为 3
    conv3_2 = tf.layers.conv2d(inputs=conv3_1, filters=128, name="conv3_2",
        kernel_size=3, activation=tf.nn.relu, padding="same")
    # 第三组第三个卷积使用 128 个卷积核，核大小为 3
    conv3_3 = tf.layers.conv2d(inputs=conv3_2, filters=128, name="conv3_3",
        kernel_size=3, activation=tf.nn.relu, padding="same")
    # 第三个 pool 操作核大小为 2、步长为 2
    pool3 = tf.layers.max_pooling2d(inputs=conv3_3, pool_size=[2, 2],
        strides=2, name='pool3')
    # 第四组第一个卷积使用 256 个卷积核，核大小为 3
    conv4_1 = tf.layers.conv2d(inputs=pool3, filters=256, name="conv4_1",
        kernel_size=3, activation=tf.nn.relu, padding="same")
    # 第四组第二个卷积使用 128 个卷积核，核大小为 3
    conv4_2 = tf.layers.conv2d(inputs=conv4_1, filters=128, name="conv4_2",
     kernel_size=3, activation=tf.nn.relu, padding="same")
    # 第四组第三个卷积使用 128 个卷积核，核大小为 3
    conv4_3 = tf.layers.conv2d(inputs=conv4_2, filters=128, name="conv4_3",
        kernel_size=3, activation=tf.nn.relu, padding="same")
    # 第四个 pool 操作核大小为 2、步长为 2
    pool4 = tf.layers.max_pooling2d(inputs=conv4_3, pool_size=[2, 2],
        strides=2, name='pool4')
    # 第五组第一个卷积使用 512 个卷积核，核大小为 3
    conv5_1 = tf.layers.conv2d(inputs=pool4, filters=512, name="conv5_1",
        kernel_size=3, activation=tf.nn.relu, padding="same")
    # 第五组第二个卷积使用 512 个卷积核，核大小为 3
    conv5_2 = tf.layers.conv2d(inputs=conv5_1, filters=512, name="conv5_2",
        kernel_size=3, activation=tf.nn.relu, padding="same")
```

```
    # 第五组第三个卷积使用 512 个卷积核，核大小为 3
    conv5_3 = tf.layers.conv2d(inputs=conv5_2, filters=512, name="conv5_3",
        kernel_size=3, activation=tf.nn.relu, padding="same")
    # 第五个 pool 操作核大小为 2、步长为 2
    pool5 = tf.layers.max_pooling2d(inputs=conv5_3, pool_size=[2, 2],
        strides=2, name='pool5')
    flatten = tf.layers.flatten(inputs=pool5,name="flatten")
```

上面是 VGG 网络的单标签分类 TensorFlow 代码，但这里我们需要实现的是多标签分类，因此需要对 VGG 网络进行相应的改进，代码如下：

```
# 构建输出为 4096 的全连接层
fc6 = tf.layers.dense(inputs=flatten, units=4096,
    activation=tf.nn.relu, name='fc6')
# 为了防止过拟合，引入 dropout 操作
drop1 = tf.layers.dropout(inputs=fc6, rate=0.5,training=training)
# 构建输出为 4096 的全连接层
fc7 = tf.layers.dense(inputs=drop1, units=4096,
    activation=tf.nn.relu, name='fc7')
# 为了防止过拟合，引入 dropout 操作
drop2 = tf.layers.dropout(inputs=fc7, rate=0.5, training=training)
# 为第一个标签构建分类器
fc8_1 = tf.layers.dense(inputs=drop2, units=10,
    activation=tf.nn.sigmoid, name='fc8_1')
# 为第二个标签构建分类器
fc8_2 = tf.layers.dense(inputs=drop2, units=10,
    activation=tf.nn.sigmoid, name='fc8_2')
# 为第三个标签构建分类器
fc8_3 = tf.layers.dense(inputs=drop2, units=10,
    activation=tf.nn.sigmoid, name='fc8_3')
# 为第四个标签构建分类器
fc8_4 = tf.layers.dense(inputs=drop2, units=10,
    activation=tf.nn.sigmoid, name='fc8_4')
# 将 4 个标签的结果进行拼接操作
fc8 = tf.concat([fc8_1,fc8_2,fc8_3,fc8_4], 0)
```

这里的 fc6 和 fc7 全连接层是对网络的卷积特征进行进一步的处理，在经过 fc7 层过后，我们需要生成多标签的预测结果。由于一张验证码图片中存在 4 个标签，因此需要构建 4 个子分类网络。这里假设图片验证码中只包含 10 个数字，因此每个网络输出的预测类别就是 10 类，最后生成 4 个预测类别为 10 的子网络。如果每次训练时传入 64 张验证码图片进行预测，那么通过 4 个子网络后，分别生成了(64,10)、(64,10)、(64,10)、(64,10)4 个张量。如果使用 softmax 分类器的话，就得想办法将这 4 个张量进行组合，于是使用了 tf.concat 函数进行张量拼接操作。

以下是 TensorFlow 中 tf.concat 函数的传参示例：

```
tf.concat(
    values,
    axis,
    name='concat'
)
```

通过 fc8 = tf.concat([fc8_1,fc8_2,fc8_3,fc8_4], 0)的操作，可以将前面的 4 个(64,10)张量变

换成(256,10)这样的单个张量，生成单个张量后就能进行后面的 softmax 分类操作了。

8.3.3　多标签模型训练模型

模型训练的第一个步骤就是读取数据，读取方式分两种：一种是直接读取图片进行操作，另一种是转换为二进制文件格式后再进行操作。前者实现起来简单，但速度较慢；后者实现起来复杂，但读取速度快。这里我们以后者二进制的文件格式介绍如何实现多标签数据的读取操作，下面是相关代码。

首先读取 TFRecord 文件内容：

```
tfr = TFrecorder()
def input_fn_maker(path, data_info_path, shuffle=False, batch_size = 1,
    epoch = 1, padding = None):
    def input_fn():
        filenames = tfr.get_filenames(path=path, shuffle=shuffle)
        dataset=tfr.get_dataset(paths=filenames,
            data_info=data_info_path, shuffle = shuffle,
            batch_size = batch_size, epoch = epoch, padding =padding)
        iterator = dataset.make_one_shot_iterator()
        return iterator.get_next()
    return input_fn
# 原始图片信息
padding_info = ({'image':[30,100,3,],'label':[]})
# 测试集
test_input_fn = input_fn_maker('captcha_data/test/',
    'captcha_tfrecord/data_info.csv',
    batch_size = 512, padding = padding_info)
# 训练集
train_input_fn = input_fn_maker('captcha_data/train/',
    'captcha_tfrecord/data_info.csv',
    shuffle=True, batch_size = 128,padding = padding_info)
# 验证集
train_eval_fn = input_fn_maker('captcha_data/train/',
    'captcha_tfrecord/data_info.csv',
    batch_size = 512,adding = padding_info)
```

然后是模型训练部分：

```
def model_fn(features, net, mode):
    features['image'] = tf.reshape(features['image'], [-1, 30, 100, 3])
    # 获取基于 net 网络的模型预测结果
    predictions = net(features['image'])
    # 判断是预测模式还是训练模式
    if mode == tf.estimator.ModeKeys.PREDICT:
        return tf.estimator.EstimatorSpec(mode=mode,
            predictions=predictions)
    # 因为是多标签的 softmax，所以需要提前对标签的维度进行处理
    lables = tf.reshape(features['label'], features['label'].shape[0]*4,))
    # 初始化 softmaxloss
    loss = tf.losses.sparse_softmax_cross_entropy(labels=labels,
        logits=logits)
    # 训练模式下的模型结果获取
```

```
        if mode == tf.estimator.ModeKeys.TRAIN:
            # 声明模型使用的优化器类型
            optimizer = tf.train.AdamOptimizer(learning_rate=1e-3)
                train_op = optimizer.minimize(
                    loss=loss,global_step=tf.train.get_global_step())
            return tf.estimator.EstimatorSpec(mode=mode,
                loss=loss, train_op=train_op)
        # 生成评价指标
        eval_metric_ops = {"accuracy": tf.metrics.accuracy(
            labels=features['label'], predictions=predictions["classes"])}
        return tf.estimator.EstimatorSpec(mode=mode, loss=loss,
            eval_metric_ops= eval_metric_ops)
```

多标签的模型训练流程与普通单标签的模型训练流程非常相似，唯一的区别就是需要将多标签的标签值拼接成一个张量，以满足 softmax 分类操作的维度要求。

第9章 目标检测

9.1 目标检测的概念

目标检测（Object Detection）的任务是找出图像中所有感兴趣的目标（物体），并确定它们的类别和位置。

目标检测需要解决的问题如下。

（1）目标可能存在于图像中的任意位置，如何快速、准确地找到这些目标的位置（目标定位）是目标检测面临的第一大问题。

（2）目标形状不同、大小各异，如何对这些目标进行准确的分类（目标分类）是目标检测面临的第二大问题。

目前目标检测算法主要围绕上面提到的两大问题进行改进与优化，这些改进思路大致可分为两类：一类是将目标定位与分类分开处理，这类算法称为两步目标检测算法；另一类是将目标定位与分类同时处理，这类算法称为单步目标检测算法。

两步目标检测算法主要是对前面提到的两个阶段分别进行操作，首先进行潜在区域的提取，再进行基于潜在区域的目标识别。两步目标检测算法的主要代表算法有 RCNN、Fast-RCNN、Faster-RCNN、R-FCN。

单步目标检测算法将前面提到的两个问题整合在一起，通过同一个框架对潜在目标进行位置定位与目标识别。单步目标检测算法的主要代表算法有 SSD、YOLO 等。

接下来对 Faster-RCNN、YOLO 和 SSD 算法的原理进行简单的介绍。

9.1.1 Faster R-CNN

Faster R-CNN 由任少卿等人提出，该网络结构是基于 Fast R-CNN 框架的改进版，首次出现了候选区域网络（Region Proposal Network，RPN）结构，实现了基于网络特征的潜在目标区域的自提取，大大提升了目标检测的速度和准确率。

下面我们来重点看一下候选区域网络结构，其原理如图 9-1 所示。

候选区域网络是一个全卷积网络（Fully Convolutional Networks，FCN），其流程如下。

（1）利用 VGG 神经网络提取卷积特征图。

（2）利用 3×3 滑动窗口操作和 1×1 卷积通道变换操作，可以输出一个用于预测前景背景和目标边框的全卷积网络，这个全卷积网络用于输入潜在目标框的前景背景预测得分和潜在目标框的坐标位置。其中对于特征图上的每一个点，候选区域网络会做 k 次预测，k 代表以该点为中心的锚点（anchor）的目标个数。图片经过滑动窗口处理后，生成了一个 256 维的特征。这个 256 维的特征用来预测 $2k$ 个目标得分和 $4k$ 个预测坐标，2 表示前景与背景，4 表示锚点的坐标(x,y)和长宽(w,h)一共 4 维。k 表示锚点目标个数，一般设定为 9 个。

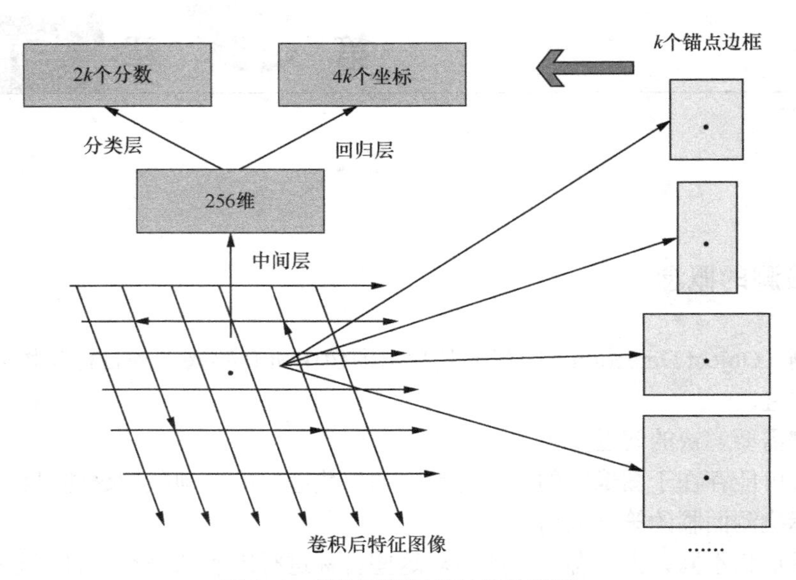

图 9-1　候选区域网络结构的原理

通过候选区域网络可以生成很多潜在候选框坐标，这些坐标都是图像中可能有潜在目标的区域。Faster R-CNN 通过接入两个 4096 的全连接层，对生成的潜在候选框进行更精细的目标框位置回归和每个候选框目标分类概率值的计算。由于潜在候选框是映射到原始图像上的，因此每个框的大小不一致。为了解决全连接层输入固定，而候选区域网络提取的潜在候选框大小不一致的问题，我们使用 ROI-Pooling 方法将候选框归一化为相同大小。通过 ROI-Pooling 操作，每个潜在候选框的最后一层特征图被映射成 7×7 的固定宽高，这个固定宽高就能接入后面的全连接网络并进行后续的运算。

经过上面的操作，Faster R-CNN 的特征提取过程基本完毕。最后全连接层提取的 4096 维特征向量将输入两个损失函数，进行多任务学习。一个损失函数是 softmax，对每个潜在候选框进行目标类别回归；另外一个损失函数是 Smooth L1 ，对目标潜在候选框进行进一步的位置回归。

以上就是 Faster R-CNN 的简单流程阐述。通过以上流程，Faster R-CNN 可以实现图像目标的精准定位与识别。Faster R-CNN 作为两步目标检测算法的代表，是非常经典的目标检测算法，后续还有大量基于此算法进行改进的算法。

9.1.2　YOLO

前面讲解的两步目标检测算法的步骤是先采用某种算法获取候选框，其次对候选框提取卷积或者池化特征，然后接入一个全连接层以获得候选框特征向量，再将该向量分别送入目标预测网络以获得目标所属某个类别的置信度，接着送到目标边界框预测网络以获取目标的位置区域，稍微复杂的网络还能对位置进行回归修正，最后采用非极大抑制（Non Maximum Suppression，NMS）方法对重叠或者置信度不高的结果进行合并与删除。

两步目标检测算法的准确率较高，但是计算量大、运行速度缓慢。2016 年，Redmon 雷德蒙等人提出了 YOLO 目标检测算法。这是一种单步目标检测算法，它的提出带动了单步目标检测算法的发展。

YOLO 将目标检测的定位与分类合二为一，统一成一个回归问题，只需看一次就知道目标的类别以及目标位置。

YOLO 网络的流程如图 9-2 所示。

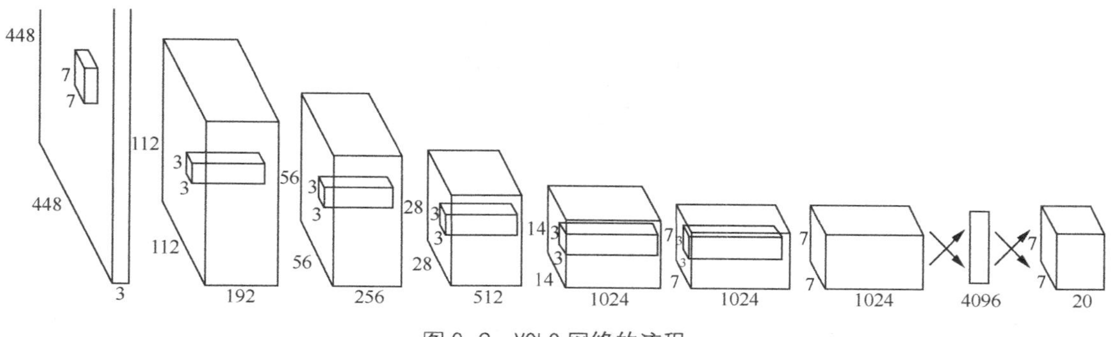

图 9-2 YOLO 网络的流程

YOLO 网络的详细流程如下。

（1）将原始图像均匀切分成 7×7 的网格细胞，每个网格细胞产生两个边界框（最终的目标边界由这两个边界框中置信度最高的边界框决定），一共有 $7\times7\times2=98$ 个边界框，并且每个边界框都有一个置信度得分。

（2）根据交并比（Intersection Over Union，IOU）算法，每个边界框会预测出 5 个值 x、y、w、h、confidence，x、y 为边界框的中心，w、h 为边界框的宽度和高度，confidence 为边界框的置信度（其实就是网格细胞边界框与目标标注框的交并比值）。

（3）每个网格细胞还需要预测出多个目标的条件概率。

（4）将 98 个边界框送入 1×1 以及 3×3 的卷积网络，提取每个边界框的特征图，并送入 2 个全连接层（图 9-2 最后两层），得到 4096 维的向量以及 $7\times7\times30$ 维矩阵。其中，30 包括了 20 个目标的分类值，以及每个边界框的 2 个边界框（x、y、w、h、confidence5 个值，一共 $2\times5=10$ 个值）的预测结果值。由此可见，全连接层同时实现了目标位置预测与目标分类概率值预测。

图 9-3 所示为以图像形式描述的 YOLO 目标检测算法的流程。

YOLO 将目标定位与分类合并到一个网络中进行，其结构简单，易于复现，而且检测速度快，目前最快的 YOLO 目标检测算法可以达到每秒 155 帧的速度。但同时由于 YOLO 采用的边界框数量为 2，且切分边界框时采用均匀切分，导致该算法对于尺度较小的目标检测效果不理想，因此后续基于 YOLO 的目标检测算法有很多，如 YOLOv2、YOLOv3 等。下文将介绍另一种单步目标检测算法，其可以在一定程度上解决小目标检测问题。

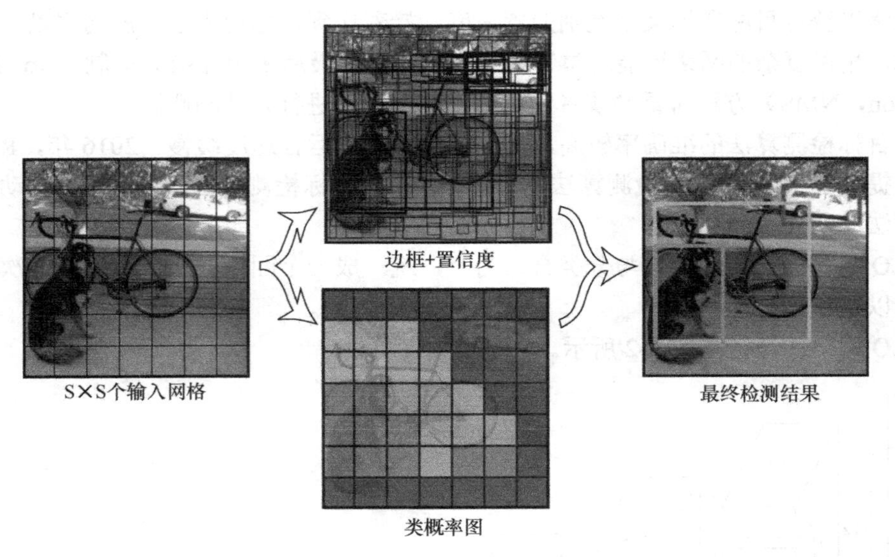

图 9-3　YOLO 目标检测算法的流程

9.1.3　SSD

单发多框检测器（Single Shot MultiBox Detector，SSD）算法是一种单步目标检测算法。SSD 采用 VGG 网络作为特征提取器，与两步目标检测算法不同的是 SSD 不再将最后一层特征图作为候选框生成的基础，而是直接从 VGG 网络的多层特征图上进行候选框的生成，每层特征图都会生成不同尺度的候选框（不同尺度对于尺寸过小的目标会有比较好的检测效果）。这些不同尺度的候选框最后会合并在一起送入最后的损失函数进行目标框的回归，并对最后生成的所有目标框进行非极大抑制，从而获得目标检测结果。SSD 的最大优点就是速度快，因为整个检测过程不需要引入额外的分支网络进行单独的候选框生成操作，网络一次前向操作就完成了所有的特征提取和候选框生成。

由于 SSD 采用多尺度卷积特征图，前面较大的卷积层对大目标检测效果较好，而后面较小的卷积层对小目标的检测效果较好，因此这种多尺度特征图集合了大目标与小目标的特征，图 9-4 所示是在不同尺度下 SDD 对目标提取特征的示意图。

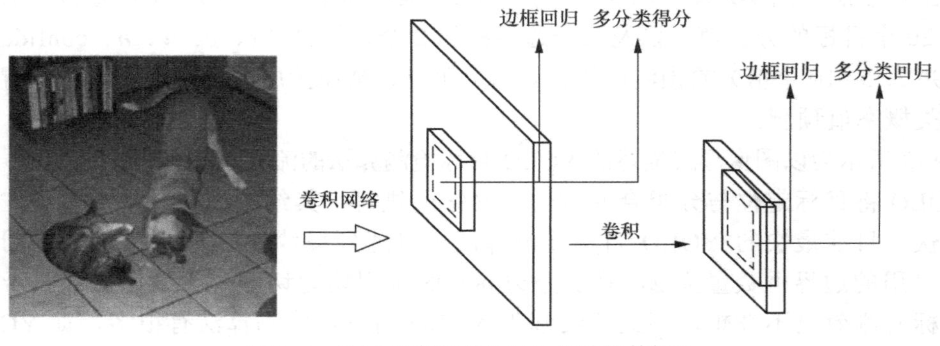

图 9-4　不同尺度下 SDD 对目标特征的提取

正负样本的生成：候选框与目标标签框匹配则为正样本，不匹配的则为负样本。由于负样本比较多，因此需要对负样本进行采样。负样本采样采用难例挖掘（Hard Negative Mining）方法，对负样本按照置信度进行降序排列，选取置信度较高的若干个样本作为训练的负样本。

SSD 在进行测试的时候只需要将待检测的图片按照预设的长宽比例进行多次采样，用卷积网络提取不同尺度下的特征图，并输出目标分类概率以及边界框，最终完成未知图片目标的分类以及定位工作。

9.2 基于 SSD 的目标检测实例

9.2.1 基于 VGG 的 SSD 网络

下面是利用 VGG 网络提取图像特征的 SSD 网络结构的代码实例：

```
import tensorflow as tf
tf.enable_eager_execution()

def model_ssd(x, training = False):
    # 第一组第一层卷积使用了通道为 64、核大小为 3 的卷积核
    conv1_1 = tf.layers.conv2d(inputs=x, filters=64, name="conv1_1",
        kernel_size=3, activation=tf.nn.relu, padding="same")
    # 第一组第二层卷积使用了通道为 64、核大小为 3 的卷积核
    conv1_2 = tf.layers.conv2d(inputs=conv1_1, filters=64, name="conv1_2",
        kernel_size=3, activation=tf.nn.relu, padding="same")
    # 第一个池化层核大小为 2、步长为 2
    pool1 = tf.layers.max_pooling2d(inputs=conv1_2, pool_size=[2, 2],
        strides=2, name='pool1')
    # 第二组第一层卷积使用了通道为 128、核大小为 3 的卷积核
    conv2_1 = tf.layers.conv2d(inputs=pool1, filters=128, name="conv2_1",
        kernel_size=3, activation=tf.nn.relu, padding="same")
    # 第二组第二层卷积使用了通道为 128、核大小为 3 的卷积核
    conv2_2 = tf.layers.conv2d(inputs=conv2_1, filters=128, name="conv2_2",
        kernel_size=3, activation=tf.nn.relu, padding="same")
    # 第二个池化层核大小为 2、步长为 2
    pool2 = tf.layers.max_pooling2d(inputs=conv2_2, pool_size=[2, 2],
        strides=2, name='pool1')
    # 第三组第一层卷积使用了通道为 128、核大小为 3 的卷积核
    conv3_1 = tf.layers.conv2d(inputs=pool2, filters=128, name="conv3_1",
        kernel_size=3, activation=tf.nn.relu, padding="same")
    # 第三组第二层卷积使用了通道为 128、核大小为 3 的卷积核
    conv3_2 = tf.layers.conv2d(inputs=conv3_1, filters=128, name="conv3_2",
        kernel_size=3, activation=tf.nn.relu, padding="same")
    # 第三组第三层卷积使用了通道为 128、核大小为 3 的卷积核
    conv3_3 = tf.layers.conv2d(inputs=conv3_2, filters=128, name="conv3_3",
        kernel_size=3, activation=tf.nn.relu, padding="same")
    # 第三个池化层核大小为 2、步长为 2
    pool3 = tf.layers.max_pooling2d(inputs=conv3_3, pool_size=[2, 2],
        strides=2, name='pool3')
```

```
    # 第四组第一层卷积使用了通道为 256、核大小为 3 的卷积核
    conv4_1 = tf.layers.conv2d(inputs=pool3, filters=256, name="conv4_1",
        kernel_size=3, activation=tf.nn.relu, padding="same")
    # 第四组第二层卷积使用了通道为 256、核大小为 3 的卷积核
    conv4_2 = tf.layers.conv2d(inputs=conv4_1, filters=256, name="conv4_2",
        kernel_size=3, activation=tf.nn.relu, padding="same")
    # 第四组第三层卷积使用了通道为 256、核大小为 3 的卷积核
    conv4_3 = tf.layers.conv2d(inputs=conv4_2, filters=256, name="conv4_3",
        kernel_size=3, activation=tf.nn.relu, padding="same")
    # 第四个池化层使用核大小为 2、步长为 2
    pool4 = tf.layers.max_pooling2d(inputs=conv4_3, pool_size=[2, 2],
        strides=2, name='pool4')
    # 第五组第一层卷积使用了通道为 512、核大小为 3 的卷积核
    conv5_1 = tf.layers.conv2d(inputs=pool4, filters=512, name="conv5_1",
        kernel_size=3, activation=tf.nn.relu, padding="same")
    # 第五组第二层卷积使用了通道为 512、核大小为 3 的卷积核
    conv5_2 = tf.layers.conv2d(inputs=conv5_1, filters=512, name="conv5_2",
        kernel_size=3, activation=tf.nn.relu, padding="same")
    # 第五组第三层卷积使用了通道为 512、核大小为 3 的卷积核
    conv5_3 = tf.layers.conv2d(inputs=conv5_2, filters=512, name="conv5_3",
        kernel_size=3, activation=tf.nn.relu, padding="same")
    # 第五个池化层使用核大小为 2、步长为 2
    pool5 = tf.layers.max_pooling2d(inputs=conv5_3, pool_size=[2, 2],
        strides=2, name='pool5')
    pre_conv6 = tf.pad(pool5, paddings=[[0,0],[6,6],[6,6],[0,0]],
        mode="CONSTANT", name="pre_conv6")
    conv6 = tf.layers.conv2d(inputs=pre_conv6, filters=128, name="conv6",
        kernel_size=3, dilation_rate=(6,6), activation=tf.nn.relu)
    conv7 = tf.layers.conv2d(inputs=pre_conv6, filters=1024, name="conv7",
        kernel_size=1, activation=tf.nn.relu)
    conv8_1= tf.layers.conv2d(inputs=conv7, name="conv8_1", filters=256,
        kernel_size=1, activation=tf.nn.relu, padding="same")
    conv8_2 = tf.layers.conv2d(inputs=conv8_1, name="conv8_2", filters=512,
        kernel_size=3, strides=2, activation=tf.nn.relu,padding="same")
    conv9_1 = tf.layers.conv2d(inputs=conv8_2, name="conv9_1", filters=128,
        kernel_size=1,activation=tf.nn.relu, padding="same")
    conv9_2 = tf.layers.conv2d(inputs=conv9_1, name="conv9_2", filters=256,
        kernel_size=3,strides=2, activation=tf.nn.relu)
    conv10_1 = tf.layers.conv2d(inputs=conv9_2, name="conv10_1",
        filters=128, kernel_size=1, activation=tf.nn.relu,padding="same")
    conv10_2 = tf.layers.conv2d(inputs=conv10_1, name="conv10_2",
        filters=256, kernel_size=3, activation=tf.nn.relu)
    conv11_1 = tf.layers.conv2d(inputs=conv10_2, name="conv11_1",
        filters=128, kernel_size=1, activation=tf.nn.relu,padding="same")
    conv11_2 = tf.layers.conv2d(inputs=conv11_1, name="conv11_2",
        filters=256, kernel_size=3, activation=tf.nn.relu)

    layers = [conv4_3, conv7, conv8_2, conv9_2, conv10_2, conv11_2]
    return layers

if __name__ == "__main__":
    # 输入测试数据
```

```
    x = tf.ones([2,300,300, 3])
    layers = model_ssd(x)
    for layer in layers:
        #输出每一个网络结构
        print(layer.shape)
```

9.2.2 坐标和类别预测

通常我们做目标检测的时候需要去预测目标的位置与目标的类别，预测目标类别的时候一般使用 cls_predictor 函数，该函数的 TensorFlow 代码如下：

```
def cls_predictor(feature, num_anchors, num_classes):
    return tf.layers.conv2d(inputs=feature,
                filters=num_anchors*(num_classes+1),
                kernel_size=3,padding="same")
```

可以发现，预测类别的时候使用了 tf.layers.conv2d，即通过构建一个全卷积网络来达到识别目标的目的。每个特征图上的某一点就表示对应锚点的分类概率预测值。

同样，这种方式适用于坐标的预测，坐标预测的代码如下：

```
def bbox_predictor(feature, num_anchors):
    return tf.layers.conv2d(inputs=feature, filters=num_anchors * 4,
                kernel_size=3, padding="same")
```

坐标预测的全卷积网络与类别预测的全卷积网络的区别在于坐标预测的特征图通道数是 num_anchors×4，每个特征图上的某一点就表示对应锚点的坐标预测值。

9.2.3 多尺度的预测拼接

前面我们得到了 SSD 网络、多尺度特征图每层特征的坐标预测结果与类别预测结果，可问题是每一层尺度的预测输出的特征图是一个四维的张量，分别为 N、H、W、C)，其中每一层的 H、W、C 3 个值都各不相同，如何才能将多层不一样的张量进行拼接输入最终的损失函数是我们重点考虑的问题。既然每个尺度的特征图大小不一致，那么我们就可以将特征图拉平成一维张量，再进行特征的拼接，代码如下：

```
def feature_concat(features_list):
    flattens = []
    for i in range(len(features_list)):
        tmp_flatten = tf.layers.flatten(inputs=features_list[i])
        flattens.append(tmp_flatten)
    return tf.concat(flattens, 0, name='concat')
```

通过这个多尺度拼接，我们可以将所有尺度的坐标预测和类别预测进行拼接，从而进行最后的损失函数计算。

9.2.4 损失函数与模型训练

SSD 模型由于需要计算类别损失和回归损失，因此是个多任务的学习模型。首先介绍下 SSD 的 smooth l1 损失函数，代码如下：

```
class WeightedSmoothL1LocalizationLoss(Loss):
    def __init__(self, delta=1.0):
        self._delta = delta
```

```
    def _compute_loss(self, prediction_tensor, target_tensor, weights):
        return tf.reduce_sum(
                    tf.losses.huber_loss(
                        target_tensor,
                        prediction_tensor,
                        delta=self._delta,
                        weights=tf.expand_dims(weights, axis=2),
                        loss_collection=None,
                        reduction=tf.losses.Reduction.NONE
                    ), axis=2)
```

在最后训练的时候，我们只需要将 softmax 损失与 smooth l1 损失进行拼接就行了。

以下为 SSD 网络的 TensorFlow 实现细节：

```
def model_fn(features, net, mode):
    # 初始化 smooth l1 损失
    smoothl1 = tf.losses.WeightedSmoothL1LocalizationLoss()
    features['image'] = tf.reshape(features['image'], [-1, 224, 224, 3])
    # 获取基于 net 网络的模型预测结果
    predictions = net(features['image'])
    # 判断是预测模式还是训练模式
    if mode == tf.estimator.ModeKeys.PREDICT:
        return tf.estimator.EstimatorSpec(
                    mode=mode, predictions=predictions)
    # 初始化 softmaxloss
    Loss1 = tf.losses.sparse_softmax_cross_entropy(
    labels=features['label'], sequence_length=32)
    Loss2 = smoothl1(prediction_tensor, target_tensor, weights)
    Loss = Loss1+0.1*Loss2
    # 训练模式下的模型结果获取
    if mode == tf.estimator.ModeKeys.TRAIN:
      # 声明模型使用的优化器类型
    optimizer = tf.train.AdamOptimizer(learning_rate=1e-3)
    train_op = optimizer.minimize(
        loss=loss, global_step=tf.train.get_global_step())
    return tf.estimator.EstimatorSpec(
        mode=mode, loss=loss, train_op=train_op)
    # 生成评价指标
    eval_metric_ops = {
        "accuracy": tf.metrics.accuracy(
            labels=features['label'],
            predictions=predictions["classes"])}
    return tf.estimator.EstimatorSpec(
        mode=mode, loss=loss, eval_metric_ops=eval_metric_ops)
```

第10章 图像检索应用

10.1 图像检索的基本概念

本书所讲的图像检索主要指基于内容的图像检索。基于内容的图像检索（Content Based Image Retrieval，CBIR）技术是以图像的颜色、纹理、布局等特征进行分析和检索的图像检索技术。

基于内容的图像检索技术是相对成熟的技术，在工业界有广泛的应用场景，如搜索引擎（谷歌、百度）的以图搜图功能、各电商网站（淘宝、Amazon、eBay）的相似商品搜索等。本章从图像检索流程出发，结合个人在图像检索中的相关实践经验，简单介绍构建基于内容的图像检索系统所涉及的算法技术（包括特征提取、索引构建等）。图 10-1 所示是基于谷歌搜图软件给出的检索结果，左边为检索图片内容，右边为检索结果。

图像检索的流程大概分为特征提取、索引构建和特征查找 3 个部分。在检索的过程中，这 3 部分又可分为两个阶段：离线阶段和在线阶段。

离线阶段主要是采集图片以及提取图片特征。采集的图片越多，反馈给用户的结果就越丰富，但同时对提取模型特征的性能要求会越高。采集图片过后，就需要对图片进行预处理，使提取的图片特征便于输入模型中。

接下来就是特征提取过程。特征提取指的是通过特征提取算法提取图像的低维度特征表达。一张普通的 800 像素×600 像素大小的彩色 RGB 图像，包含大约 140 万的离散像素值，这样量级的特征是无法直接作为特征进行检索的，需要使用特征提取算法对图像进行降维处理。传统的特征提取算法包括 SIFT、Dense-SIFT、HOG 等，随着深度学习技术的不断发展，目前最为流行的特征提取算法主要是基于 AlexNet、VGGNet、ResNet 等网络进行特征提取，通常将图像特征降维到 256、512、1024 这样较低的维度空间，然后进行索引构建。图 10-2 所示就是通过特征提取，将一张老鹰的图片转换为 101001、101010、101011 这样的二值编码特征。

构建索引操作是指将前一步提取的特征存储于数据库，并建立相应的索引。这里可根据应用本身，构建单级索引和多级索引提升检索速度。一般将索引数据存储于专门的检索数据库中，例如 ES 数据库。

在线阶段主要是检索图片结果。检索操作就是当有一个请求图片需要检索与之相近的图片的时候，首先对请求图片进行一次特征提取，提取图片的低维度特征表达；然后用图片特征与索引中存储的特征进行相似度计算，常用的相似度计算包括余弦距离（见 4.1 节）、汉明距离、欧式距离（见 4.1 节）、皮尔逊相关系数计算等；最后返回相似度最大的若干个图像结果作为检索结果。由于本文主要做二值图片检索，涉及的特征值为 0 和 1，因此采用汉明距离进行相似度计算更合适。

图 10-1　谷歌图像检索示意图

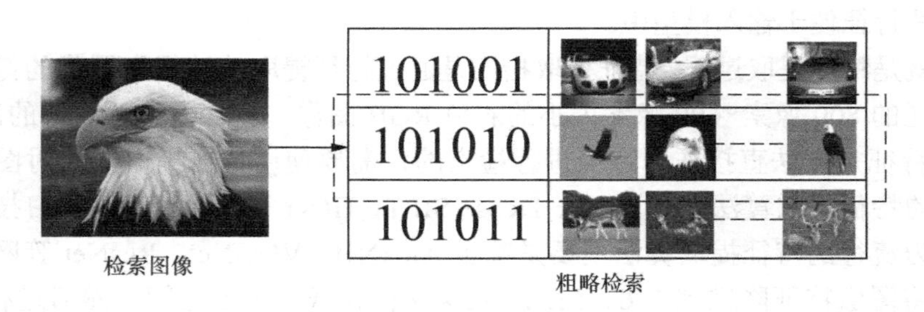

图 10-2　特征转换示意图

两个等长字符串之间的汉明距离是指两个字符串对应位置的不同字符的个数。例如：

```
1011101 与 1001001 为 2
2143896 与 2233796 是 3
```

可以把这种距离看作将一个字符串变换成另外一个字符串所需要替换的字符个数。

图 10-3 所示是一个图像检索系统的完整流程图，这个系统包含了离线阶段和在线阶段，两个阶段所使用的预处理和特征提取算法相同。

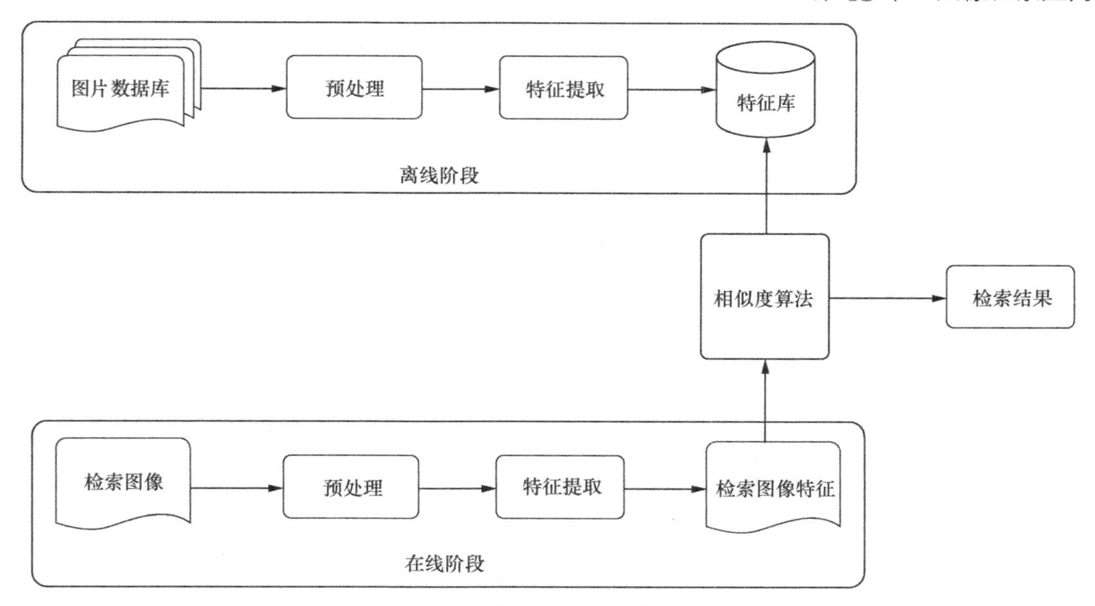

图 10-3 图像检索系统完整流程图

10.2 图像检索特征提取的常用方法

本节将讲解基于深度学习网络的图像检索特征提取技术。研究者认为深度神经网络高层网络输出的特征代表着输入图像的语义信息，这些语义信息具有一定的差异性，因此可以很好地用于检索中。目前使用的深度特征主要分为两种，一种是二值特征，另一种是浮点特征。

二值编码特征的优点是存储高效，且特征的差异可以采用汉明距离进行衡量，计算复杂度较低，缺点是特征描述太粗。二值编码特征的代表性算法有 deep hash 和 sigmoid 两种算法。

浮点特征的优点是进行距离计算时能够更加精细地衡量图像间的差异，缺点是距离计算复杂度较高，浮点向量在进行存储时占用空间大。浮点特征的代表性算法是基于度量学习的 triplet net 算法。

基于特征的二值化编码是图像检索的常见方法，常见的有基于 hash 函数和分段函数的方法，这里我们主要介绍基于分段函数的方法。该方法需要先在 ImageNet 数据集上完成预训练，这个预训练会保持原始网络中的大部分结构，但为了提取二值编码特征，可以引入如下分段函数：

$$H^j=\begin{cases}1, out^j(H)\geqslant 0.5\\ 0, otherwise\end{cases}$$

其中，j 表示隐藏层中的特征维度，将隐藏层中大于等于 0.5 的值强制赋值为 1，将小于 0.5 的值强制赋值为 0，这样就构成了一个 0、1 的二值特征，这个分段函数其实就是 sigmoid 函数。这些特征可以方便后续的检索操作，具体代码实现也非常简单。

在引入这个分段函数后，重新对检索数据集进行分类训练，当最后的训练精度非常高的时候，这个二值编码的隐藏层就具备了对图像类别的精准标注能力，从而实现检索的功能。

下面结合代码介绍这种分段函数的二值检索方法，这里提供了一个简单提取图像二值检索特征的 VGG 网络结构，代码如下：

```
import tensorflow as tf
tf.enable_eager_execution()
def model_vgg_bin(x, training = False):
    # 第一组第一层卷积使用 64 个卷积核，核大小为 3
    conv1_1 = tf.layers.conv2d(inputs=x,filters=64,name="conv1_1",
        kernel_size=3, activation=tf.nn.relu,padding="same")
    # 第一组第二层卷积使用 64 个卷积核，核大小为 3
    conv1_2 = tf.layers.conv2d(inputs=conv1_1, filters=64, name="conv1_2",
        kernel_size=3, activation=tf.nn.relu, padding="same")
    # 第一个 pool 操作核大小为 2、步长为 2
    pool1 = tf.layers.max_pooling2d(inputs=conv1_2, pool_size=[2, 2],
        strides=2, name='pool1')
    # 第二组第一层卷积使用 128 个卷积核，核大小为 3
    conv2_1 = tf.layers.conv2d(inputs=pool1, filters=128, name="conv2_1",
        kernel_size=3, activation=tf.nn.relu, padding="same")
    # 第二组第二层卷积使用 128 个卷积核，核大小为 3
    conv2_2 = tf.layers.conv2d(inputs=conv2_1, filters=128, name="conv2_2",
        kernel_size=3, activation=tf.nn.relu, padding="same")
    # 第二个 pool 操作核大小为 2、步长为 2
    pool2 = tf.layers.max_pooling2d(inputs=conv2_2, pool_size=[2, 2],
        strides=2, name='pool2')
    # 第三组第一层卷积使用 128 个卷积核，核大小为 3
    conv3_1 = tf.layers.conv2d(inputs=pool2, filters=128, name="conv3_1",
        kernel_size=3, activation=tf.nn.relu, padding="same")
    # 第三组第二层卷积使用 128 个卷积核，核大小为 3
    conv3_2 = tf.layers.conv2d(inputs=conv3_1, filters=128, name="conv3_2",
        kernel_size=3, activation=tf.nn.relu, padding="same")
    # 第三组第三层卷积使用 128 个卷积核，核大小为 3
    conv3_3 = tf.layers.conv2d(inputs=conv3_2, filters=128, name="conv3_3",
        kernel_size=3, activation=tf.nn.relu, padding="same")
    # 第三个 pool 操作核大小为 2、步长为 2
    pool3 = tf.layers.max_pooling2d(inputs=conv3_3, pool_size=[2, 2],
        strides=2, name='pool3')
    # 第四组第一层卷积使用 256 个卷积核，核大小为 3
    conv4_1 = tf.layers.conv2d(inputs=pool3, filters=256, name="conv4_1",
        kernel_size=3, activation=tf.nn.relu, padding="same")
    # 第四组第二层卷积使用 256 个卷积核，核大小为 3
    conv4_2 = tf.layers.conv2d(inputs=conv4_1, filters=256, name="conv4_2",
        kernel_size=3, activation=tf.nn.relu, padding="same")
    # 第四组第三层卷积使用 256 个卷积核，核大小为 3
    conv4_3 = tf.layers.conv2d(inputs=conv4_2, filters=256, name="conv4_3",
        kernel_size=3, activation=tf.nn.relu, padding="same")
    # 第四个 pool 操作核大小为 2、步长为 2
    pool4 = tf.layers.max_pooling2d(inputs=conv4_3, pool_size=[2, 2],
        strides=2, name='pool4')
    # 第五组第一层卷积使用 512 个卷积核，核大小为 3
    conv5_1 = tf.layers.conv2d(inputs=pool4, filters=512, name="conv5_1",
        kernel_size=3, activation=tf.nn.relu, padding="same")
```

```
    # 第五组第二层卷积使用 512 个卷积核，核大小为 3
    conv5_2 = tf.layers.conv2d(inputs=conv5_1, filters=512, name="conv5_2",
        kernel_size=3, activation=tf.nn.relu, padding="same")
    # 第五组第三层卷积使用 512 个卷积核，核大小为 3
    conv5_3 = tf.layers.conv2d(inputs=conv5_2, filters=512, name="conv5_3",
        kernel_size=3, activation=tf.nn.relu, padding="same")
    # 第五个 pool 操作核大小为 2、步长为 2
    pool5 = tf.layers.max_pooling2d(inputs=conv5_3, pool_size=[2, 2],
        strides=2, name='pool5')
    # 对 features map 进行展平操作
    flatten = tf.layers.flatten(inputs=pool5,name="flatten")
    # 第一个输出为 4096 的全连接层输出，使用 ReLU 激活函数
    fc6 = tf.layers.dense(inputs=flatten, units=4096,
        activation=tf.nn.relu, name='fc6')
    drop1 = tf.layers.dropout(inputs=fc6, rate=0.5,training=training)
    # 第二个输出为 4096 的全连接输出，使用 ReLU 激活函数
    fc7 = tf.layers.dense(inputs=drop1, units=4096,
          activation=tf.nn.relu, name='fc7')
    drop2 = tf.layers.dropout(inputs=fc7, rate=0.5, training=training)
    # 通过构建一个使用 sigmoid 函数激活的全连接层生成图像检索的二值编码特征
    bincode = tf.layers.dense(inputs=drop2, units=512,
          activation=tf.nn.sigmoid, name='bincode')
    fc8 = tf.layers.dense(inputs=bincode, units=1000, name='fc8')
    # 网络最后需要返回二值编码特征部分和用于 softmax 损失计算的全连接部分
    return bincode, fc8
```

以上代码是 VGG 提取特征的网络结构。接下来需要对 VGG 网络进行改动，即在 fc7 和 fc8 之间再添加一个隐藏层。这个隐藏层是为了实现分段函数的功能，即特征二值化。这里我们引入了 sigmoid 函数进行一个特征值范围的缩放。

在 TensorFlow 代码中只需要将 tf.layers.dense 中激活函数参数设置为 activation=tf.nn.sigmoid 即可实现特征值的二值化。以下分别是 dense 层和 sigmoid 层的参数说明：

```
#dense 层定义
tf.layers.dense(
    inputs,
    units,
    activation=None,
    use_bias=True,
    kernel_initializer=None,
    bias_initializer=tf.zeros_initializer(),
    kernel_regularizer=None,
    bias_regularizer=None,
    activity_regularizer=None,
    kernel_constraint=None,
    bias_constraint=None,
    trainable=True,
    name=None,
    reuse=None
)
# sigmoid 层定义
tf.math.sigmoid(
```

```
        x,
        name=None
    )
```

下面是引入二值化编码层的 VGG 网络结构的使用方法，引入了这个二值化编码层后，就可以对任意的输入图像求解其二值化编码特征，代码如下：

```
if __name__ == "__main__":
    x = tf.ones([2, 100, 100, 3])
    y1,y2 = model_vgg_bin(x)
    print(y1.shape)
    print(y2.shape)
```

同时，代码中 fc8 层的输出维度可以根据检索数据库中的类别总数进行调整。假如你的实际应用场景中的检索分类是 100 类，那么 fc8 的输出维度就是 100 维。

10.3 基于 VGG 的图像检索实例

10.3.1 使用 TFRecord 生成训练数据

接下来将介绍一个基于 VGG 的图像检索实例。这个实例首先需要训练一个基于 VGG 的特征抽取网络，然后根据这个特征抽取网络抽取所有样本的特征构建检索数据库，最后对一张待检索图片先经过特征提取网络提取特征，再与检索数据库中的数据进行距离计算，输出检索的结果。下面是生成训练数据的代码：

```
import pandas as pd
import numpy as np
import tensorflow as tf
from tfrecorder import TFrecorder
tfr = TFrecorder()
# 生成 tfrecoder
def input_fn_maker(path, data_info_path, shuffle=False, batch_size = 1,
    epoch = 1, padding = None):
    def input_fn():
        # 获取文件名称
        filenames = tfr.get_filenames(path=path, shuffle=shuffle)
        # 通过内置函数获取数据集
        dataset=tfr.get_dataset(paths=filenames,
            data_info=data_info_path, shuffle = shuffle,
            batch_size = batch_size, epoch = epoch, padding =padding)
        iterator = dataset.make_one_shot_iterator()
        return iterator.get_next()
    return input_fn
# 补充图片原始尺寸信息
padding_info = ({'image':[100,100,3],'label':[]})
# 构建测试集
test_input_fn = input_fn_maker('/test/', 'tfrecord/data_info.csv',
    batch_size = 512, padding = padding_info)
# 构建训练集
train_input_fn = input_fn_maker('/train/', 'tfrecord/data_info.csv',
    shuffle=True, batch_size = 128,padding = padding_info)
```

```
    # 构建验证集
    train_eval_fn = input_fn_maker('train/', 'tfrecord/data_info.csv',
        batch_size = 512, padding = padding_info)
```

10.3.2　模型训练函数

这里的特征提取模型使用了前面 10.2 节中的简单二值编码特征检索网络，即 model_vgg_bin 网络，下面是基于 model_vgg_bin 网络的模型训练过程：

```
def model_fn(features, net, mode):
    features['image'] = tf.reshape(features['image'], [-1, 100, 100, 3])
    # 获取基于 net 网络的模型预测结果
    predictions = net(features['image'])
    # 判断是预测模式还是训练模式
    if mode == tf.estimator.ModeKeys.PREDICT:
        return tf.estimator.EstimatorSpec(
            mode=mode, predictions=predictions)
    # 获取模型的 loss tensor
    loss = tf.losses.sparse_softmax_cross_entropy(
        labels=features['label'], logits=logits)
    # 训练模式下的模型结果获取
    if mode == tf.estimator.ModeKeys.TRAIN:
        # 声明模型使用的优化器类型
        optimizer = tf.train.AdamOptimizer(learning_rate=1e-3)
        train_op = optimizer.minimize(
            loss=loss, global_step=tf.train.get_global_step())
        return tf.estimator.EstimatorSpec(mode=mode,
            loss=loss, train_op=train_op)
    # 生成评价指标
    eval_metric_ops = {
        "accuracy": tf.metrics.accuracy(
            labels=features['label'],
            predictions=predictions["classes"])}
    return tf.estimator.EstimatorSpec(
        mode=mode, loss=loss, eval_metric_ops=eval_metric_ops)
```

10.3.3　检索系统构建

经过前面的几个步骤，我们已经获取了图像检索特征提取模型，接下来就需要提取图像特征来构建一个图像检索系统。

首先需要自定义 Estimator 用于提取图像检索特征：

```
classifier = tf.estimator.Estimator(
    model_fn=my_model,
    params={
        # 检索特征隐藏层
        'bincode ': 检索特征,
        # 需要检索的 220 个类别的预测标签
        'n_classes': 220,
    })
```

对提取的检索特征，我们对其进行二值化，大于等于 0.5 的为 1，小于 0.5 的为 0：

```
bincode = bicode.asnumpy()
```

```
    bincode[bincode >= 0.5] = 1
    bincode[bicode < 0.5] = 0
    bincde = bincode.astype(int)
```

对上述提取的二值编码特征，需要与检索数据库中已提取的二值编码特征进行比对。在选择距离比对策略时，由于编码特征只有 0 和 1，因此使用汉明距离进行距离比对：

```
def hammingDistance(x, y):
    hamming_distance = 0
    s = str(bin(x^y))
    for i in range(2, len(s)):
        if int(s[i]) is 1:
            hamming_distance += 1
    return hamming_distance
```

使用汉明距离能够实现对海量二值编码特征图片的快速检索。以上就是一个基于 TensorFlow 代码实现的简单图像检索系统。

第 11 章 光学字符识别应用

11.1 光学字符识别的概念

光学字符识别的英文全称是（Optical Character Recognition，OCR），它是利用光学技术和计算机技术把印在或写在纸上的文字读取出来，并转换成一种计算机能够接受、人又可以理解的数据。文字识别是计算机视觉研究领域的分支之一，而且这项技术已经相当成熟，在商业中已经有很多落地项目，例如手机 App 中名片、身份证等的扫描识别，停车场、收费站中使用的自动车牌识别，图书馆中的古旧书籍电子化等。

目前光学字符识别主要分为两类，一是手写体识别，二是印刷体识别。其中识别手写体要比识别印刷体困难得多，因为每个人的书写习惯有很大的差异，并且手写体的字体粘连现象非常严重。手写体识别的应用场景主要是古旧书籍电子化、书面文件签名识别、纸质病历识别等。图 11-1 所示是一个典型的手写体识别场景。

遇见你是最美丽的意外。

图 11-1　手写汉字示意图

印刷体识别相较于手写体识别，它的应用场景更加广泛。印刷体存在的场景不限于纸面载体，还包括日常生活中的方方面面，例如随身携带的证件、随处可见的商家广告牌、银行的账单流水材料、各种消费发票等。印刷体识别的难点在于如何正确定位文字所在区域，以及如何识别不同字体的文字。

光学字符识别技术目前在国外发展非常快，应用非常广泛；但国内的光学字符识别技术发展相对较慢，究其原因还是在于需要识别的文字规模不同。通常英文光学字符识别要识别的字符有 26 个，算上大小写共 52 个，再加上 10 个阿拉伯数字和其他特殊标点符号，字库不超过 200 个。而中文光学字符识别要识别的字符高达数千个，其中常用的汉字一共 6763 个，同时汉字的字形各不相同，结构非常复杂，要将这些字符比较准确地识别出来是一件相当具有挑战性的事情。因此光学字符识别目前在中文光学字符识别方面还有着非常大的挑战，当然也有着非常大的进步空间。

11.2 光学字符识别的常用算法与流程

传统的光学字符识别技术主要流程：字符切割、单字符识别、版面分析。

图 11-2 所示是对一个文本进行字符切割的前后比较示例。这里面主要用到的是二值化和连通域分析等方法。字符切割后，就会对单个字符进行识别，这就涉及单个字符图片的特征提取以及特征分类。

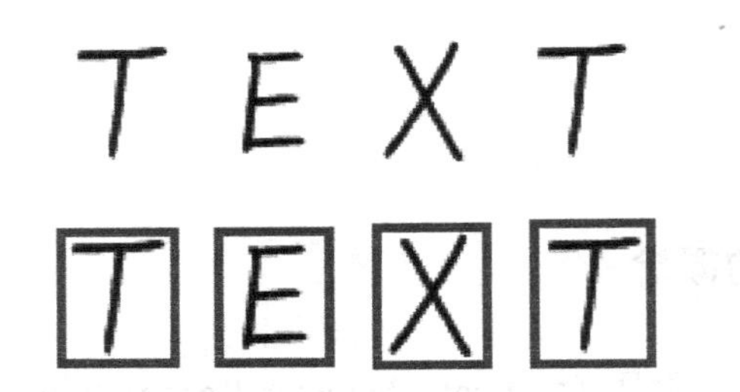

图 11–2　传统光学字符识别单字切割示意图

但这些传统的基于字符切割的光学字符识别方法都有问题，在对图片进行二值化和连通域分析时需要大量的参数，然而在不同的应用场景中，这些参数又很难去自适应，例如汉字和字母需要考虑不同的长宽比例。

为了免去字符切割的操作，减少因参数带来的切割错误，以期让算法自己学会怎样进行切割，目前主要使用的是序列文字识别技术，即先对文本进行行提取，然后对提取后的文本行直接进行字符识别。

11.2.1 文本检测环节

文本检测算法主要是从图片中检测出文字区域。为了检测出文本与非文本区域，需要对文本区域进行特征提取，以便很好地与非文本区域进行区分。接下来介绍几种基于深度学习的文本特征提取算法。

基于深度学习的文本检测技术主要分为两种，一种是全卷积回归，另一种是候选区域（Region Proposal）方法，本文主要介绍候选区域方法。

候选区域方法来源于目前检测领域的 Faster R-CNN 中的候选区域网络，但目前目标检测算法中的 Faster R-CNN 不能直接用于文本检测，因为文本有自己的特点，例如以下两点。

（1）文本行的长宽比例不一。有些文本块长度非常长，与目标检测算法中目标的长宽比例相差非常大。

（2）文本区域字符外边缘非常复杂，并且有一些字符存在多个分离情况，即一个文字可能有多个目标区域。

针对上述的这些问题，基于文本的候选区域文本行检测算法也在不断地改进。一种方式就是改进 Faster R-CNN 的候选区域网络部分，最经典的方式就是在候选区域网络的过程中引入时序模型。因为文本特征是一个连续且有序的特征，引入时序模型能对文本进行更好的特征描述，例如引入长短期记忆网络（Long Short Term Memory，LSTM）结构。这种文字区域检测算法最早在 CTPN 网络中使用。

下面是使用 TensorFlow 对 CTPN 网络进行复现的代码：

```
def model_ctpn(x, training = False):
    # 初始化 LSTM 操作
    lstm_out = tf.keras.layers.LSTM(units=256, dropout=0.3,
        go_backwards=True, return_sequences=True, name="bilstm")
    # 对输入的特征图进行滑动窗口操作
    slide = tf.layers.conv2d(inputs=x, filters=512, name="conv5_3",
        kernel_size=3, activation=tf.nn.relu, padding="same")
    # 对滑动窗口操作后的数据进行第一次 reshape 操作
    flat1 = tf.reshape(slide, [slide.shape[0] * slide.shape[1],
        slide.shape[2], -1])
    # 对数据进行基于 Bi-LSTM 的序列建模
    lstm_out = lstm_out(flat1)
    # 对序列建模后的数据进行第二次 reshape 操作
    flat2 = tf.reshape(lstm_out,
        [slide.shape[0] * slide.shape[1] * slide.shape[2], -1] )
    # 进行 FC 操作
    fc = tf.layers.dense(flat2, 256, name="fc")
    # 对 FC 操作后的数据进行特征图特征还原
    rpn = tf.reshape(fc, [slide.shape[0], slide.shape[1],
        slide.shape[2], -1])
    # 对特征图的通道进行 transpose 操作
    rpn_out = tf.transpose(rpn, [0, 3, 1, 2])
    return rpn_out
```

上面就是在普通候选区域网络的结构上引入时序模型 LSTM 的核心操作部分的代码，其中网络输入参数 x 可以使用我们前面提到的 VGG 或者 ResNet 网络进行特征提取。

11.2.2　文本识别环节

相比文本行检测技术，文本识别的技术要相对成熟一些，下面介绍业界应用最广泛的文本识别方法。

介绍文本识别前首先要介绍一种业界通用的算法。2012 年，Alex Graves（亚历克斯 格拉夫斯）为了解决语音识别中的序列识别问题，提出了一种连接时序分类（Connectionist Temporal Classification，CTC）的算法，这种算法对序列数据具有非常好的识别效果。

下面是 TensorFlow 中 CTC 损失函数的接口说明：

```
tf.nn.ctc_loss(
    labels,
    inputs,
    sequence_length,
    preprocess_collapse_repeated=False,
    ctc_merge_repeated=True,
    ignore_longer_outputs_than_inputs=False,
    time_major=True
)
```

其中，传入的参数 labels 表示真实中文标签。inputs 一般是时序网络输出的结果（如 LSTM）。

需要注意的一点是，CTC 因为需要使用空格进行序列预测分割，所以需要预留一个标签用于存放空格。

接下来我们用 TensorFlow 对卷积循环神经网络（Convolutional Recurrent Neural Network，CRNN）的核心结构进行代码展示。CRNN 的原理其实不复杂，就是将前面的卷积特征与 LSTM 进行组合，代码如下：

```
def model_crnn(x, training = False):
    # 初始化 Bi-LSTM 单元
    lstm_out = tf.keras.layers.LSTM(units=256, dropout=0.3,
    go_backwards=True, return_sequences=True, name="bilstm")
# 进行第一次 reshape 操作
flat1 = tf.reshape(x, [x.shape[0], x.shape[2], -1])
lstm_out = lstm_out(flat1)
# 进行第二次 reshape 操作，以便进行全连接层的操作
flat2 = tf.reshape(lstm_out,
    [lstm_out.shape[0] * lstm_out.shape[1], -1] )
# 进行全连接操作，输入最终输出的识别字符大小
fc = tf.layers.dense(flat2, 6400, name="fc")
# 进行第三次 reshape 操作，将 2D 输出，转换为 3D 输出，以便 CTC loss 进行计算
fc_out = tf.reshape(fc, [lstm_out.shape[0], lstm_out.shape[1], -1])
return fc_out
```

11.3 基于 CNN-RNN-CTC 的光学字符识别算法实例

11.3.1 光学字符识别训练数据生成

我们在训练光学字符识别的时候，遇到的首要问题就是缺乏标注数据，这里的标注数据包括文本定位标注数据和文本识别标注数据。文本定位标注数据目前较难获取，大多需要人工标注，文本定位与标注如图 11-3 所示。

图 11-3　文本定位与标注

文本定位与标注一般是对文本进行框选并标注字符结果，模型预测出文字区域并进行字符识别，最终将能连成一行的字符连成一行进行输出。

光学字符识别项目中另外的一种标注数据是文本识别的标注数据。这种标注数据一般是单字或者多字符的标签，CRNN 模型的标注数据就是多字符。这种单文本行多字符的标签其实并不依赖于人工标注数据，我们可以使用现有的一些图像处理库自动生成这些文本标签，从而减少对人工标注的依赖。图 11-4 所示是调用图像库生成的复杂文本识别样本示例。

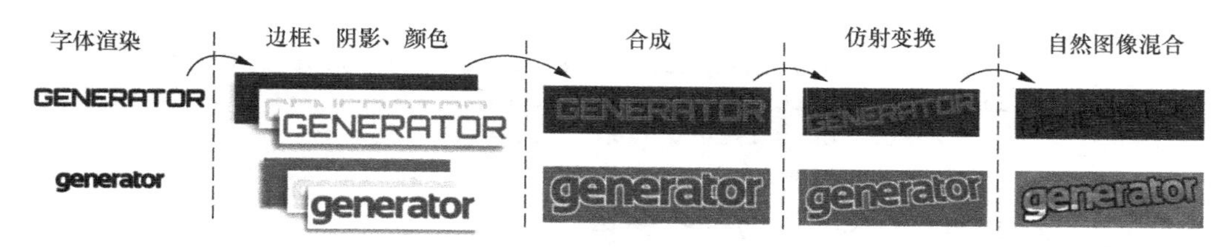

图 11-4　图像库生成的文本识别样本示例

以下提供基于 PIL 库的光学字符识别数据生成函数，用以生成海量的光学字符识别数据，以满足各种光学字符识别训练的需求：

```
import cv2
import math
import random
import os
import numpy as np
from PIL import Image, ImageFont, ImageDraw, ImageFilter

class ComputerTextGenerator(object):
    @classmethod
    def generate(cls, text, font, text_color):
        # 随机生成字号
        size = random.randint(8, 24)
        # 从字体库中选择字体用以数据生成
        fonts = ["fonts/"+l for l in font]
        # 随机选择字体
        ft = random.choice(fonts)
        # ft = "fonts/STSONG.TTF"
        # 为 ImageFont 类添加字体类型与字号
        image_font = ImageFont.truetype(font=ft, size=size)
        # 获取字体的高度和宽度
        text_width, text_height = image_font.getsize(text)
        txt_img = Image.new('L', (text_width+3, text_height), 255)
        # 随机宽度偏移量
        w_index = random.choice([-3, -2,-1, 0, 0, 0, 0, 0, 0, 0, 0, 1, 2, 3])
        # 随机高度偏移量
        h_index = random.choice([-4, -3, -2, -1, 0, 0, 0, 0, 0, 0, 0, 0,
            0, 1, 2, 3, 4])
        txt_draw = ImageDraw.Draw(txt_img)
        txt_draw.text((w_index, h_index), text,
            fill=random.randint(20, 90) if text_color <   0 \
            else text_color, font=image_font)
```

```
        return txt_img

if __name__ == "__main__":
    text = None
    fonts_files = os.listdir("fonts")
    with open("texts/data.txt","r") as txn:
        lines = txn.readlines()
        for i in range(100):
            text = lines[i].decode("utf-8").strip("\n").strip("\r")
            image = ComputerTextGenerator.generate(
                text, fonts_files, text_color=-1)
            image.save("imgs/{}.jpg".format(i))
```

11.3.2 使用 TFRecord 生成训练数据

在文本识别中，由于采用了 CRNN 的模型，而模型本身是个多标签的模型，而且使用了 CTC 的损失函数，因此文本识别中的多标签与前面我们讲过的多标签是有区别的。这里我们先构建基于生成的多标签文本数据的 TFRecord 文件。

假设需要构建的多标签为：

```
label = [12, 409, 2334, 624, 4542, 560, 453, 409, 5432, 971, 1242, 1353, 87]
```

这里的输入标签有 13 个，里面的数值为汉字字符在整个汉字字典中的序号，也就是说最后模型需要预测 13 个字符。下面先构建最长支持 32 个字符的 TFRecord。

首先我们需要改写下面函数：

```
def _floats_feature(value):
    # 注意无列表符号
    return tf.train.Feature(float_list=tf.train.FloatList(value=value))

# 下面的函数用于进行图像像素数据与标签数据的转换
def convert_to_record(name, image, label, map):
    filename = os.path.join(params.TRAINING_RECORDS_DATA_DIR,
        name + '.' + params.DATA_EXT)
    writer = tf.python_io.TFRecordWriter(filename)
    image_raw = image.tostring()
    map_raw = map.tostring()
    label_raw = label.tostring()
    example = tf.train.Example(
        features=tf.train.Features(feature={
            'image_raw': _bytes_feature(image_raw),
            'map_raw': _bytes_feature(map_raw),
            'label_raw': _bytes_feature(label_raw)
        }))
    writer.write(example.SerializeToString())
    writer.close()
```

剩下最重要的环节就是在训练过程中读取出多标签的数据，即使用 tf.FixedLenSequenceFeature 解析出多标签。通常的单标签只需要使用 tf.FixedLenFeature 就能解析出标签数据，而多标签需要使用 tf.FixedLenSequenceFeature 函数才能解析出多标签的数据。下面是解析部分的代码：

```
image_feature_description = {
    'height': tf.FixedLenFeature([], tf.int64),
    'width': tf.FixedLenFeature([], tf.int64),
    'depth': tf.FixedLenFeature([], tf.int64),
    # 'label': tf.FixedLenFeature([], tf.float32),
    'label': tf.FixedLenSequenceFeature(
        [], tf.float32, allow_missing=True ),
    'image_raw': tf.FixedLenFeature([], tf.string),
}
```

通过上面的代码生成多标签 TFRecord 格式数据，我们已完成对基于 CNN-RNN-CTC 部分的数据准备，剩下的工作就是构建 CNN-RNN-CTC 网络并进行最终的训练。

11.3.3 构建基于 CNN-RNN-CTC 的光学字符识别网络

本小节开始讲解构建 CNN-RNN-CTC 网络。首先是 CNN 网络部分，这里我们选取最熟悉的 VGG 网络作为 CNN 特征提取部分，以下是 VGG 网络的代码：

```
import tensorflow as tf
tf.enable_eager_execution()
def model_vgg(x, training = False):
    # 第一组第一层卷积使用 64 个核函数，卷积核大小为 3、步长为 1，使用 ReLU 激活函数
    conv1_1 = tf.layers.conv2d(inputs=x,filters=64,name="conv1_1",
        kernel_size=3, activation=tf.nn.relu, padding="same")
    # 第一组第二层卷积使用 64 个核函数，卷积核大小为 3、步长为 1，使用 ReLU 激活函数
    conv1_2 = tf.layers.conv2d(inputs=conv1_1, filters=64, name="conv1_2",
        kernel_size=3, activation=tf.nn.relu, padding="same")
    # 第一组 pool 操作核大小为 2、步长为 2
    pool1 = tf.layers.max_pooling2d(inputs=conv1_2, pool_size=[2, 2],
        strides=2, name='pool1')
    # 第二组第一层卷积使用 128 个核函数，卷积核大小为 3、步长为 1，使用 ReLU 激活函数
    conv2_1 = tf.layers.conv2d(inputs=pool1, filters=128, name="conv2_1",
        kernel_size=3, activation=tf.nn.relu, padding="same")
    # 第二组第二层卷积使用 128 个核函数，卷积核大小为 3、步长为 1，使用 ReLU 激活函数
    conv2_2 = tf.layers.conv2d(inputs=conv2_1, filters=128, name="conv2_2",
        kernel_size=3, activation=tf.nn.relu, padding="same")
    # 第二组 pool 操作核大小为 2、步长为 2
    pool2 = tf.layers.max_pooling2d(inputs=conv2_2, pool_size=[2, 2],
        strides=2, name='pool2')
    # 第三组第一层卷积使用 128 个核函数，卷积核大小为 3、步长为 1，使用 ReLU 激活函数
    conv3_1 = tf.layers.conv2d(inputs=pool2, filters=128, name="conv3_1",
        kernel_size=3, activation=tf.nn.relu, padding="same")
    # 第三组第二层卷积使用 128 个核函数，卷积核大小为 3、步长为 1，使用 ReLU 激活函数
    conv3_2 = tf.layers.conv2d(inputs=conv3_1, filters=128, name="conv3_2",
        kernel_size=3, activation=tf.nn.relu, padding="same")
    # 第三组第三层卷积使用 128 个核函数，卷积核大小为 3、步长为 1，使用 ReLU 激活函数
    conv3_3 = tf.layers.conv2d(inputs=conv3_2, filters=128, name="conv3_3",
        kernel_size=3, activation=tf.nn.relu, padding="same")
    # 第三组 pool 操作核大小为 2、步长为 2
    pool3 = tf.layers.max_pooling2d(inputs=conv3_3, pool_size=[2, 2],
        strides=2, name='pool3')
    # 第四组第一层卷积使用 256 个核函数，卷积核大小为 3、步长为 1，使用 ReLU 激活函数
```

```
    conv4_1 = tf.layers.conv2d(inputs=pool3, filters=256, name="conv4_1",
        kernel_size=3, activation=tf.nn.relu, padding="same")
    # 第四组第二层卷积使用 256 个核函数，卷积核大小为 3、步长为 1，使用 ReLU 激活函数
    conv4_2 = tf.layers.conv2d(inputs=conv4_1, filters=256, name="conv4_2",
        kernel_size=3, activation=tf.nn.relu, padding="same")
    # 第四组第三层卷积使用 256 个核函数，卷积核大小为 3、步长为 1，使用 ReLU 激活函数
    conv4_3 = tf.layers.conv2d(inputs=conv4_2, filters=256, name="conv4_3",
        kernel_size=3, activation=tf.nn.relu, padding="same")
    # 第四组 pool 操作核大小为 2、步长为 2
    pool4 = tf.layers.max_pooling2d(inputs=conv4_3, pool_size=[2, 2],
        strides=2, name='pool4')
    # 第五组第一层卷积使用 512 个核函数，卷积核大小为 3、步长为 1，使用 ReLU 激活函数
    conv5_1 = tf.layers.conv2d(inputs=pool4, filters=512, name="conv5_1",
        kernel_size=3, activation=tf.nn.relu, padding="same")
    # 第五组第二层卷积使用 512 个核函数，卷积核大小为 3、步长为 1，使用 ReLU 激活函数
    conv5_2 = tf.layers.conv2d(inputs=conv5_1, filters=512, name="conv5_2",
        kernel_size=3, activation=tf.nn.relu, padding="same")
    # 第五组第三层卷积使用 512 个核函数，卷积核大小为 3、步长为 1，使用 ReLU 激活函数
    conv5_3 = tf.layers.conv2d(inputs=conv5_2, filters=512, name="conv5_3",
        kernel_size=3, activation=tf.nn.relu, padding="same")
```

这里只选取 VGG 网络的 CNN 结构部分，也就是 conv5_3 的部分。由于 conv5_3 的卷积特征图是一个 4 维的张量，包含的维度是 N、H、W、C，因此这里的 N 表示批特征图数量，H 是特征图的高度，W 是特征图的宽度，C 是特征图的通道数。

接下来我们初始化一个双向 LSTM 单元：

```
# 初始化中间隐藏层维度为 256 的双向 LSTM 单元
lstm_out = tf.keras.layers.LSTM(units=256, dropout=0.3, go_backwards=True,
    return_sequences=True, name="bilstm")
```

我们虽然初始化了一个双向 LSTM 单元，但 LSTM 单元只接受 3 维的张量输入，因此我们需要将 conv5_3 进行重塑(reshape)操作，以满足 LSTM 单元的输入：

```
# 对滑动窗口操作后的数据进行第一次 reshape 操作
flat1 = tf.reshape(conv5_3, [slide.shape[0] * slide.shape[1],
    slide.shape[2], -1])
# 对数据进行基于 Bi-LSTM 的序列建模
lstm_out = lstm_out(flat1)
```

当数据通过 lstm_out 进行序列建模后，接下来就需要构建 CTC 的输入结构，于是我们对输出进行第一次重塑操作：

```
# 对序列建模后的数据进行第二次 reshape 操作
flat2 = tf.reshape(lstm_out,
     [slide.shape[0] * slide.shape[1] * slide.shape[2], -1] )
# 进行 FC 操作
fc = tf.layers.dense(flat2, 6764, name="fc")
```

从代码可以看到，我们最后进行了一次全连接的操作，这个全连接操作输出的 6764（6763 为常见汉字数量，1 为空格或者非汉字分隔符）就是模型支持的最大标签识别数目。对 fc 的结果还要进行最后一次重塑操作，以完成 CTC 的输出支持：

```
# 对 fc 操作后的数据进行序列标签还原
output = tf.reshape(fc, [lstm_out.shape[0], lstm_out.shape[1],  -1])
return output
```

最终模型返回的就是一个带有序列特征的 3 维张量，即[batch_size, max_time, num_classes]。

下面是读取 TFRecord 并进行模型训练的代码：

```
    tfr = TFrecorder()
    def input_fn_maker(path, data_info_path, shuffle=False, batch_size = 1,
        epoch = 1, padding = None):
        def input_fn():
            filenames = tfr.get_filenames(path=path, shuffle=shuffle)
            dataset=tfr.get_dataset(paths=filenames,
                data_info=data_info_path, shuffle = shuffle,
                batch_size = batch_size, epoch = epoch, padding =padding)
            iterator = dataset.make_one_shot_iterator()
            return iterator.get_next()
       return input_fn
    # 原始图片信息
    padding_info = ({'image':[24,360,3,],'label':[]})
    # 测试集
    test_input_fn = input_fn_maker('ocr_data/test/',
        'ocr_tfrecord/data_info.csv', batch_size = 512,padding = padding_info)
    # 训练集
train_input_fn = input_fn_maker('ocr_data/train/',
        'ocr_tfrecord/data_info.csv', shuffle=True, batch_size = 128,
         padding = padding_info)
    # 验证集
    train_eval_fn = input_fn_maker('ocr_data/train/',
         'ocr_tfrecord/data_info.csv', batch_size = 512, padding = padding_info)
    # 最后的模型训练部分
    def model_fn(features, net, mode):
        features['image'] = tf.reshape(features['image'], [-1, 24, 360, 3])
        # 获取基于 net 网络的模型预测结果
        predictions = net(features['image'])
        # 判断是预测模式还是训练模式
        if mode == tf.estimator.ModeKeys.PREDICT:
            return tf.estimator.EstimatorSpec(
                mode=mode, predictions=predictions)
        # 初始化 ctcloss 需要设置模型的回归 sequence_length
        loss = tf.losses.tf.nn.ctc_loss(
            labels=features['label'], sequence_length=32)
        # 训练模式下的模型结果获取
        if mode == tf.estimator.ModeKeys.TRAIN:
            # 声明模型使用的优化器类型
        optimizer = tf.train.AdamOptimizer(learning_rate=1e-3)
        train_op = optimizer.minimize(
            loss=loss, global_step=tf.train.get_global_step())
        return tf.estimator.EstimatorSpec(
            mode=mode, loss=loss, train_op=train_op)
    # 生成评价指标
    eval_metric_ops = {
        "accuracy": tf.metrics.accuracy(labels=features['label'],
            predictions=predictions["classes"])}
    return tf.estimator.EstimatorSpec(
        mode=mode, loss=loss, eval_metric_ops=eval_metric_ops)
```

以上就是完整的基于 CNN-RNN-CTC 进行光学字符识别的 TensorFlow 代码。

第12章 中文分词

12.1 自然语言处理

在深度学习中，图像处理的解决方案和设计逻辑是比较直观的，即图像输入→特征提取→结果比对。图像经过预处理输入网络中，然后通过特征提取网络来提取图像特征，最后将网络的输出结果与真实结果进行比对，将误差通过反向传播逐层传回输入层，从而更新网络权重。而对于自然语言处理（Natural Language Processing , NLP）来说，其解决方案和设计逻辑要更复杂一点。

首先，图像的所有有效信息都蕴含在图片中。例如一个尺寸为 225 像素×225 像素的灰度图片，我们可以用 225×225 个不同的像素值对其进行描述。

其次，对于图像相关任务来说，不同的任务会赋予同一个图片不同的标签。例如图 12-1 所示的人和狗的照片，如果是目标识别任务的话，这个图片可以标注出两个需要识别的实体，即人和狗；而如果是人脸识别任务的话，只需要标注这个小女孩的名字。

图 12-1　人和狗的照片

而在自然语言处理任务中，我们从单独的文字中并不能获得全部的信息。例如对于一个分词任务，我们有如下一段文字"乒乓球拍卖完了"，如果仅仅从这句话本身出发，我们就有两种理解，一种是"乒乓球"，另一种是"乒乓球拍"。如果我们没有额外的信息来告知我们到底是"乒乓球拍"还是"乒乓球"的话，我们并不知道哪一种是正确的分词结果。

除了上下文依赖之外，自然语言处理的另外一个麻烦的地方在于文字本身是离散的，是一种抽象的信息表达。而在统计学习的范畴中，我们需要数据能够量化，这样才能进行统计分析。所以自然语言处理的解决方案一般为文字输入→文字单元嵌入表达→特征提取→结果比对。

12.2　中文分词简介

中文分词的定义为给定一段中文文本（如"我今天早上吃了两个面包"），我们期望通过中文分词获得这个文本的词组序列，来方便人们理解内容。例子的分词期望结果为"我/今天/早上/吃/了/两/个/面包"，这里"/"为分词任务的分割符。显然通过分词处理后，所获得的文本序列的每个词组的意义表达更明显、直观、易懂。

在深度学习中，我们会把自然语言处理的任务转换为标签分类任务，即每一个文字单元（一般来说，在中文中就是单个字，在英文中就是一个单词，它们都有天然的分割规则，如中文按字分割、而英文单词按照空格分割）都有一个标签，然后通过标签的组合来获得最后的结果，所以自然语言处理任务的第一步通常是根据任务目标来设计一个标签系统。例如上面的例子，我们可以发现每一个分词至少有一个字，我们可以得出一个词必然有首字，这个首字我们设为标签 H（head），非首字设为标签 E（expect head），这个标签系统称为 HE 标签系统。那么对上面文本打标签结果为：

```
H  H  E  H  E  H  H  H  H  H  E
我 今 天 早 上 吃 了 两 个 面 包
```

这样我们就把一个分词任务转换为一个文字单元的标签任务。在深度学习中，任务转换是一个很重要环节。如何将现实中复杂的问题通过抽象转换成算法可以解决的问题，是深度学习应用中最关键的一环。

下面，我们将深入了解中文分词标签系统。

12.2.1　BMES

BMES 由 4 个标签组成。

B：Begin，表示词的词头（词中的第一个字）。

M：Mediate，表示词的非词头和非词尾的字（中间字）。

E：End，表示词的词尾（词中的最后一个字）。

S：Single，表示单个的字成词。

这个标签系统相比于最初的 HE 标签系统来说，有以下优点。

（1）突出了单个字成词和多个字成词的区别。

（2）细化多字成词中不同位置词的区别。

（3）获得标签后进行组合，我们有更多的策略来优化输出结果。例如获得一个"BMES"的结果，我们可以让"BM"和"ES"成词，也可以让"BMES"成词。

对于中文分词来说，我们一般使用 BMES 作为最初的标签系统。

12.2.2 BM12ES

BM12ES 标签系统是 BMES 标签系统的扩展，其主要的区别是细化了词语中的中间词情况，将中间词分为 M、M1、M2 这 3 种情况。

B：Begin，表示词的词头（词中的第一个字）。

M1：Mediate 1，表示词去掉词头和词尾后第一个字。

M2：Mediate 2，表示词去掉词头和词尾后第二个字。

M：Mediate，表示词去掉词头和词尾后第三及以上个字。

E：End，表示词的词尾（词中的最后一个字）。

S：Single，表示单个的字成词。

BM12ES 标签系统对于 BMES 标签系统来说，其对长度更长的词语有了更细致的区分。这些特殊词常常是一些专业术语，如医学用语。举个例子，医学用语的词汇通常很长，如“盐酸坦布罗辛”和“盐酸氟碳布罗辛”，这两个医学用语如果用 BMES 来标记的话是差不多的；对于这种情况，我们需要细化词的中间部分，BM12ES 标签系统就可以很好地处理这种情况。

一般来说，对于医学、文学、金融等专业学术领域，我们会尝试使用更加复杂的标签系统来获得更好的效果。

12.3 文字单元嵌入表达

有了数据和标签系统之后，我们就可以对标签数据进行建模。这样一个中文分词任务就转换为了文字单元的序列标注任务：给定一个文字序列，预测这个序列中每一个元素的标签。

自然语言处理中最重要的一步就是将离散的文字转为可定量表达的文字单元嵌入特征，常见的文字单元嵌入表达有独热（one hot）、SVD、word2Vector 等。

12.3.1 文字单元的独热嵌入表达

假设有一个中文分词任务一共有 n 个不同的字，我们让这 n 个不同的字随便排列并记录下顺序，然后按照顺序位置生成一个 n 维的二进制向量（每一维都只有 0 或者 1 两种可能），这就是中文文字的独热表示方法。例如“今天天天气不错”这句话的独热表示如图 12-2 所示。

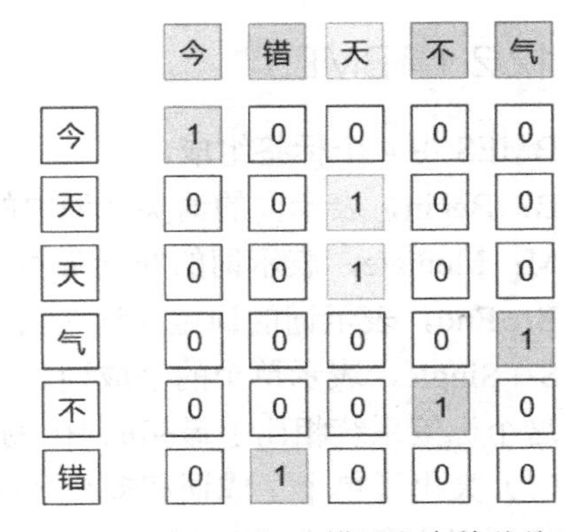

	今	错	天	不	气
今	1	0	0	0	0
天	0	0	1	0	0
天	0	0	1	0	0
气	0	0	0	0	1
不	0	0	0	1	0
错	0	1	0	0	0

图 12-2 “今天天气不错”文本的独热表示

我们可以看到如果数据集中只有“今天天气不错”这 6 个字的时候，不同的字有 5 个：“今”“天”“气”“不”“错”。我们可以用一定的顺序排列这 5 个字（随便排列，可以随机也可以指定顺序），如这里的顺序是“今”“错”“天”“不”“气”。

我们之所以使用独热向量是因为独热向量满足了不同字之间的唯一性，即不同的字所代表的向量必不相等，同样的字所代表的向量必相等；同时也给出了不同字之间的某种距离。更重要的是，这种表示方法给予了一种编码学上的文字表示方法，且蕴含足够信息，给文字单元嵌入表达的拓展打下了基础。

12.3.2　word2Vector

在深度学习中，使用 word2Vector 是文字单元嵌入表达最通用且有效的做法，word2Vector 有如下优点。

（1）构建迅速。

（2）只需要一次构建。

（3）可以保留比较完整的局部上下文信息。

从起源来说，word2Vecotr 是独热向量的延伸版。word2Vector 的设计原理是希望在独热向量表达的基础上，可以保留一些局部上下文的基于频率层面上的信息，从而使得不同的字之间的嵌入表达具有统计学意义上的相似性。从特性来说，word2Vector 属于迭代模型，即用同样的训练数据集反复迭代更新模型参数来获得结果。而从模型设计本身来说，word2Vecotr 是一个比较简单的深度学习网络。word2Vector 有两种实现方法：连续词袋法（Continuous Bag Of Words，CBOW）和跳字模型法（Skip-gram）。同时也有两种常用的优化方法：层级 softmax（Hierarchical softmax）和负采样（Negative Sampling）。

1. CBOW

连续词袋法的主要思想是通过输入相对应文字单元的上下文来预测当前文字单元，即通过上下文对该文字单元的频率上的某种贡献的映射来获得该文字单元的向量特征。图 12-3 所示为连续词袋法的简单图示。

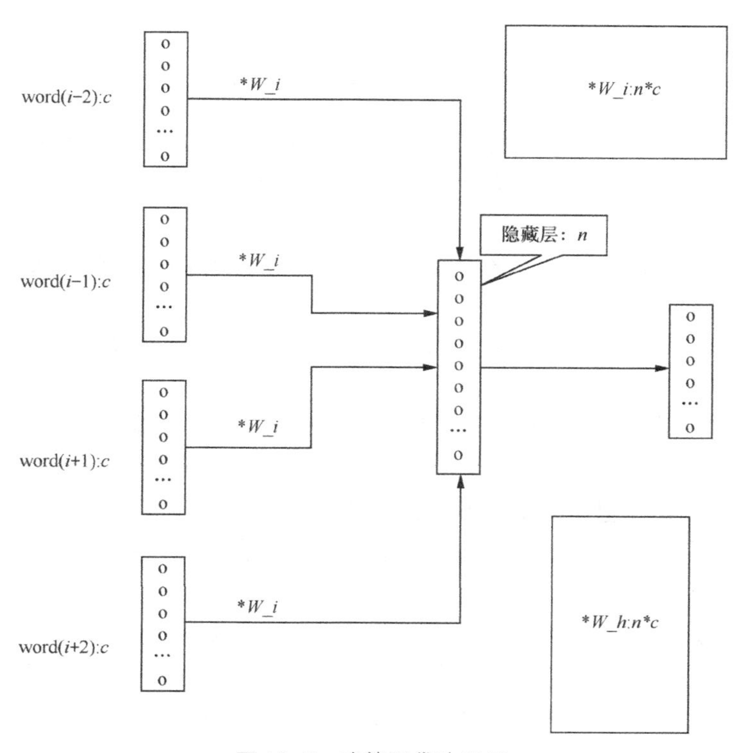

图 12-3　连续词袋法图示

接下来通过上面所举的例子“今天天气不错”来演示连续词袋法实现过程。设置上下文窗口 $w=2$，假设隐藏层的单元数 $m=3$，总词汇量 $c=5$，接着定义输入层的参数矩阵，并初始化为 $1,\cdots,15$，输出层的参数矩阵，初始化为 $15,\cdots,1$。假设我们想获得“气”的词向量，我们需要先获得“天”“天”“不”“错”的词向量，它们都是独热向量，具体初始化如图 12-4 所示。

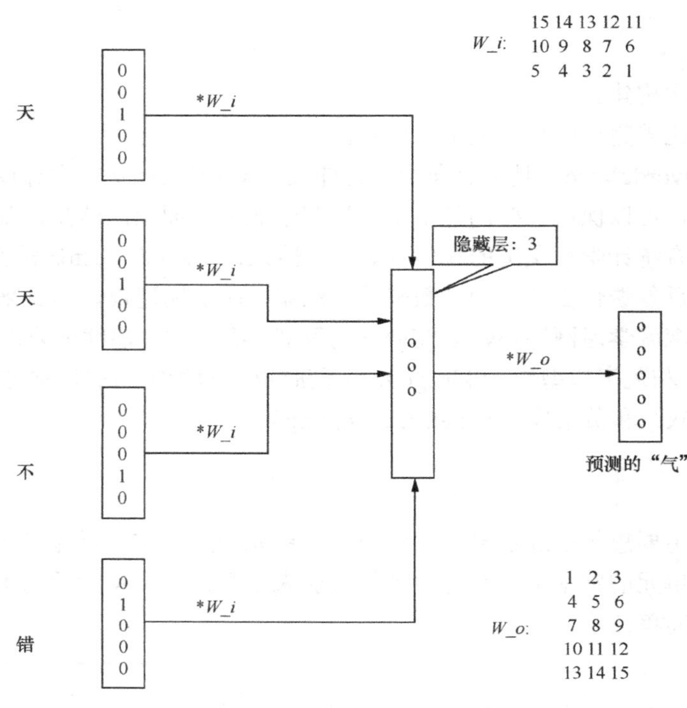

图 12-4　连续词袋法初始化

第一步是用输入层参数 *W_i* 分别乘以输入的独热向量：*r_j*= ***W_i**** *word_j*,*j*=*idx*−2, *idx*−1, *idx*+1,*idx*+2。这里 *idx* 为当前文字单元的位置（以 0 为第一个位置的话，*idx* 为 3 表示第 4 个位置），其结果如图 12-5 所示。

然后是第二步，取计算结果的平均数：*d* = *avg*(*r_j*), *j* = *idx*−2, *idx*−1, *idx*+1, *idx*+2, *idx* 为 3）。具体结果如图 12-6 所示。

接着是第三步，用隐藏层的参数 ***W_o*** 乘以平均后的结果：*o* = ***W_o**** *d*。具体运算结果如图 12-7 所示。

第四步是对结果进行 softmax 处理，即 $y=softmax(o)$。我们就可以获得“气”这个字在这个文本中根据上下文所获得的文字单元上下文表征向量，如图 12-8 所示。

第五步是更新。在模型训练步骤中，获得“气”这个字的文字单元上下文表征向量后，可以根据当前字的表征向量与该字的独热向量来做交叉熵以获得损失函数，从而更新 ***W_i*** 和 ***W_o*** 两个参数矩阵。

在一个迭代周期之后，相关字的独热向量修改为上下文表征向量。经过不断迭代，每个相关字最终可以获得一个稳定的上下文表征向量，这就是 word2Vector 的连续词袋法，即通过上下文的文字单元表征来预测当前文字单元的表征，这样的更新方式可以采用多线程并行的方式来同步进行。

$$\begin{matrix}15&14&13&12&11\\10&9&8&7&6\\5&4&3&2&1\end{matrix} * \begin{matrix}0\\0\\1\\0\\0\end{matrix} = \begin{matrix}13\\8\\3\end{matrix}$$

$$\begin{matrix}15&14&13&12&11\\10&9&8&7&6\\5&4&3&2&1\end{matrix} * \begin{matrix}0\\0\\1\\0\\0\end{matrix} = \begin{matrix}13\\8\\3\end{matrix}$$

$$\begin{matrix}15&14&13&12&11\\10&9&8&7&6\\5&4&3&2&1\end{matrix} * \begin{matrix}0\\0\\0\\1\\0\end{matrix} = \begin{matrix}12\\7\\2\end{matrix}$$

$$\begin{matrix}15&14&13&12&11\\10&9&8&7&6\\5&4&3&2&1\end{matrix} * \begin{matrix}0\\1\\0\\0\\0\end{matrix} = \begin{matrix}14\\9\\4\end{matrix}$$

图 12-5　连续词袋法第一步处理

$$\frac{\begin{matrix}13\\8\\3\end{matrix} + \begin{matrix}13\\8\\3\end{matrix} + \begin{matrix}12\\7\\2\end{matrix} + \begin{matrix}14\\9\\4\end{matrix}}{4} = \begin{matrix}13\\8\\3\end{matrix}$$

图 12-6　连续词袋法第二步计算

$$\begin{matrix}1&2&3\\4&5&6\\7&8&9\\10&11&12\\13&14&15\end{matrix} * \begin{matrix}13\\8\\3\end{matrix} = \begin{matrix}38\\110\\182\\254\\326\end{matrix}$$

图 12-7　连续词袋法第三步计算

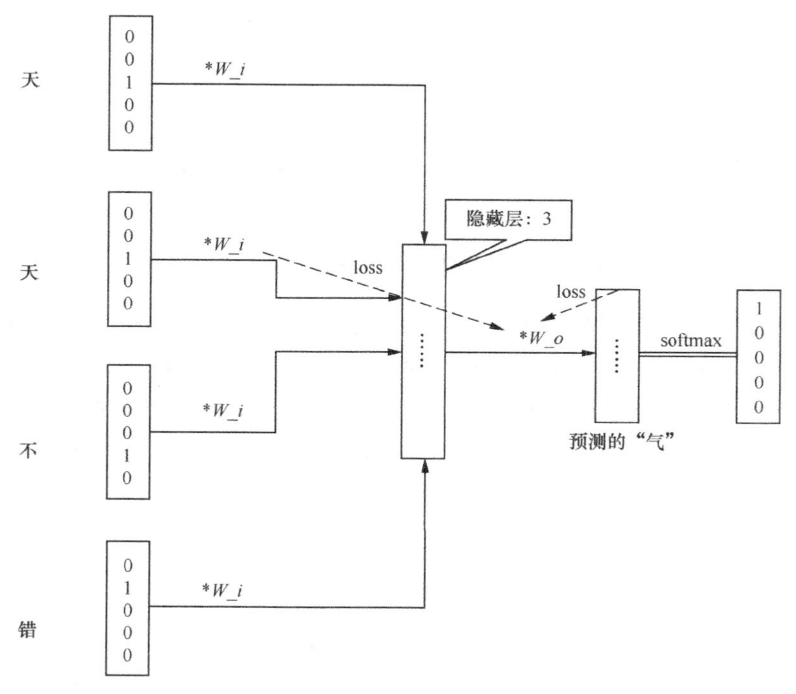

图 12-8　连续词袋法权重更新

另外，我们注意到有些字在文本序列中的上下文并不完全，例如上面例子中的“错”字，只有“气”和“不”作为上文，而没有下文。那么这种时候我们在进行第一步的时候只需要计算上文两个字的向量，在第二步取平均值的时候取两个字表征向量的平均值即可。

连续词袋法从某种程度上可以看作神经网络语言模型的一个运用。其不同之处在于会对语言模型做一些停用词处理，否则效果会很差。这是由于神经网络语言模型的输出结果是一个二值化的独热向量，而连续词袋法只需要二值化之前的东西，因此即使是稀疏文本（有些文字出现频率极高，有些极低），对连续词袋法的影响也不大，连续词袋法并不需要停用词。

2. Skip-gram

另一种提取词向量的方法是 word2Vector 的跳字模型法，跳字模型法提取词向量的流程如图 12-9 所示。

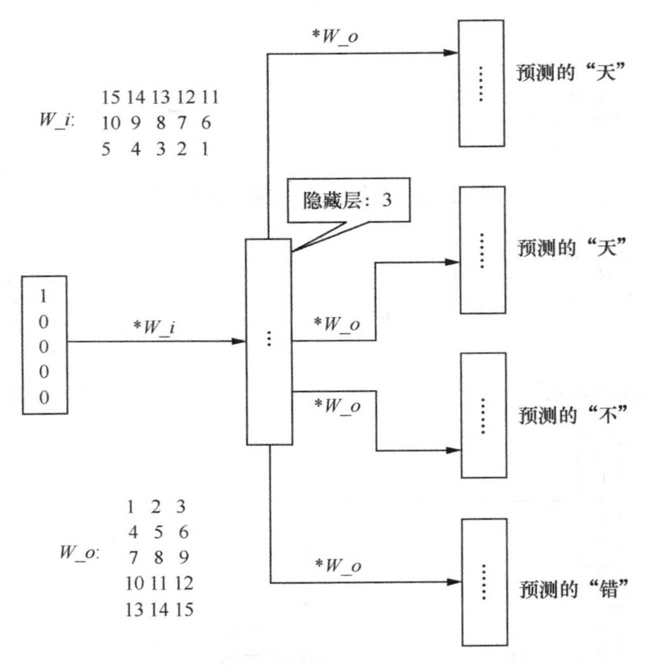

图 12-9 跳字模型法提取词向量的流程

我们可以发现整个处理过程与连续词袋法是正好相反的。我们还以上面例子中的“气”在“今天天气不错”中的 word2Vector 来做例子，来理解整个过程。第一步是用输入层参数 ***W_i*** 乘以“气”的独热向量：$r_j = \boldsymbol{W_i} * word_j, j = idx$（$idx$ 为 3）。其结果如图 12-10 所示。

接着是第二步，用隐藏层的参数矩阵 ***W_o*** 乘以输入层的结果：$o = \boldsymbol{W_o} * r_j$。具体运算结果如图 12-11 所示。

$$\begin{matrix} 15 & 14 & 13 & 12 & 11 \\ 10 & 9 & 8 & 7 & 6 \\ 5 & 4 & 3 & 2 & 1 \end{matrix} \quad * \quad \begin{matrix} 1 \\ 0 \\ 0 \\ 0 \\ 0 \end{matrix} \quad = \quad \begin{matrix} 15 \\ 10 \\ 5 \end{matrix}$$

图 12-10 跳字模型法矩阵权重计算

$$\begin{matrix} 1 & 2 & 3 \\ 4 & 5 & 6 \\ 7 & 8 & 9 \\ 10 & 11 & 12 \\ 13 & 14 & 15 \end{matrix} \quad * \quad \begin{matrix} 15 \\ 10 \\ 5 \end{matrix} \quad = \quad \begin{matrix} 50 \\ 140 \\ 230 \\ 320 \\ 410 \end{matrix}$$

图 12-11 跳字模型法隐藏层计算

第三步是对结果进行 softmax 处理，即 *y=softmax(o)*。我们就可以获得“气”字在“天天气不错”这个上下文中的表征向量，如图 12-12 所示。

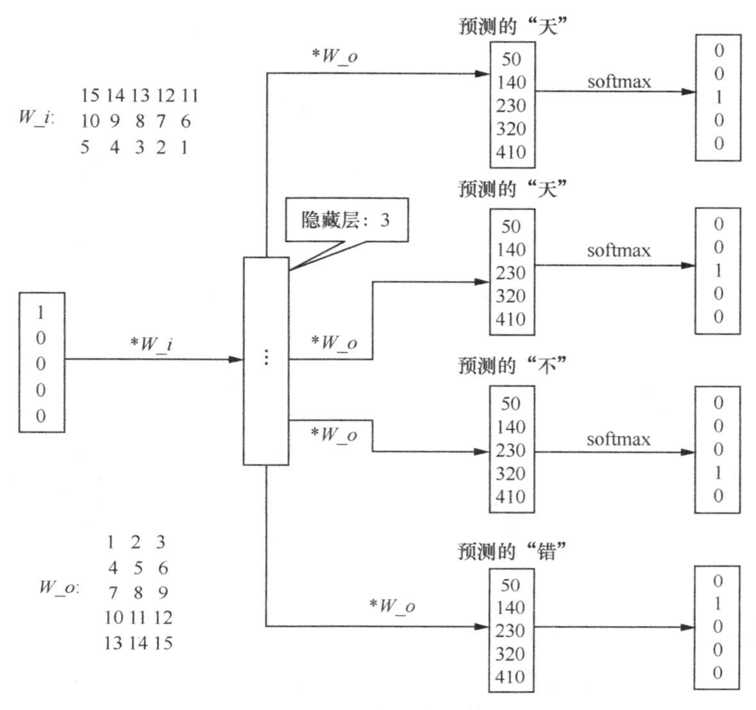

图 12-12 跳字模型法输出权重矩阵计算

第四步是更新。在连续词袋法中，一个文字上下文只有一次训练参数集的更新，而在跳字模型法中是多次更新。一般来说在公式中都是按照上下文顺序“天”“天”“不 ”“错”来更新，更新方式和连续词袋法是一样的。

连续词袋法由于是利用多个上下文来预测当前字，因此更适合小数据，以及稀疏数据。这是因为连续词袋法词向量收敛平稳所需要的周期比较长。而对于跳字模型法来说，大量的数据更容易保证训练结果的稳定，且其输入和输出层参数矩阵的更新速率要比连续词袋法更大，因此可以用更小的训练轮数来获得更好的结果。

3. Hierarchical softmax

当任务词汇量很大的时候（如几十万甚至上百万个不同的文字单元），输入数据的维度也会很大（与词汇量相等），矩阵计算量也会很大。这个时候我们可以使用霍夫曼树（Huffman Tree）编码来对词汇进行基于频率的无损压缩。霍夫曼树的生成规则为首先生成一个深度为 $\log_2(c)$ 的平衡二叉树，然后按照从根到叶子节点，每一层从左到右的顺序依次编号，再按照词汇量出现频率的倒序（即频率越高顺序越靠前）来依次插入，并且确保同一频率的节点不在同一层出现两次。这样频率越高的越靠近树的根部，频率越低的越靠近树的叶子。注意霍夫曼编码是一个变长编码。

例如上面“今天天气不错”这个文本的词汇量为 5，依照霍夫曼树编码法则生成的霍夫曼树如图 12-13 所示。我们可以知道“天”出现频率为 2（频率最高），然后依次是“今”“气”“不”“错”。这样我们就可以通过 3 个维度的编码（从根到叶子）表示一个文字单元了，而之前的独热向量维度是 5。我们以霍夫曼编码值作为输入的话就能节省很多的计算资源。由图 12-13 可知，“今天天气不错”这句话的霍夫曼编码值分别为今-010，天-01，气-001，不-011，错-000。

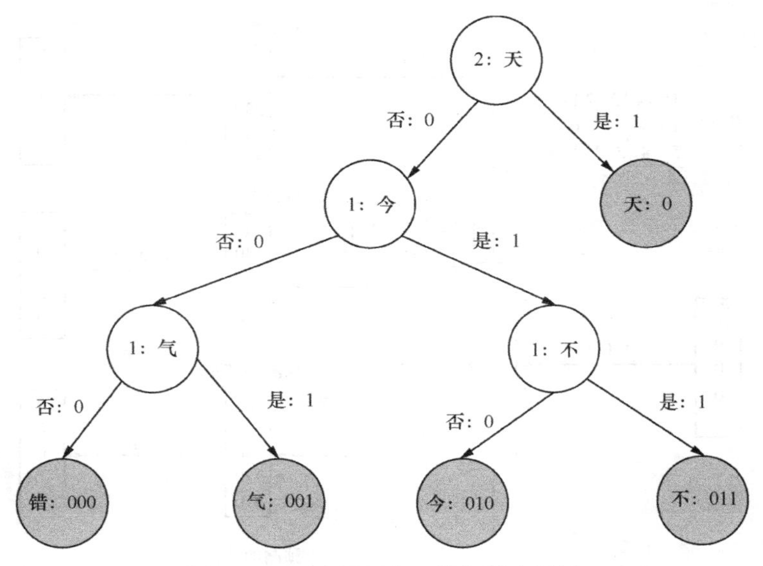

图 12-13 “今天天气不错”霍夫曼树

在获得 softmax 结果的时候，我们知道独热向量进行 softmax 计算很简单。独热向量是直接指向每个字的，与词汇量相等。而层级 softmax 则没那么简单，其无法直接获得最终的损失，但是我们知道每个节点向所有子节点的总概率为 1，因此我们只需要根据霍夫曼编码的路径对每个经过的节点做 softmax，如图 12-14 所示。

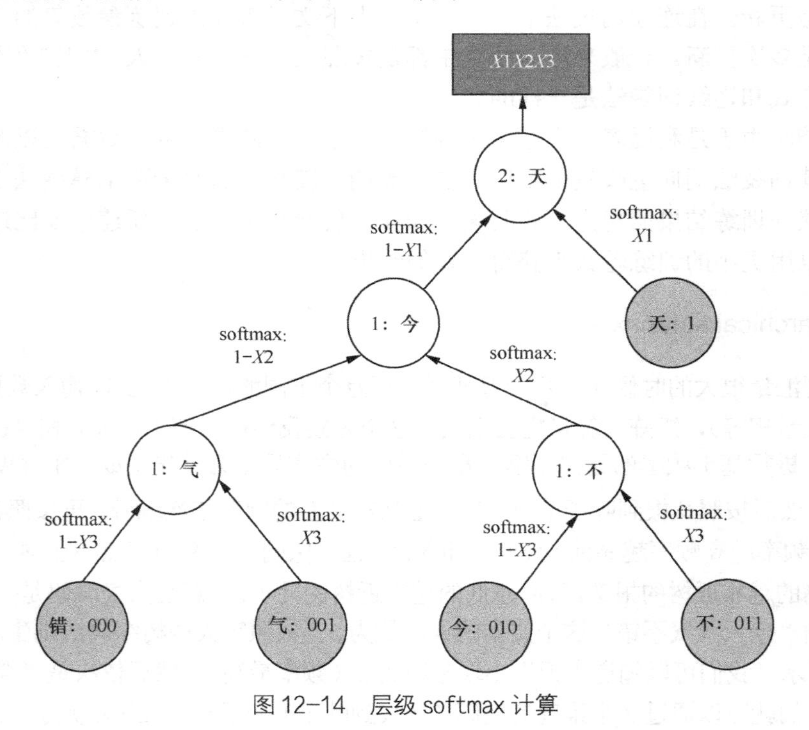

图 12-14 层级 softmax 计算

我们可以发现“天”字只需要做一次 softmax，而其他的 4 个字都需要做 3 次 softmax。如果数据量很大且高频词比较多，则大部分的文字单元只需要做很少次的 softmax 就可以完成。同时由于 softmax 每次只需要做一个二分类，因此可以极大地减少运算量。

4. Negative Sampling

负采样是一种可以提高训练速度并明显改善 word2Vector 最终效果的一种优化方法。当数据量很大的时候，我们可能对每一次训练时的上下文获得并不敏感，大量的数据削弱了上下文关于文字单元频率信息的作用，那么有一种方法是每次对一个文字单元训练同样上下文的时候，当前文字单元记为 w，当前文字单元上下文记为 $context(w)$，我们可以另外取一些文字单元作为当前文字单元，比如说 5 个，记为 $w_j, j=1,2,3,4,5$，然后利用同样的上下文 $context(w)$ 作为负样本，即假的数据，这样我们的优化目标就在变为最大化正样本概率的同时最小化负样本的概率。

这里大家需要重视的是，在使用负采样时，我们一般不会使用层级 softmax 的优化方法。主要是因为首先，在词汇量特别大且词频分布相对均匀时，大部分词汇可能会一直 softmax 到底部，这样反而增加了计算负担；其次，负采样是对数据采样做优化的方法，而层级 softmax 是对输出层做优化的方法，如果两种方法掺在一起，会出现相反的效果。

关于负采样的期望，我们可以将优化任务转换为一个二元的逻辑回归任务 $g(w)$：

$$g(w)=\prod\nolimits_{w\in c} p(w\,|\,context(w)) = softmax(o) \tag{12.1}$$

这里的 o 就是输出层结果。

上面的计算在负采样中变为：

$$g(w)=\prod\nolimits_{w\in c} p(w\,|\,context(w)) + \prod\nolimits_{wn_j\in wn} 1-p(wn_j\,|\,context(w)) \tag{12.2}$$

这样的话我们每次的更新依赖于一个正样本加上 j 个负样本，这可以极大地提高收敛的速率。

一般来说，连续词袋法和层级 softmax 一起使用，跳字模型法和负采样一起使用。这是因为对于连续词袋法来说，我们预测的是上下文对当前字的贡献，所以上下文对于负采样的敏感性就相对较低。而跳字模型法是当前字对上下文的贡献，所以不同字对同样上下文的影响就比较大，使用负采样更容易获得一个比较稳定和优质的上下文词向量表示。

实质上来说，word2Vector 是一个通过上下文相关信息来生成的一种文字单元相似度向量，我们可以通过相似度来获得文字单元之间的差异性。

最后，当我们使用 word2Vector 进行中文任务的文字单元嵌入模型生成的时候，我们都倾向于选择跳字模型法结合负采样的方案。这是由于相比于英文来说，中文的文字单元的词汇总量更多，且同义词汇和近义词汇也很多，因此使用跳字模型法可以很好地利用近义词汇、同义词汇来支持比较稳定的上下文这一点，同时使用负采样能保证正样本的学习效率。

12.3.3 word2Vector 代码实现

在这里我们简单讲解一下 word2Vector 的使用。很多深度学习使用者倾向于使用 gensim 库来生成 word2Vector，而且用法也比较简单：

```
# gensim
import gensim
sentences_list = [[]]

model = gensim.models.Word2Vec(sentences_list,
                    size=200,
                    window=5,
                    min_count=10,
                    workers=4,
                    sg=1,
                    hs=0,
                    negative=5)
"""
这里 sentences_list 是语料库，在实践中推荐使用生成器的方式使用，
    每个元素都是分好词的句子
size 是 word2Vector 中 hidden units 的数量
window 是上下文窗口长度 ，最后总共上下文窗口长度为 2*window
min_count 是可接受的最小文字单元在语料库出现个数，如果一个文字单元出现次数小于这个数，
    就会被扔掉，不做训练
workers 有多少个现成做训练
sg = 0 使用 CBOW，sg=1 使用 skip-gram
hs=1 使用 hierarchical softmax， hs=0 使用 negative sampling
negative=5，选取 5 个负样本，当 hs=0 时才会有效
"""
model.save("...") # 保存模型地址
# 第一个参数为保存 word2Vector 的向量最后结果的地址，这个最后结果可以读取
model.wv.save_word2vec_format("...",binary=True)

# 读取模型的操作，第一个参数为地址
model_restore = gensim.models.Word2Vec.load("...")
# 读取所训练结果，第一个参数为向量最后结果的地址
word2vectors = gemsim.models.KeyedVectors.load_wrod2vec_format(
    "...",binary=True)
# 通过模型获得“气”的 word2Vector
w = model.wv["气"]
w = model_restore.wv["气"]
# print w 的结果
#   array([-00024512,-.00212357, 0.0544789,...], dtype=float32)
# 通过最后结果获得“气”的 word2Vector
w = word2vectors["气"]
```

gensim 的其他 word2Vector 的内容这里不做详细展示，下面我们来看看 TensorFlow 的 word2Vector 相关实现。TensorFlow 中 word2Vector 的样例代码在 TensorFlow 示例代码 word2vec/word2vec_basic.py 中，我们对这个代码来做简单的讲解。

首先是初始化 word2Vector 模型的代码，注意这里实现的是跳字模型法结合负采样的方式：

```
with graph.as_default():
    # Input data. 输入的占位符声明
    with tf.name_scope('inputs'):
        train_inputs = tf.placeholder(tf.int32, shape=[batch_size])
```

```
        train_labels = tf.placeholder(tf.int32, shape=[batch_size, 1])
        valid_dataset = tf.constant(valid_examples, dtype=tf.int32)
    # 注意：一般来说，word2Vector 都是用 cpu 训练的
    with tf.device('/cpu:0'):
        with tf.name_scope('embeddings'):
            embeddings = tf.Variable(
                tf.random_uniform([vocabulary_size, embedding_size],
                    -1.0, 1.0))
            embed = tf.nn.embedding_lookup(embeddings, train_inputs)
        # NCE 是 negative sampling 相关的参数矩阵初始化设置
        with tf.name_scope('weights'):
            nce_weights = tf.Variable(
                tf.truncated_normal([vocabulary_size, embedding_size],
                    stddev=1.0 / math.sqrt(embedding_size)))
        with tf.name_scope('biases'):
            nce_biases = tf.Variable(tf.zeros([vocabulary_size]))
    # 这一步是 loss 求解
    with tf.name_scope('loss'):
        loss = tf.reduce_mean(
            tf.nn.nce_loss(
                weights=nce_weights,
                biases=nce_biases,
                labels=train_labels,
                inputs=embed,
                num_sampled=num_sampled,
                num_classes=vocabulary_size))
    tf.summary.scalar('loss', loss)
    with tf.name_scope('optimizer'):
    optimizer = tf.train.GradientDescentOptimizer(1.0).minimize(loss)
    norm = tf.sqrt(tf.reduce_sum(tf.square(embeddings), 1, keepdims=True))
    normalized_embeddings = embeddings / norm
    valid_embeddings = tf.nn.embedding_lookup(normalized_embeddings,
        valid_dataset)
    similarity = tf.matmul(valid_embeddings,
        normalized_embeddings, transpose_b=True)
    merged = tf.summary.merge_all()
    init = tf.global_variables_initializer()
    saver = tf.train.Saver()
```

这里需要着重注意的是 nce_loss 的有关实现，即取出多个损失（loss）做平均计算，而不是一次对权重进行更新，这可以从某种程度上减少更新负担。另外在 nce_loss 中，负样本的抽样概率是：

$$P(k) = \left(\log\left(k+2\right) - \log\left(k+1\right)\right) / \log\left(range\_max+1\right) \qquad (12.3)$$

range_max 是总共的词汇量，*k* 为所要抽样的文字单元所代表的整数 *index*。我们可以发现 *k* 越大，负样本被抽到的可能性越大。而一般来说，*k* 越大就表明这个 *index* 所对应的文字单元在语料库中出现的次数也就越大，这意味着负样本更有可能是高频词。

第 13 章 深度学习序列单元

13.1 循环神经网络

在前面图像处理中，我们知道 CNN 卷积核只关心所截取子区域的信息，不会和其他子区域的信息进行关联。而对于自然语言处理来说，利用 CNN 来做特征提取并不那么容易。

首先，对于自然语言处理任务来说，其文本上下文的所有信息都是有关联的，我们更加期望能获取整个文本上下文的信息，并且希望能把文本的顺序也包含在里面。例如"今天是个好日子"，如果我们使用 CNN 的话，可能找的是"今天""是个""好日""子"这样的信息，对分词来说并无作用。如果使用全连接层的话，"今天是个好日子"与"天子个是今日好"是没有区别的（全连接层的信息特征抽取是没有顺序的），因此对于分词任务来说，CNN、全连接层都是无效的特征抽取方式。

其次，正如前面提到的，一般来说我们希望把自然语言处理的任务转换为一个 N-to-N 的标签任务。如果使用 CNN 或者全连接层等常用图像处理手段，并不能提取到一个 N-to-N 任务的有序特征，所以我们需要一种新的网络结构来获取这样的特征。对于这种有序的标签任务，我们常采用循环神经网络（Recurrent Neural Network，RNN）来进行特征提取。RNN 家族包括了 SRU、GRU、LSTM 等，即使千变万化，其基础的 RNN 结构还是不变的。RNN 结构如图 13-1 所示。

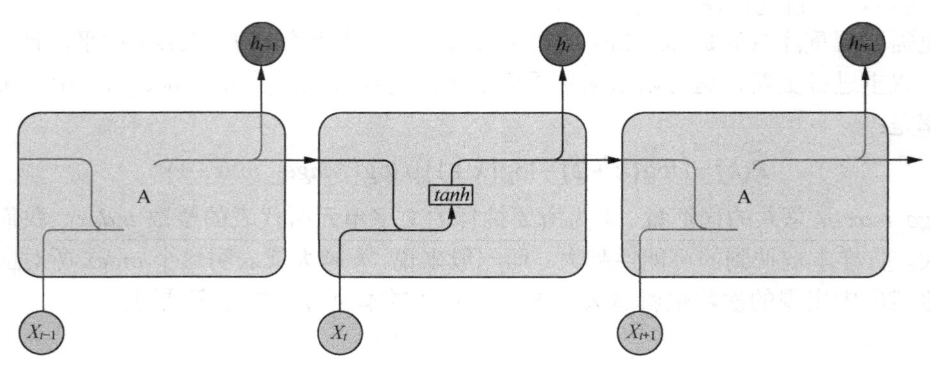

图 13-1 RNN 结构

图 13-1 中的 x_i 是输入变量，其是经过 word2Vector 转换后的词向量；h_i 是隐藏状态变量，是一个一维向量。RNN 单元内部使用了一个简单的激活函数，可以是 sigmoid 或者 tanh。在 RNN 中，tanh 激活函数更为常见。

我们还是以“今天天气不错”为例子来简单介绍 RNN 的使用方式，详情如图 13-2 所示。

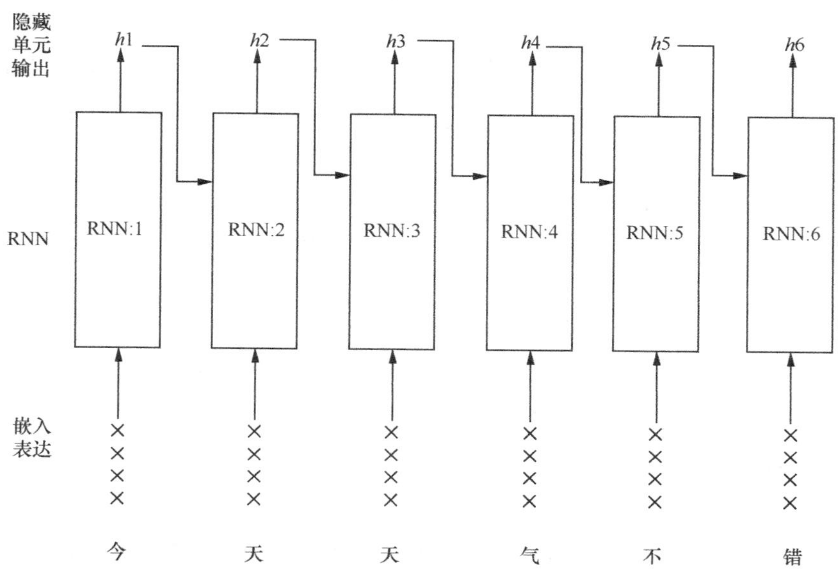

图 13-2 “今天天气不错”的 RNN 网络层展示图

图 13-2 中的每个长方形都是一个 RNN，RNN 单元的输出有两个去向，一个是表征当前 RNN 单元的输出变量 y_i，另一个是表征当前 RNN 单元的隐藏状态 h_i。在基本的 RNN 结构中，这两个输出是一致的；而在一些更加复杂的单元（如 LSTM）中，这两个输出是不一致的。

最后是 RNN 单元的更新。RNN 的参数更新方式被称为基于时间的反向传播（Back Propagation Through Time，BPTT），其有两种更新方式，一种是 N-to-N 更新，即 y_i 和 h_i 的损失加起来计算；另一种是 N-to-1 更新，即最后一个单元的损失才是有效的。所以同一个 RNN 层中所有的 RNN 单元无法同时更新内部参数，这导致 RNN 的前向传播过程和后向传播过程无法进行并行计算，这也是 RNN 家族的一个劣势。在图 13-3 所示的 BPTT 图中，如果是 N-to-N 更新，则 *loss*1 到 *loss*6 都不为 0，我们可以看到后一个 RNN 单元会向前一个 RNN 单元传递一个 *loss*，加上本身的 loss 来共同更新当前 RNN 单元的参数。如果是 N-to-1 的话，则 *loss*6 不为 0，而 *loss*1 到 *loss*5 都为 0。

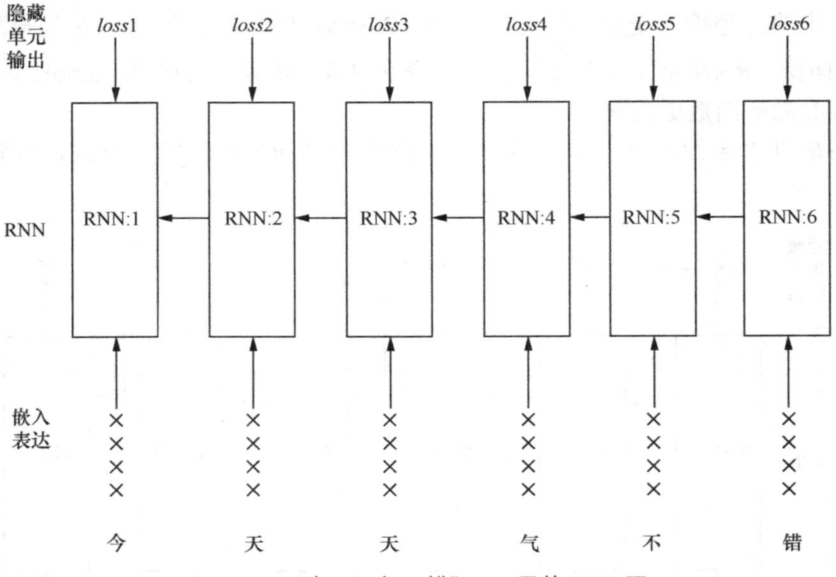

图 13-3 “今天天气不错”RNN 层的 BPTT 图

13.2 长短期记忆网络

RNN 可以通过单元隐藏状态输出 h_t 获取上文所有时间步中出现的信息，我们可以理解为 RNN 中当前单元的隐藏状态依赖于之前所出现的时间步来不断累积的隐藏信息的集合。但是，RNN 不断地随着时间步拓展上文信息，可能会造成信息溢出，即 RNN 单元传给下一单元的隐藏状态信息量过大，超过了可量化区间的范围，这种隐藏信息就会无效。这时我们就需要一种机制来控制上文信息的蕴含表达，来更高效和更合理地获得上文的隐藏状态。另外，我们知道人类对文字的感知不但会立足对全文的理解，还会对感兴趣文字附近的上下文进行挖掘。这样我们希望有一个能够获得全文信息且能够对某些文字附近的上下文的特征进行加强的方法。长短期记忆网络（Long and Short Term Memory Network，LSTM）就是来实现这种特征提取方式的神经网络。

LSTM 的外部结构和 RNN 是一样的，不同点在于 LSTM 单元内部要比 RNN 复杂很多。LSTM 将单元隐藏状态输出 h_t 与细胞隐藏状态（也有称为上下文蕴含状态）c_t 进行分离。LSTM 使用细胞隐藏状态 c_t 作为长期记忆表征，单元隐藏状态输出 h_t 作为短期的记忆表征。这样就可以通过控制长期记忆和短期记忆来使得最后的特征表达既兼顾了文字的总体含义，也突出了文字附近上下文的辅助作用。这里需要强调的是，输入门和输出门的激活单元是一样的，通常为 tanh；且 c_t 和 h_{t-1} 都是一个一维变量，其大小与 LSTM 输入门和输出门的激活函数输出范围一致。

LSTM 中有多个门单元（gate unit）。门单元可以理解为一种控制器，它对输入数据 x_t 和单元对应隐藏状态输出 x_{t-1} 以及细胞隐藏状态 c_t 进行控制。有了这些门单元后，我们就可以控制输入数据、输入前单元隐藏状态以及细胞隐藏状态，从而影响新的单元隐藏状态和细胞隐藏状态的支持度。

LSTM 中一共有 3 个门单元和 4 组参数变量。3 个门单元分别是遗忘门（forget gate）、输入门（input gate）、输出门（output gate）。4 组参数变量分别为 (w_f,b_f)、(w_i,b_i)、(w_h,b_h)、(w_o,b_o)。LSTM 的整体架构如图 13-4 所示，我们接下来将会一个门一个门地进行介绍。

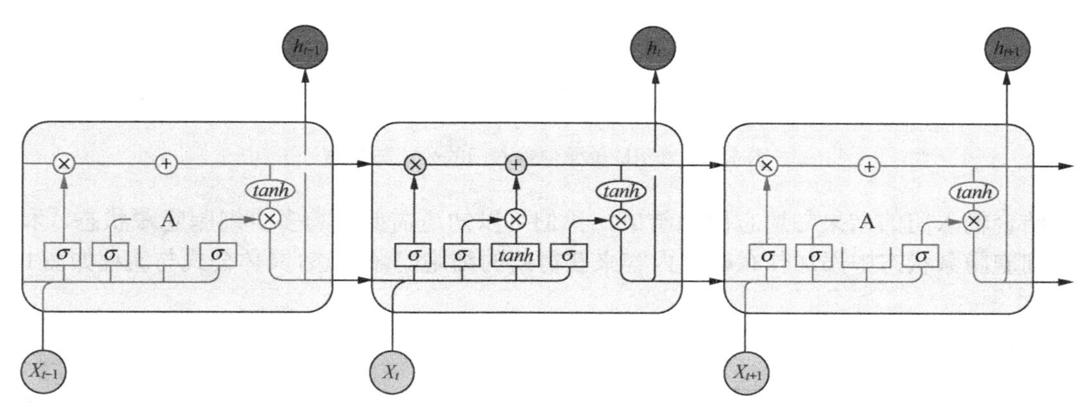

图 13-4　LSTM 的整体架构

首先是遗忘门（forget gate）。遗忘门的作用是决定当前 LSTM 单元相信多少细胞隐藏状态 c_{t-1}，或者说需要遗忘多少细胞隐藏状态 h_{t-1} 的信息。就像人们阅读文本会忘记一些前面的具体内容，遗忘门就是模拟人类在长阅读中会逐渐遗忘比较靠前的具体内容，但是还会记得从开始到目前为止的主要内容。而记得前文主要内容信息的概率是通过前细胞隐藏状态 c_{t-1} 和前单元隐藏状态 h_{t-1} 共同组合而得的。我们可以简单地理解为当我们不断阅读时，在读到当前文字的时候，会不自觉地思考前面的内容，并且结合刚读过的文字附近上下文与当前文字来更新全文梗概，这便是遗忘门的设计思想。具体公式和流程如图 13-5 所示。

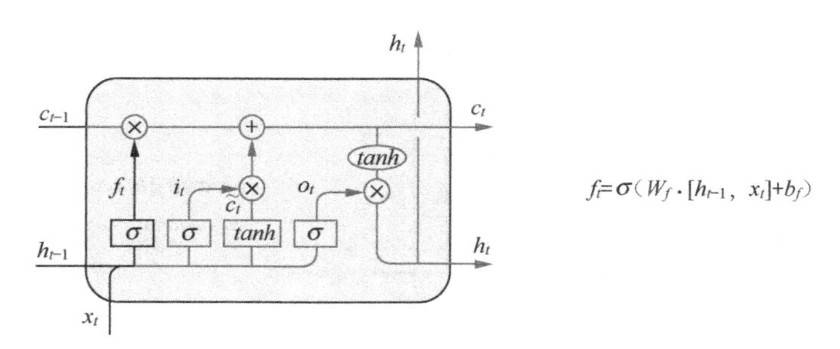

图 13-5　LSTM 单元中遗忘门的公式和流程

输入门（input gate）是 LSTM 单元中最复杂的部分。它与遗忘门的不同在于输入门的设计想法是确保当前输入的数据对最后结果产生一定影响。对于全文的总体概况来说，每当有新的内容加入，我们都会通过遗忘门去遗忘一些东西，但如果一直遗忘，那么最后全文的总体上下文信息就是 0 了，所以我们需要再更新一些内容到全文的总体上下文中。首先通过前单元隐藏状态 h_{t-1} 和当前输入 x_t 进行 sigmoid 激活来获得一个输入权重 i_t，然后通过前单元隐藏状态 h_{t-1} 和当前输入 x_t，以及新的细胞隐藏状态 c_t 来获得 $\tilde{c}_t$。

这里需要注意的是，获得新内容 $\tilde{c}_t$ 的激活函数必须为 tanh，获得权重 i_t 的激活函数必须是在 0～1 内的激活函数。具体公式与流程如图 13-6 所示。

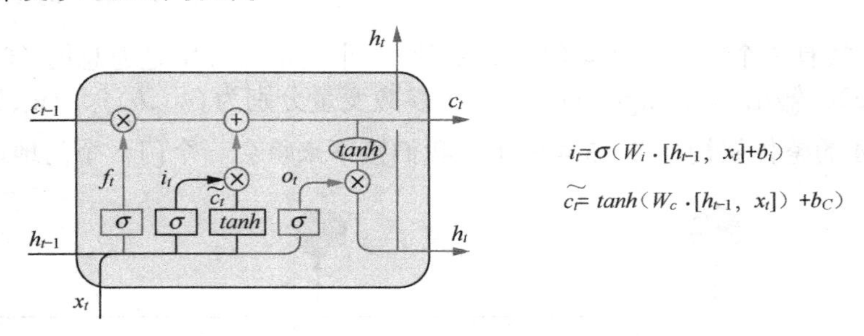

图 13-6　LSTM 单元中输入门的公式与流程

结合输入门的结果与遗忘门的结果，我们可以知道需要遗忘多少细胞隐藏状态，和需要往细胞隐藏状态中添加什么样的内容来获得新的细胞隐藏状态，具体公式与流程如图 13-7 所示。

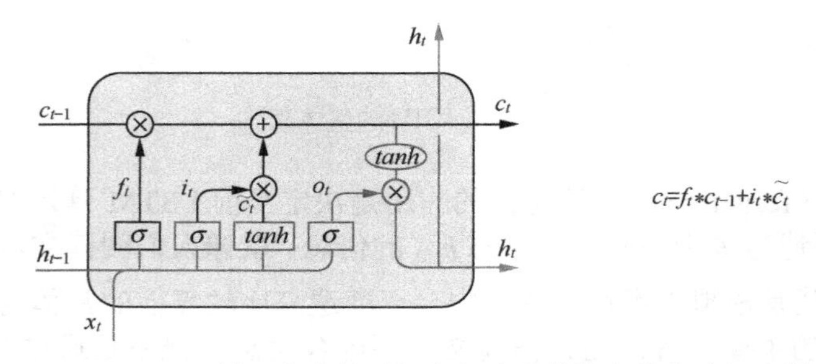

图 13-7　LSTM 单元中当前时间步细胞隐藏状态的公式与流程

输入门和遗忘门的主要作用是更新细胞隐藏状态 c_t，而输出门（output gate）的作用是根据新的细胞隐藏状态 c_t 来获得单元隐藏状态 h_t，具体公式与流程如图 13-8 所示。

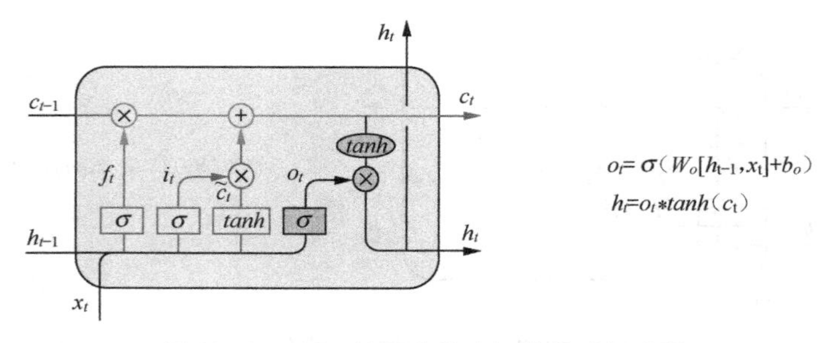

图 13-8　LSTM 单元中输出门的公式与流程

当我们了解 LSTM 整个前向传播过程后可以发现，遗忘门单元 f_t、输入门单元 i_t 和输出门单元 o_t 都是通过前单元隐藏状态 h_{t-1} 与当前输入 x_t 结合的结果，配合相应的权重变量 W 与偏移量 B 来进行 sigmoid 激活从而获得一个 0 到 1 的权重。

在 TensorFlow 中，LSTM 单元可以通过两种方式进行初始化，第一种是使用最基本的 LSTM 单元，其函数接口如下：

```
lstm_layer = tf.nn.rnn_cell.BasicLSTMCell(
    num_units,
    forget_bias=1.0,
    state_is_tuple=True,
```

```
        activation=None,
        reuse=None,
        name=None,
        dtype=None,
        **kwargs
        )
```

这里的 num_units 是 LSTM 单元的个数。forget_bias 只有在使用 CUDNN 加速的 LSTM 模型时设为 0，其他情况下设为 1。state_is_tuple 是指每个 LSTM 的输出的两个结果（隐藏单元状态输出 h_t 和隐藏细胞状态 c_t ）是否需要合并到一个元组变量中，推荐设置为 True，因此这样可提升训练速度。activation 是激活函数，默认为 tanh 激活函数。

还有就是当我们希望使用 CUDNN 来进行加速的时候，可以使用 CudnnLSTM 函数来提升速度：

```
    cudnn_lstm_layer = tf.contrib.cudnn_rnn.CudnnLSTM(
        num_layers,
        num_units,
        input_mode=CUDNN_INPUT_LINEAR_MODE,
        direction=CUDNN_RNN_UNIDIRECTION,
        dropout=0.,
        seed=None,
        dtype=dtypes.float32,
        kernel_initializer=None,
        bias_initializer=None,
        name=None)
```

这里的 num_layers 表示 LSTM 的层数，同时声明多个层可以方便未来训练的时候使用 CUDNN 进行并行加速。

另一种方式是使用 TensorFlow 提供的更强大的 LSTM 单元，其函数接口如下：

```
    lstm_layer = tf.nn.rnn_cell.LSTMCell(
        num_units,
        forget_bias=1.0,
        state_is_tuple=True,
        activation=None,
        reuse=None,
        name=None,
        dtype=None,
        use_peepholes=False,
        cell_clip=None,
        initializer=None,
        num_proj=None,
        proj_clip=None
        **kwargs
    )
```

对比于基本的 LSTM 单元，这个函数增加了很多额外参数。use_peepholes 设为 True 的话，所有的门单元都会引入前单元隐藏状态 c_{t-1}，具体可以参考下一小节 peephole LSTM。num_proj 为是否对输出进行映射，clip 相关参数都是是否对输出进行裁剪来防止可能的梯度爆炸，而 initializer 可以让使用者自己设定初始化权重和偏移量的方式。

13.2.1 peephole LSTM

peephole LSTM 是 LSTM 的一种变形，与传统意义上的 LSTM 不同的是增加了“peephole connection”，即我们在门单元的输入步骤去接受细胞状态的输入。传统 LSTM 的门单元输入为前单元隐藏状态 h_{t-1} 和当前输入 x_t 结合，而在 peephole LSTM 中，多加了前细胞隐藏状态 c_{t-1}。传统意义上门单元的输入维度为文字单元嵌入向量长度+1，现在为文字单元嵌入向量长度+2。当然在实践中，我们可能不是让每个门都增加 peephole connection，而是选择部分门来增加，具体公式与流程如图 13-9 所示。

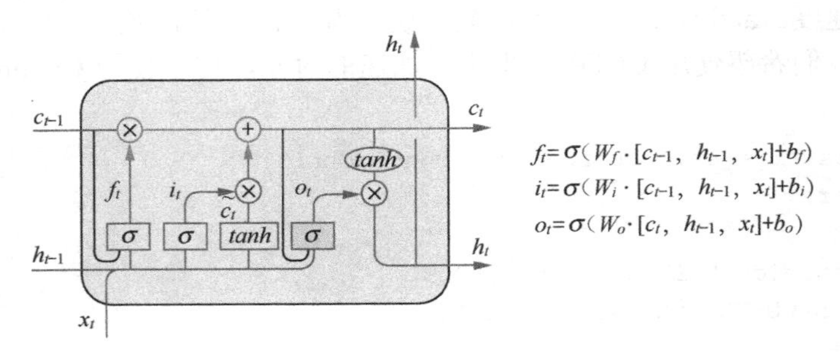

图 13-9　peephole LSTM 的公式与流程

13.2.2 LSTM with coupled input and forget gate

LSTM with coupled input and forget gate 是 LSTM 的另外一种变形，其作用是将输入门和遗忘门联合在一起。因为遗忘门和输入门的作用可以理解为忘记 f_t 内容、增加 i_t 比例的内容，如果我们设 $i_t=1-f_t$，那么我们就不需要遗忘门或者输出门中的一个。在这种情况下获得一个门的结果，就可以通过 1 减去该门的结果获得另一个门的结果。具体公式和流程如图 13-10 所示。

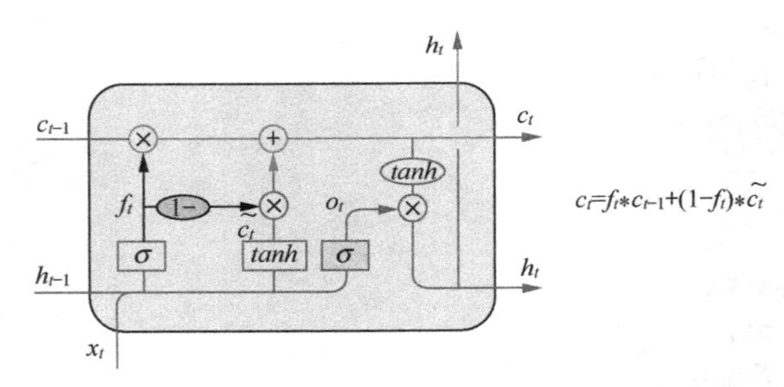

图 13-10　LSTM with coupled input and forget gate 的公式和流程

不幸的是目前 TensorFlow 官方并没有支持这种 LSTM 方式，但是我们可以通过继承 LSTMCell 来自己写一个，如下代码所示：

```
import tensorflow as tf
from tensorflow.python.ops import nn_ops
from tensorflow.python.ops import clip_ops
from tensorflow.python.ops import math_ops
from tensorflow.python.ops import init_ops
```

```
from tensorflow.python.ops import array_ops
from tensorflow.python.keras.utils import tf_utils
from tensorflow.python.ops import partitioned_variables

class CoupledInputForgetGateLSTMCell(tf.nn.rnn_cell.LSTMCell):
    """
    继承tf.nn.rnn_cell.LSTMCell,
    在CoupledInputForgetLSTM中，我们不需要input gate了,
    所以其相关的训练参数都会被取消
    需要重写的有:
        1. build 方法，用来初始化可训练变量;
        2. call方法，用来构建tensorflow后端中当前层静态图
        """
        @tf_utils.shape_type_conversion
        def build(self, inputs_shape):
            """
            build方法是用在TensorFlow的Python端向静态图后端声明可训练参数的大小的
                TensorFlow的sess在运行时会隐式地调用所有layer衍生类的build方法
                做初始化
            :param inputs_shape: 输入数据的大小
            :return:
            """
            if inputs_shape[-1] is None:
                raise ValueError(
                   "Expected inputs.shape[-1] to be known, saw shape: %s" %
                   str(inputs_shape))
            input_depth = inputs_shape[-1]
            h_depth = self._num_units if self._num_proj is None \
                else self._num_proj
            maybe_partitioner = (
                partitioned_variables.fixed_size_partitioner(
                    self._num_unit_shards) if \
                        self._num_unit_shards is not None
                    else None)
            """
            LSTM初始化的是4个weight 和 bias,长度为输入数据长度加上细胞隐藏状态单元长度,
            分别代表遗忘门、输入门、隐藏状态单元以及输出门，而在coupledInputForgetGate
            这里不需要输入门
            """
            self._kernel = self.add_variable(
                "weight",
                shape=[input_depth + h_depth, 3 * self._num_units],
                initializer=self._initializer,
                partitioner=maybe_partitioner)
            if self.dtype is None:
                initializer = init_ops.zeros_initializer
            else:
                initializer = init_ops.zeros_initializer(dtype=self.dtype)
            self._bias = self.add_variable(
               "bias",
               shape=[3 * self._num_units],
```

```
                initializer=initializer)
            # 在 peephole 支持上，也不需要增加前细胞单元在输入门对应的 weight 了
            if self._use_peepholes:
                self._w_f_diag = self.add_variable("w_f_diag",
                    shape=[self._num_units], initializer=self._initializer)
                self._w_o_diag = self.add_variable("w_o_diag",
                    shape=[self._num_units], initializer=self._initializer)
            # 映射相关声明
            if self._num_proj is not None:
                maybe_proj_partitioner = (
                    partitioned_variables.fixed_size_partitioner(
                        self._num_proj_shards) \
                    if self._num_proj_shards is not None else None)
                self._proj_kernel = self.add_variable(
                    "projection/%s" % "weight",
                    shape=[self._num_units, self._num_proj],
                    initializer=self._initializer,
                    partitioner=maybe_proj_partitioner)
            self.built = True

    def call(self, inputs, state):
        """
        call 方法是用在 TensorFlow 在静态图或者静态图每一次进行前向传播的时候所需要进行计算
           的相关步骤
        即实现各种神经网络单元的公式计算步骤，与 LSTMCell 单元不同的在于没有隐藏层
        :param inputs:
        :param state:
        :return:
        """
        num_proj = self._num_units if self._num_proj is None \
            else self._num_proj
        sigmoid = math_ops.sigmoid
        # 获得前一个 LSTM 单元的细胞隐藏状态和隐藏输出状态
        if self._state_is_tuple:
            (c_prev, m_prev) = state
        else:
            c_prev = array_ops.slice(state, [0, 0], [-1, self._num_units])
            m_prev = array_ops.slice(
                state, [0, self._num_units], [-1, num_proj])

        input_size = inputs.get_shape().with_rank(2)[1]
        if input_size.value is None:
            raise ValueError(
                "Could not infer input size from inputs.get_shape()[-1]")

        # i = input_gate, j = new_input, f = forget_gate, o = output_gate
        lstm_matrix = math_ops.matmul(
            array_ops.concat([inputs, m_prev], 1), self._kernel)
        lstm_matrix = nn_ops.bias_add(lstm_matrix, self._bias)
        """
        LSTMCell 需要 4 个不同参数
```

```
        i 是输入门的，j 是新细胞单元的，f 是遗忘门的，o 输出门的
        i, j, f, o = array_ops.split(
           value=lstm_matrix, num_or_size_splits=4, axis=1)
        而 coupledInputForgetGateLSTM 只需要 3 个不同参数
        f 是隐藏门的，j 是新细胞单元的，o 是输出门的
        """
        f, j, o = array_ops.split(value=lstm_matrix,
            num_or_size_splits=3, axis=1)
        # 首先计算经过遗忘门的结果，这里涉及 peephole 是否使用，使用的话
        #      会用到前细胞隐藏单元 C_t-1 的结果
        if self._use_peepholes:
            gated_f_unit = sigmoid(f + self._forget_bias +\
                self._w_f_diag * c_prev)
        else :
            gated_f_unit = sigmoid(f + self._forget_bias)
        """
        如果是 LSTMCell，则需要计算输入门结果
        而对于 CoupledInputForgetGateLSTM 来说则不需要
        只需要将 1-gated_f_unit 作为结果即可，下面是原 LSTMCell 的结果
        c = gated_f_unit * c_prev + sigmoid(i + self._w_i_diag * c_prev) \
            * self._activation(j)
        CoupledInputForgetGateLSTM 的结果如下
        """
        c = gated_f_unit * c_prev + (1 - gated_f_unit) * self._activation(j)
        # 细胞状态结果裁剪，防止梯度爆炸
        if self._cell_clip is not None:
            c = clip_ops.clip_by_value(c, -self._cell_clip,
                self._cell_clip)
        # 输出门的 peephole
        if self._use_peepholes:
            m = sigmoid(o + self._w_o_diag * c) * self._activation(c)
        else:
            m = sigmoid(o) * self._activation(c)
        # 单元映射，即通过矩阵线性运算对输出结果进行映射
        if self._num_proj is not None:
            m = math_ops.matmul(m, self._proj_kernel)
            if self._proj_clip is not None:
                m = clip_ops.clip_by_value(
                    m, -self._proj_clip, self._proj_clip)
        # 如果声明输出状态是 LSTMStateTuple 格式的话，输出是一个元组
        # 否则将隐藏单元状态和隐藏输出状态连接起来
        new_state = (tf.nn.rnn_cell.LSTMStateTuple(c, m)\
            if self._state_is_tuple else array_ops.concat([c, m], 1))
        return m, new_state
```

我们只需要重写 build 和 call 方法就行，详情可以看注释。重写的 CoupledInputForgetGateLSTMCell 不但可以实现输入门和遗忘门合一的 LSTM 变形，还可以在上面增加 peephole 支持，这种用法在大数据集文本序列标注任务中非常常见。

13.2.3 GRU

GRU（Gate Recurrent Unit）是一个改动更大的 LSTM 变形。首先，它废弃了隐藏细胞状

态 c_{t-1}，只使用前单元隐藏状态 h_{t-1} 并且将遗忘门和输入门合并成了一个单一的门——新门（update gate）。然后，它使用重置门（reset gate）来控制 h_{t-1} 对当前 GRU 单元的贡献度。

重置门的目的是通过前单元隐藏状态 h_{t-1} 和输入数据 x_t 所结合的输入来获得一个更新权重，这个更新权重作用于 h_{t-1}，以获得一个更新后的隐藏状态 $\tilde{c}_t$。

之后再通过更新门单元 z_t 来决定有多少前单元隐藏状态 h_{t-1} 是有用的，其丢失的部分通过更新后的隐藏状态 $\tilde{h}_t$ 来更新。这样就可以得到最终的隐藏状态输出 h_t，其公式为 $h_t = (1 - z_t) \cdot h_{t-1} + z_t \cdot \tilde{h}_t$，具体公式和流程如图 13-11 所示。

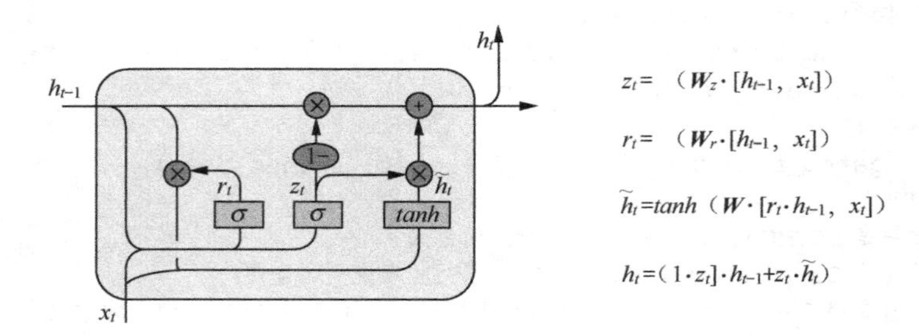

图 13-11　GRU 单元的公式和流程

在 TensorFlow 中使用 GRUCell 来声明 GRU 层：

```
gru_layer = tf.nn.rnn_cell.GRUCell(
    num_units,
    activation=None,
    reuse=None,
    name=None,
    kernel_initializer=None,
    bias_initializer=None,
    dtype=None,
)
```

13.2.4　BLSTM

BLSTM 又称 Bi-LSTM，即双向 LSTM。其基本结构与 LSTM 类似，只不过同一输入数据要经过两个不同的 LSTM。其中，一个 LSTM 是正向顺序传播隐藏状态和细胞状态，来获取上文特征；另外一个是逆向传播隐藏状态和细胞状态，来获得下文特征。最后整个单元隐藏状态输出 h_t 的值通过上文 LSTM 输出结果和下文 LSTM 输出结果来获得。我们用“我爱中国”作为一个实例来展示 BLSTM，如图 13-12 所示。

TensorFlow 中没有 BLSTM 单元，但是我们可以通过 LSTM 很容易地拼凑出 BLSTM，例子如下：

```
lstm_fw_cell = tf.contrib.rnn.BasicLSTMCell(n_hidden)
lstm_bw_cell = tf.contrib.rnn.BasicLSTMCell(n_hidden)

outputs, fw_cell_state, bw_cell_state = tf.nn.static_bidirectional_rnn(
    cell_fw = lstm_fw_cell,
    cell_bw = lstm_bw_cell,
    inputs,
```

```
        initial_state_fw=None,
        initial_state_bw=None,
        dtype=None,
        sequence_length=None,
        scope=None
    )
```

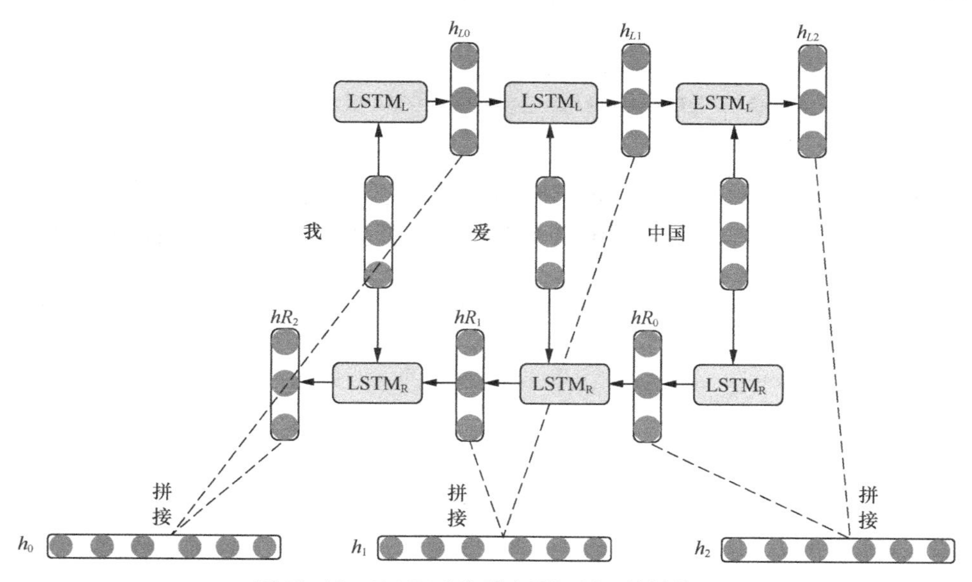

图 13-12　BLSTM“我爱中国”例子的结构图

这里使用 static_bidirectional_rnn 来构建 BLSTM，cell_fw=lstm_fw_cell 是正序数据 LSTM，cell_bw=lstm_bw_cell 是逆序数据 LSTM，它们都是之前声明过的。inputs 是一个三维的张量 [bathSize,TimeStep, embedding]：batchSize 是批数据大小；TimeStep 是一个 batch 容纳多少个时间步的数据，例如 40 表示可以容纳 40 个文字单元的 embedding；embedding 一般为文字单元经过 word2Vector 之后的结果。

outputs 是正序 LSTM 所有隐藏单元输出结果 h_t 加上逆序 LSTM $h_{t'}$ 的结果，其长度为 2*n_hidden。而 fw_cell_state 是正序 LSTM 最终的细胞隐藏状态 c_t，bw_cell_state 是逆序 LSTM 的细胞隐藏状态 $c_{t'}$。

13.3　TensorFlow 中 BLSTM 分词的简单实现

在有了上面 BLSTM 层的 TensorFlow 代码实现之后，我们可以很容易写出一个 BLSTM 的模型：

```
def BlstmModel(inputs):
    lstm_fw_cell = tf.contrib.rnn.BasicLSTMCell(HIDDEN_UNITS)
    lstm_bw_cell = tf.contrib.rnn.BasicLSTMCell(HIDDEN_UNITS)
    with tf.variable_scope('blstm-layer') as lstm_scope:
        bi_output, fw_cell_state, bw_cell_state =\
            tf.nn.bidirectional_dynamic_rnn(
                cell_fw=fw_lstm_cell,
```

```
                cell_bw=bw_lstm_cell,
                inputs=inputs,
                sequence_length=MAX_SEQ_LEN,
                dtype=tf.float32,
                scope=lstm_scope)
        with tf.variable_scope('logit') as logit_scope:
            logit = tf.contrib.layers.fully_connected(
                inputs=bi_output,
                num_outputs=VOCAB_LEN,
                weights_initializer=self.initializer,
                scope=logit_scope)
        return logit
```

获得 logit 之后，我们可以通过交叉熵来获得最后的 *loss*。下面代码中的 y 一般是一个 0 到文字单元词汇量长度的向量，我们通过额外的字典就可以找到数字所对应的词汇：

```
    pred = BlstmModel(inputs)
    loss = tf.reduce_mean(tf.nn.softmax_cross_entropy_with_logits(logits = pred,
labels = y))
```

第14章 命名实体识别

14.1 任务简介

和分词任务类似，命名实体识别（Name Entity Recognition，NER）也是一种自然语言处理中遇到的序列标注任务，甚至在某种程度上，我们可以认为命名实体识别是分词任务的进化版。不同于分词的任务目标，即文本的每一个字都会放入某个有意义的词语中，命名实体识别任务中大部分的字是没有意义的。以“今天天气不错”为例，我们只想找到文本中关于时间的实体词。那么对于这个任务来说，只有“今天”这个词才是有意义的，其他词都是没有用处的。所以对于命名实体识别任务来说，任务目标词汇是稀疏的，并不是每个文字到最后都会获得一个有意义的标签。我们需要特殊的标签系统来解决这一难题。

14.2 B-IOE 标签系统

B-IOE 是一个比较笼统的标签系统，由 4 部分组成。

B-：表示某些命名实体的开头字，如时间命名实体标签为 TIM，那么“今天”这个词中“今”字的标签为 B-TIM。

I：表示某些命名实体非开头和结尾字，有时候为了特定任务，我们可以像 BM12ES 一样给予 I 更多的细分标签。

O：表示非命名实体内的字，没有必要细分。

E：表示一个命名实体的结束，一般来说，E 标签不需要再进行细分。

我们使用 B-IOE 标签系统对“今天天气不错”进行序列标注的结果为：

```
B-TIM E  O  O  O O
今    天 天 气 不 错
```

从例子中我们可以看到，该文本中很多的字在命名实体识别中都被标记为了 O 标签。另外一个例子，对“我看星期天是个好日子”进行序列标注的结果为：

```
O  O B-TIM I  E  O  O  O  O  O
我 看 星    期 天 是 个 好 日 子
```

上面例子中可以看到“星期天”这个时间命名实体有开头字“星”、结尾字“天”以及一个非开头和结尾字“期”。

14.3 线性链条件随机场

在深度学习和神经网络大热之前，业界做自然语言处理中序列标注相关任务的常用模型是条件随机场（Conditional Random Field，CRF），而在条件随机场中，从业人员大多更倾向于使用线性链的条件随机场（linear chain CRF，lcCRF）。lcCRF 的模型构造和一阶隐马尔科夫模型（one step Hidden Markov Model，osHMM）其实很相像，其相同的地方有以下几点。

（1）都有一个隐藏状态（hidden state）和一个观察状态（observe state）。

（2）每个输入的观察状态只对应其隐藏状态，不对应其他的隐藏状态。

（3）隐藏状态按照时间先后顺序依次链接。

（4）隐藏状态的相关参数更新是随机的。

两者不同的地方是，osHMM 是非监督模型，其求解思路是一个后验概率的连乘；而 lcCRF 是一个监督模型，其求解思路是一个特征模板联合概率。两个模型的公式如下：

$$P_{\text{osHMM}}(y,x)=t=1^{T}\,p(y_t|y_{t-1})\,p(x_t|y_t) \tag{14.1}$$

$$P_{\text{lcCRF}}(y,x)=t=1^{T}\exp\Big(k=1^{K}\,kf_k\left(y_t,y_{t-1},x_t\right)\Big) \tag{14.2}$$

我们可以发现，大体上 osHMM 和 lcCRF 的公式是类似的。主要不同的是 lcCRF 公式中的 $f_k\left(y_t,y_{t-1},x_t\right)$ 是一个指示函数，即 y_t、y_{t-1}、x_t 如果满足 f_k 的设定条件则为 1，否则为 0。这样我们就可以通过设置特征模板，来获得关于当前隐藏状态结果结合前一隐藏状态结果共同对最终结果造成的影响。

这里还用“今天天气不错”作为例子，我们可以看到 osHMM（如图 14-1 所示）和 lcCRF（如图 14-2 所示）的异同。

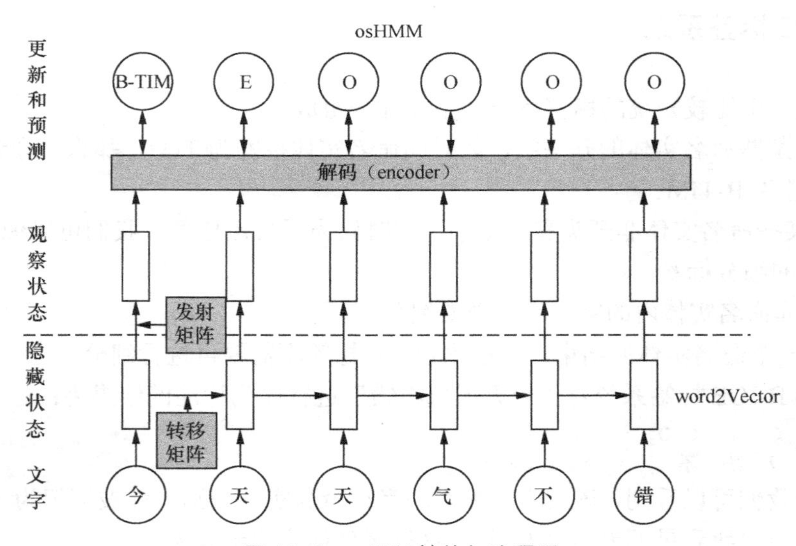

图 14-1　osHMM 结构与流程图

可以看到的是 lcCRF，比 osHMM 在发射矩阵和转移矩阵上多了一些条件，我们可以理解为一些特定的或者确定的条件，而我们可以通过这些条件将 HMM 转为 CRF。

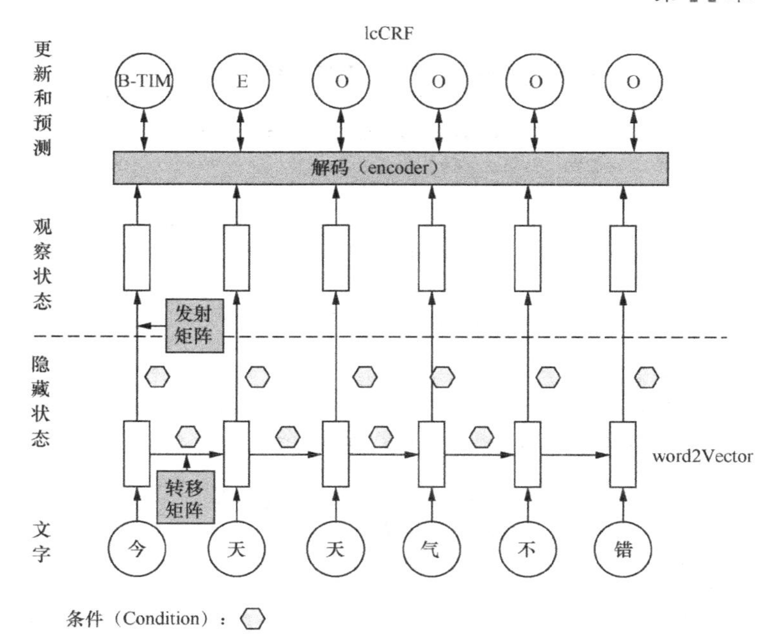

图 14-2 lcCRF 结构与流程图

TensorFlow 中的 lcCRF 层是通过对上文数据取对数来获得的，它其实只是用了部分 CRF 模型。深度学习求的是一个一元势函数（unary score）结果，这个一元势函数结果实质上是观察态经过了发射矩阵后的结果。而深度学习模型可以通过一元势函数结果连接后面的转移矩阵和前面的特征网络，这也就意味着整个有 lcCRF 层的模型可以通过梯度下降来进行修正和后向传播损失。相关的一元势函数结果实现可以在 tensorflow.contrib.crf 里面找到。在 Tensorflow 中，为了减少计算量，使用了对数似然（log likelihood）求解 lcCRF，这种求解方式可以通过使用 viterbi 解码来实现。因此在 lcCRF 层中，发射矩阵（下面代码中的 weights）可以通过梯度下降更新，而转移矩阵（下面代码中的 transition_params）可以通过 CRF 层进行更新。代码示例如下：

```
import tensorflow as tf
import numpy as np

def CRF(x, y, num_tags, sequence_lengths, learn_rate):
    """
    需要声明
    x: 输入数据, shape 是 (batch_size, time_steps, num_features)
        即 (批数据大小, 多少个时间步, 每个时间步有多少个特征维度)
    y: 标签数据
    sequence_lengths: 本批数据中每一条数据的真实有效时间步数,
       如 batch_size =3 且 n_steps=16,
       第一条有效时间步为 5 (如 "今天不回家"), 第二条有效时间步为为 10,
       第三条有效时间步为 15, 那么 sequence_lengths = [5,10,15]
    learn_rate: 学习率
    """
    batch_size, n_steps , num_features = tf.shape(x)
    # 需要学习的发射矩阵
    weights = tf.get_variable("weights", [num_features, num_tags])
```

```
    # 获得一元特征 unary_score
    matricized_x_t = tf.reshape(x, [-1, num_features])
    matricized_unary_scores = tf.matmul(matricized_x_t, weights)
    nary_scores = tf.reshape(matricized_unary_scores,
    [batch_size, n_steps, num_tags])

    # CRF 前向推理声明，返回的是推理过后的 log 似然以及转移矩阵
    log_likelihood,transition_params = \
       tf.contrib.crf.crf_log_likelihood(
          unary_scores, y, sequence_lengths)

    # 为了获得预测的结果，我们需要使用 viterbi 解码
    pred, viterbi_score = tf.contrib.crf.crf_decode(
       unary_scores, transition_params, sequence_lengths)
    """
    log_likelihood 是用来更新 weights，甚至更前的数据的
    由于在深度学习中，我们并不希望有比较显式的特征模板，
        因此传统的特征模板在深度学习中也可认为是可以学习的
    下面就是更新的代码，首先获得损失，由于 log_likelihood 是必定负数，
        且期望是极大化 log_likelihood,因此可以转换为极小化-log_likelihood
    """
    cost = tf.reduce_mean(-log_likelihood)
    train_op = tf.train.AdamOptimizer(learn_rate).minimize(cost)
    return pred, cost, train_op

# 使用也很简单，例子如下，TRAIN_ROUNDS 是训练次数

with tf.Session() as sess:
    x = tf.placeholder(tf.float32,
        [None, n_steps, num_features], name='input_data')
    y = tf.placeholder(tf.int32, [batch_size, n_steps], name='label')
    pred, cost, train_op =  CRF(x, y, n_steps, num_features,
        num_tags, batch_size, sequence_lengths, learn_rate)
    accuracy = tf.reduce_mean(tf.cast(pred, tf.float32))
    # 初始化参数
    init = tf.global_variables_initializer()
    sess.run(init)
    # 开始训练
    for i in TRAIN_ROUNDS:
        """
        pred 是预测的标签，cost 是损失函数
        feed_dict 是输入的数据，一般为 feed_dict = {x : 输入数据, y : 标签数据}
        pred_data 是预测的标签结果， loss 是计算出来的 cost 结果,
            acc 是标签结果一致的比率
        """
        pred_data, loss, _, acc = sess.run( [pred, cost, train_op, accuracy],
            feed_dict=feed_dict)
```

这里的lcCRF实现和传统意义上的lcCRF有些区别，并且使用深度学习逻辑来应用lcCRF与传统的方法也有差异。所以这里写了一个完整的例子，希望读者能更好地理解 lcCRF 在深度学习中的使用方式。这里我们使用 lcCRF 的对数似然作为损失函数来更新训练参数

weights。如果更新前的 x 是一个神经网络的输出结果，那么我们可以把这个 CRF 层看做一个输出层。CFR 层和 softmax 输出层的作用相似，只不过也有 2 点不同。

（1）softmax 输出层是比较深度学习网络输出结果中的各个维度没有任何相互条件依赖和顺序的一个结果，而 CRF 层会考虑这些依赖。

（2）在给定输出层的输入特征时，CRF 可以使用不同的解码策略来改变预测结果，而 softmax 的预测结果是固定的。

14.4 TensorFlow 中 BLSTM+CRF 命名实体识别实现

在命名实体识别任务中，由于有效标签的稀疏性，任务更依赖于上下文标签之间的相互特征来给予任务更多的依赖特征，因此现在实践上的通常做法是在 BLSTM 和其他处理之后接上一个 CRF 层作为输出层。代码如下：

```
def BLSTM_CRF( x, y, sequence_lengths, n_tags, hidden_size, learn_rate):
    # BLSTM 层
    with tf.variable_scope('blstm_layer') as lstm_scope:
        lstm_fw_cell = tf.contrib.rnn.BasicLSTMCell(hidden_size)
        lstm_bw_cell = tf.contrib.rnn.BasicLSTMCell(hidden_size)
        bi_output, fw_cell_state, bw_cell_state = \
            tf.nn.bidirectional_dynamic_rnn(
                cell_fw=fw_lstm_cell,
                cell_bw=bw_lstm_cell,
                inputs=inputs,
                sequence_length=MAX_SEQ_LEN,
                dtype=tf.float32,
                scope=lstm_scope)
        """
        这里只要前向和后向的各个单元隐藏输出: bi_output
        可以直接使用上面的 CRF 函数，下面会直接写代码
        return  CRF(bi_output, y, num_tags, sequence_lengths, learn_rate)
        """
    # 下面是 CRF 函数的实现代码
    batch_size, n_steps , num_features = tf.shape(bi_output)
    weights = tf.get_variable("weights", [num_features, num_tags])
    # 获得一元特征 unary_score
    matricized_x_t = tf.reshape(bi_output, [-1, num_features])
    matricized_unary_scores = tf.matmul(matricized_x_t, weights)
    unary_scores = tf.reshape(matricized_unary_scores,
        [batch_size, n_steps, num_tags])

    # CRF 前向推理声明，返回的是推理过后的 log 似然以及转移矩阵
    log_likelihood,transition_params = \
        tf.contrib.crf.crf_log_likelihood(
            unary_scores, y, sequence_lengths)

    # 为了获得预测的结果，我们需要使用 viterbi 解码
    pred, viterbi_score = tf.contrib.crf.crf_decode(
        unary_scores, transition_params, sequence_lengths)
```

```
        cost = tf.reduce_mean(-log_likelihood)
        train_op = tf.train.AdamOptimizer(learn_rate).minimize(cost)
        return pred, cost, train_op

    # 使用也和上面代码一致，具体如下，TRAIN_ROUNDS 是训练次数
    with tf.Session() as sess:
        x = tf.placeholder(tf.float32, [None, n_steps,
           num_features], name='input_data')
        y = tf.placeholder(tf.int32, [batch_size, n_steps], name='label')
        pred, cost, train_op = BLSTM_CRF( x, y, sequence_lengths,
           n_tags, hidden_size, learn_rate)
        accuracy = tf.reduce_mean(tf.cast(pred, tf.float32))
        init = tf.global_variables_initializer()
        sess.run(init)
        for i in TRAIN_ROUNDS:
            """
            pred是预测的标签，cost是损失函数
            feed_dict是输入的数据，一般为 feed_dict = {x:输入数据，y:标签数据}
            pred_data是预测的标签结果， loss是计算出来的cost结果，
                acc是标签结果一致的比率
            """
            pred_data, loss, _, acc = sess.run(
                [pred, cost, train_op, accuracy], feed_dict=feed_dict)
```

第15章 TensorFlow高阶应用

15.1 GPU与设备

当我们同时有 GPU 和 CPU 的时候，我们可以指定想要的设备来进行操作，可以通过 tf.device('/cpu:0')或者 tf.device('/gpu:n')进行设置，这里的 n 是第几块 GPU（可以通过 nvidia-smi 看有几块 GPU）。简单使用方法为：

```
with tf.device('/cpu:0'):
    var1 = tf.constant([1, 2, 3])
    var2 = tf.constant([4,5, 6])
    sum_var = tf.add(var1, var2)
# 后端 log 会有类似 log 输出
#    add :(Add) : /job:localhost/replica:0/task:0/cpu:0
with tf.device('/gpu:0'):
    var1 = tf.constant([1, 2, 3])
    var2 = tf.constant([4,5, 6])
    sum_var = tf.add(var1, var2)
# 后端 log 会有类似 log 输出
#    add :(Add) : /job:localhost/replica:0/task:0/gpu:0
```

15.2 多线程

当有多个 CPU 或者 GPU 设备可以同时使用的时候，为了节约时间，我们会用到并发与多线程。TensorFlow 实现多线程有两种方式，一种是数据输入多线程，通过 tf.QueueRanner 来控制，其队列实现是 tf.QueueBase（可以理解为数据结构）；另一种是模型推理多线程，主要通过协调器 tf.train.Coordinator 来实现。

15.2.1 队列

TensorFlow 中的队列主要用在对输入数据做预处理到传入模型过程中。最简单的队列实现是管道线（pipeline）队列，其调用方法是 tf.data.Dataset.from_tensor_slices()。管道线队列只能用在单线程中，如果想要在多线程中使用一个多线程队列的话，我们一般使用 tf.FIFOQueue 来实现（tf.QueueBase 的一种，内含 tf.QueueRunner 控制器）。它是一个先入先出的队列数据结构，这里不过多介绍其他队列数据结构类型，所有 TensorFlow 支持的队列数据结构都可以在 tf.QueueBase 中找到。

FIFOQueue 函数的声明如下：

```
queue = tf.FIFOQueue(capacity, dtypes, shapes=None,names=None,
    shared_name=None,name="fifo_queue")
```

- capacity：队列数据模型的最大容量，即最多有多少条数据在队列中。
- dtypes：输入是一个列表（list），表示队列数据模型的每一条数据 Tensor list 中每个数据的数据类型。
- shapes：输入是一个列表（list），表示队列数据模型的每一条数据 Tensor list 中每个数据的数据形状。默认为 None，即不指定。
- names：输入是一个列表（list），表示队列数据模型的每一条数据 Tensor list 中每个数据的数据名字。默认为 None，即不指定。
- shared_names：输入是一个列表（list），表示队列数据模型的每一条数据 Tensor list 中每个数据的共享名（在多个会话中交互需要有的名字）。默认为 None，即不指定。
- name：队列在会话中的名字，默认为"fifo_queue"。

先入先出队列的样例代码如下：

```
input_x = tf.placeholder(dtype=tf.float32,shape=(2,3), name="input")
label = tf.placeholder(dtype=tf.int32,shape=(2,), name="label")
# 构建队列
q = tf.FIFOQueue(5, [input_x.dtype, label.dtype],
    shapes=[input_x.shape, label.shape])
# 声明初始数据
real_data =  np.random.normal(0, 1, (10, 3))
real_label = np.randint(0,2,(10,))
# 初始化队列，进队数据
init_q = q.enqueue_many((real_data,real_bale))
# 出队
x,y = q.dequeue()
"""
x 的 shape 为(2,3)
y 的 shape 为(2,)
默认第一维是 Batch Size
"""
```

15.2.2 tf.train.batch

在前面我们知道如何进行出队和入队，但是在开发中，为了高效和更加科学地使用数据，我们不会一条一条地输入数据，而是将指定条数的数据一起输入模型进行训练。这样既能保证模型学到的数据更多，又可以保证模型在每一次更新时更加平稳。多个数据放入我们称之为批（batch）数据输入。我们一般会通过设置占位符将 shape 的第一维设置为 None 来代表模型需要一个批数据的输入，且不指定这一批数据的数量。在这种情况下，我们需要在数据输入端有一个能够对接模型输入占位符批数据声明的方式。tf.train.batch 的作用就是这个：

```
batch = tf.train.batch(tensors, batch_size, num_threads=1, capacity=32,
    enqueue_many=False, shapes=None, dynamic_pad=False,
    allow_smaller_final_batch=False, shared_name=None, name=None)
```

- tensors：一个 Tensor list，是输入。

- batch_size：每次从 tensors 中取出的数据条数。
- num_threads：取数据的线程个数，如果大于 1，则取出的数据可能是乱序，默认为 1。
- capacity=32：batch 队列的最大容量。
- enqueue_many：tensors 中的每个 Tensor 是否是单个样本，默认为 None。
- shapes：输入是一个列表，表示队列数据模型的每一条数据 Tensor list 中每个数据的数据形状。默认为 None，即不指定。
- dynamic_pad：如果为 True，则允许输入变量的 shape，出队后会自动填补维度，来保持与 batch 内的 shape 相同，默认为 False。
- allow_smaller_final_batch：如果为 True，当队列中的样本数量小于 BatchSize 时，出队的数量会以最终遗留下来的样本进行出队；如果为 False，小于 batch_size 的样本不会做出队处理。
- shared_name：该 batch 操作在多个会话中的共享名，默认为 None。
- name：该 batch 操作在图中的名字。

这里提供一个配合 tf.FIFOQueue 的样例代码（下面代码功能逻辑与上面 FIFOQueue 的例子相同）：

```
input_x = tf.placeholder(dtype=tf.float32,shape=(None,3), name="input")
label = tf.placeholder(dtype=tf.int32,shape=(None,), name="label")
# 构建队列
q = tf.FIFOQueue(5, [input_x.dtype, label.dtype],
    shapes=[input_x.shape, label.shape])
# 声明初始数据
real_data =  np.random.normal(0, 1, (10, 3))
real_label = np.randint(0,2,(10,))
# 初始化队列，进队数据
init_q = q.enqueue_many((real_data,real_bale))
# 出队
dequeue = q.dequeue()
# 构建 batch，两个线程同时出数据。
batch_x, batch_y = tf.train.batch(dequeue,num_threads=2,
    batch_size=2, capacity=5)
"""
batch_x 的 shape 为(2,3)
batch_y 的 shape 为(2,)
默认第一维是 Batch Size
"""
```

15.2.3 协调器

在我们定义好输入数据的队列和批数据与模型的对接方式之后，我们需要去控制多线程中各个线程数据处理的进度，这种控制器就是协调器，在 TensorFlow 中通过 tf.train.Coordinator 来调用。在我们构建好模型，并创建会话实例 sess 以及进行参数初始化后，就可以启动协调器来管理队列并进行多线程操作。

使用协调器的简单代码样例如下（这里需要注意，在进行多线程操作的时候，我们要根据协调器 coord 的信号结果来控制每个线程是否继续运行或者停止）：

```
# 这里接上面 batch 的代码逻辑继续
# 构建会话实例
sess = tf.Session()
```

```
    # 初始化变量
    sess.run(tf.global_variables_initializer())
    sess.run(tf.local_variables_initializer())
    # 构建协调器实例
    coord = tf.train.Coordinator()
    # 注册并启动管理队列
    threads = tf.train.start_queue_runners(sess, coord)
    try:
        while not coord.should_stop():
        print '************'
        # 获取输入数据
        res_x, res_y = sess.run(
            feed_dict= {input_x:batch_x,label: batch_y})
        print(res_x, res_y)
    # 如果所有数据读完就会抛出异常
    except tf.errors.OutOfRangeError:
        print("数据全读完了")
    finally:
        # 出现异常，协调器 coord 发出所有线程终止信号
        coord.request_stop()
        print('模型运行停止')
    # 把开启的线程加入主线程，等待 threads 结束
    coord.join(threads)
    print('所有线程都已经停止运行')
```

15.2.4 一个多线程的例子

下面我们将通过一个例子来详细解释整个多线程任务的逻辑流程，即如何使用数据输入队列 FIFOQueue 和协调器的协同工作来实现数据输入和训练的多线程，例图请参看下面的 TensorFlow 多线程例图系列（图 15-1～图 15-5）。图中的“1”“2”“3”“4”是内存的数据或者文件的数据（可以提前通过 tf.data.Dataset 的实例打乱顺序），假设它们会不断循环输入 1、2、3、4，而“风”“花”“雪”“月”在这里是对应数据的输出结果（正常任务中预测出来的肯定不是文字，而是文字对应的标签 Token，这里这样做是为了方便大家理解）。这里我们预定义了一些初始化设置：QueueRunner 中的 FIFOQueue 容量为 6，enqueue_many 一次是 3 个（每次进队都是 3 个数据）。因为有 2 个线程做模型推理，所以同一时间最多同时出队 2 个数据。

首先是将数据从内存中或者文件中放入 FIFOQueue 队列中，详情如图 15-1 所示。我们可以看到这个是数据队列的进队操作流程，首先是“1”“2”“3”按照顺序进队。我们可以看到输入数据队列 QueueRunner 中 6 个数据槽中前 3 个已经进入。

接着上面，数据队列中数据槽都被占满，“4”“1”“2”也被放了进去，此时进队操作被阻塞了。同时，数据队列开始出队操作，由于先入先出，因此第一个数据被分配到第一个线程模型中，如图 15-2 所示。

图 15-3 所示是前两个数据出队完毕。数据队列有了 2 个空数据槽，但是进队要求是要有 3 个数据同时进入，所以进队操作还是等待。而在模型这里，我们假设第二个模型的处理速度比第一个模型慢（慢的结果用虚线表示）。

图 15-4 所示是第二个模型已经处理完了数据并获得了结果，然后通过数据队列来获取新的数据，数据队列出队了第三个数据“3”并传入第二个模型中。我们可以看到第一个模型此时还在运行中，没有任何额外操作。

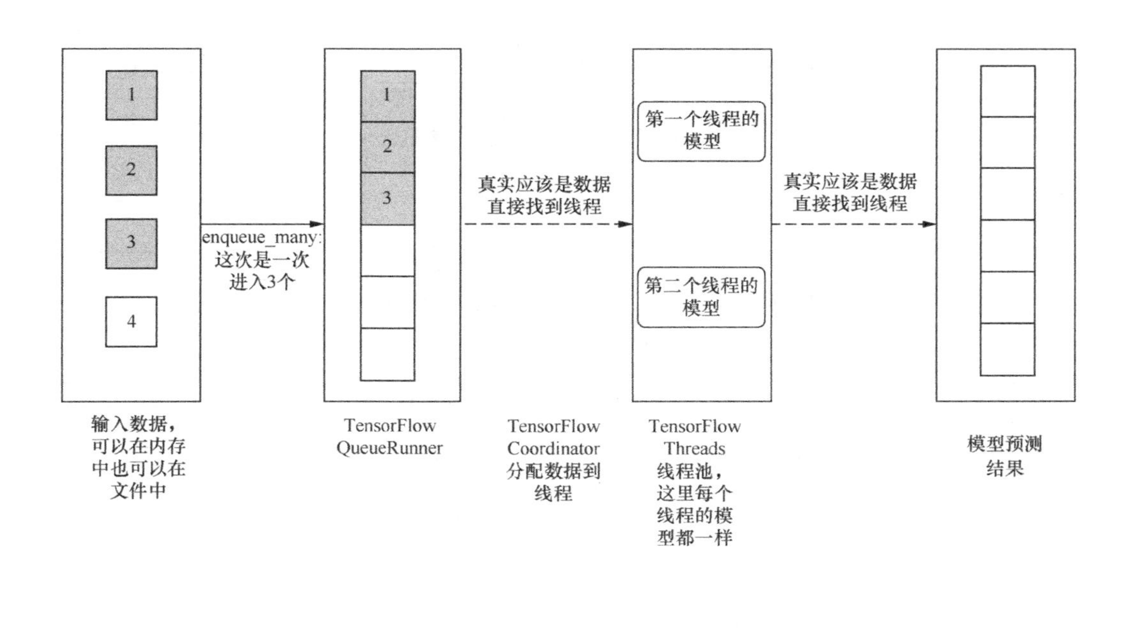

图 15-1 TensorFlow 多线程例图 1

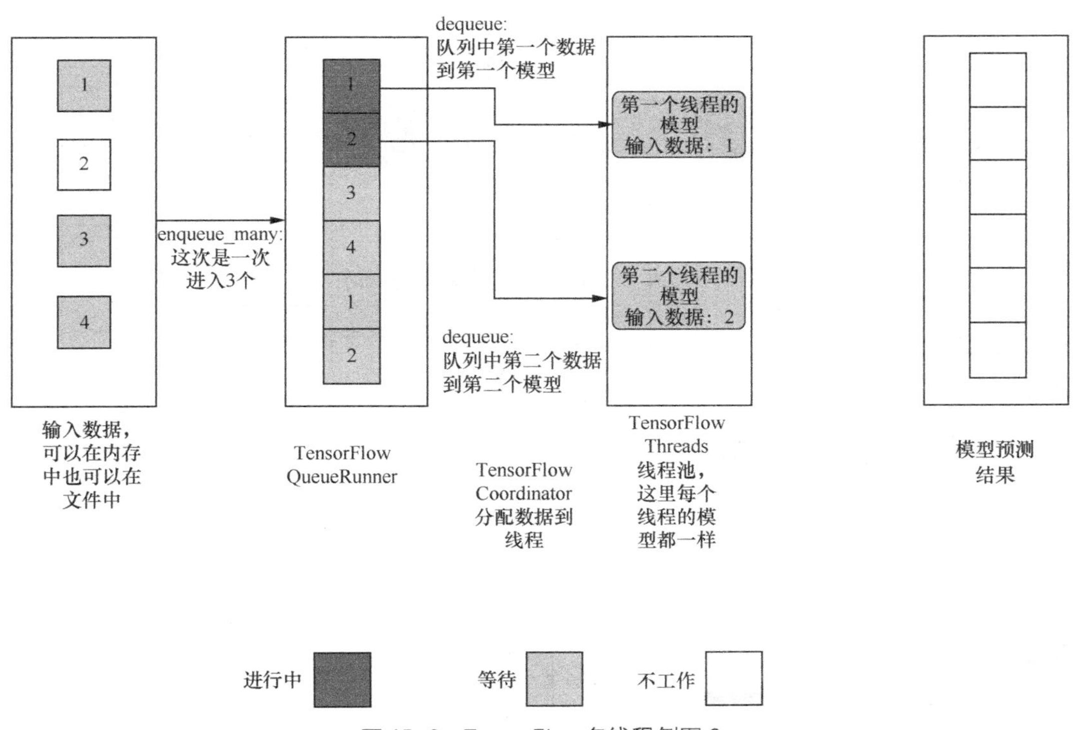

图 15-2 TensorFlow 多线程例图 2

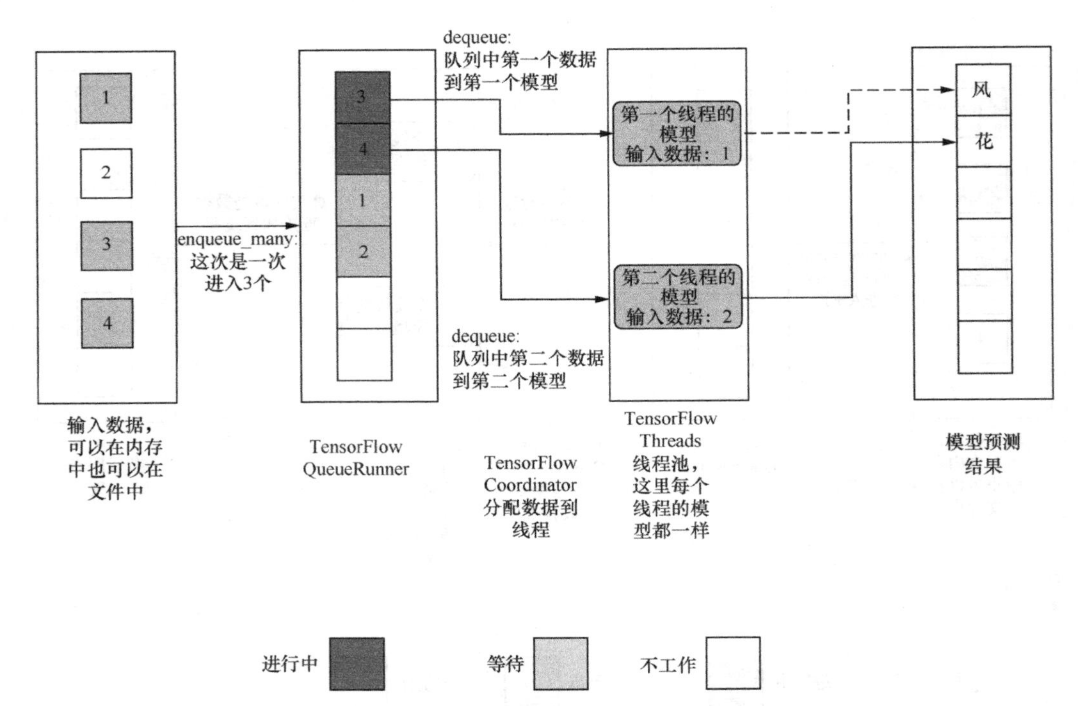

图 15-3　TensorFlow 多线程例图 3

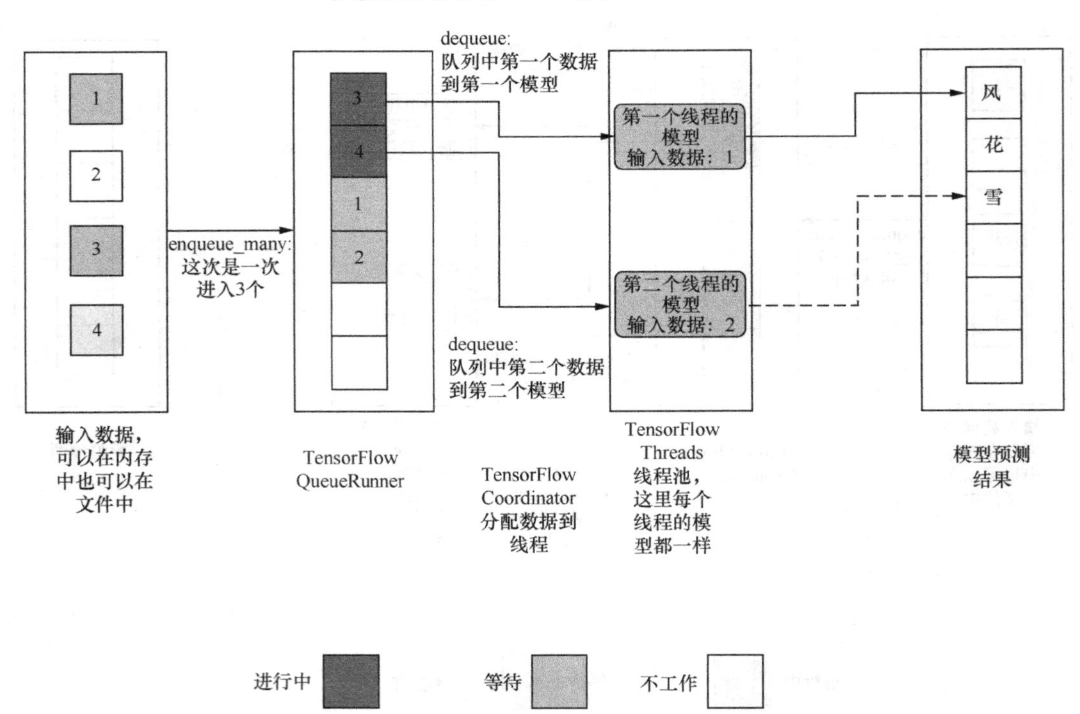

图 15-4　TensorFlow 多线程例图 4

图 15-5 所示是在第三个数据出队后，两个模型都同时处理完了数据并更新了数据；此时，数据队列有了 3 个空位，进行入队操作，入队“3”“1”“4”。

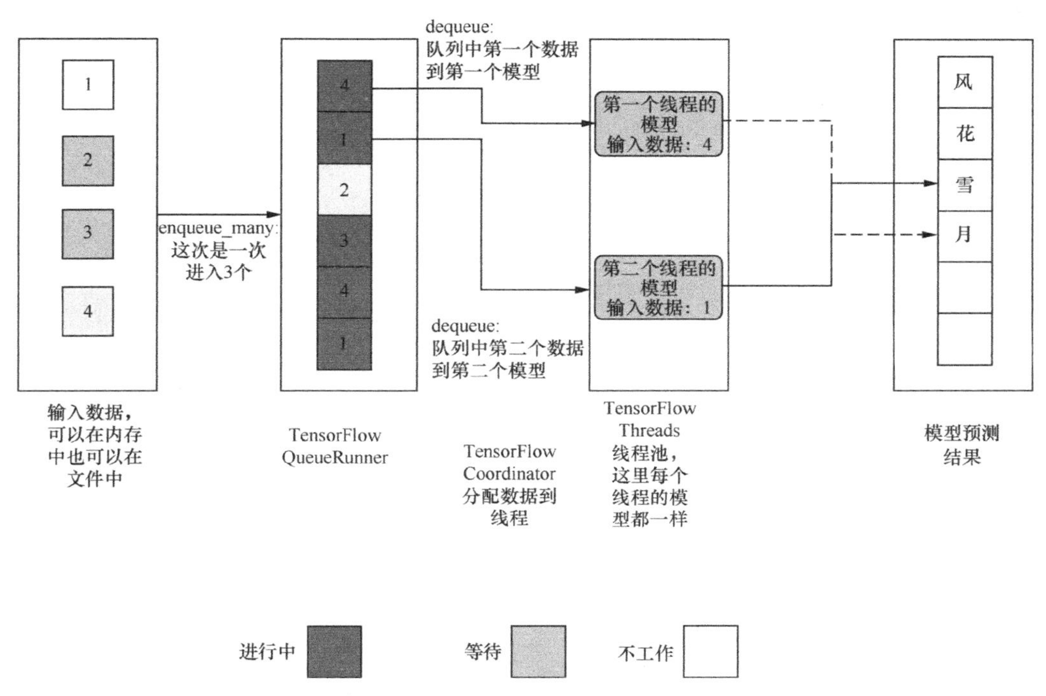

图 15-5 TensorFlow 多线程例图 5

通过上面的 5 个过程，我们可以清楚地看到，数据输入队列和模型多线程协调在一起有多么强大。它既满足了多线程对庞大数据的需求，又很好地平衡了输入数据的文件 IO 和内存调用 IO，保证了整个训练过程和推理过程快速流畅地进行。

另外，当我们使用多线程进行更新时，每个线程都会有 *loss*，不过一般我们不进行多线程更新。这是因为多线程共享内存，同时更新的话会造成内存死锁冲突，丢失一致性。我们一般操作是前向传播（模型推理）并行，获得 *loss* 之后，取平均数（或者求和）一起更新。简单例子如下：

```
"""
现在还在上面的 while not coord.should_stop() 中
    下面代码加在训练之后获得 loss 之后
首先将 loss 放入 losses collection 中，方便未来取出
"""
tf.add_to_collection("losses",loss)
# 终止所有线程
coord.request_stop()
# 一堆其他代码，一直到这里，具体代码见上面协调器那一小节
coord.join(threads)
# 获取所有的损失
losses = tf.get_collection("losses")
```

```
# 如果求和损失则
#  loss = tf.reduce_sum(losses)
# 如果求平均损失则
loss = tf.reduce_mean(losses)
# 紧接着用 loss 进行更新，注意，更新非多线程
optmizer = Optimizer(learn_rate).min(loss)
```